U0229038

湖北大别山
常见药用一二年生
草本植物

方元平　向福　刘谦　编著

江明喜　樊官伟　主审

化学工业出版社

北京

内容简介

大别山跨鄂、豫、皖三省，其中鄂东大别山植物区系丰富，被誉为中原地区的物种资源库和生物基因库，也是湖北境内幸存的唯一一块较完整的华东植物区系代表地。

《湖北大别山常见药用一二年生草本植物》基于大别山植物科考30余年的工作积累，从植物种名、关键识别特征、释名解义、入药部位及性味功效、经方验方应用例证、中成药应用例证、现代临床应用等方面，主要介绍了鄂东大别山地区常见药用一二年生植物，将植物学和中医药学的科学性、实用性、应用性与本草文化内涵有机融合，图文并茂，自成体系，对中医药大健康资源的挖掘利用具有一定的参考和指导意义。

本书可供科研院所、高校、企业、地方机构部门等企事业单位相关人员和中医药、植物爱好者参考，也可作为相关专业实习实践用书。

图书在版编目（CIP）数据

湖北大别山常见药用一二年生草本植物 / 方元平，向福，刘谦编著.—北京：化学工业出版社，2023.3
ISBN 978-7-122-42680-2

Ⅰ.①湖… Ⅱ.①方…②向…③刘… Ⅲ.①大别山-药用植物-湖北 Ⅳ.①Q949.95

中国版本图书馆CIP数据核字（2022）第245115号

责任编辑：李 琰 甘九林　　　　文字编辑：李 平
责任校对：王鹏飞　　　　　　　　装帧设计：关 飞

出版发行：化学工业出版社
　　　　　（北京市东城区青年湖南街13号　邮政编码100011）
印　　装：北京缤索印刷有限公司
787mm×1092mm　1/16　印张19¾　字数437千字
2023年6月北京第1版第1次印刷

购书咨询：010-64518888　　　　售后服务：010-64518899
网　　址：http://www.cip.com.cn
凡购买本书，如有缺损质量问题，本社销售中心负责调换。

定　　价：188.00元　　　　　　　　　　版权所有　违者必究

谨以此书纪念

黄冈师范学院致力大别山植物科学考察

三十余载！

编写人员名单

方元平（黄冈师范学院）

向　福（黄冈师范学院）

甄爱国（湖北大别山国家级自然保护区黄山管理局）

刘　谦（山东中医药大学）

项　俊（黄冈师范学院）

董洪进（黄冈师范学院）

何　峰（黄冈师范学院）

吴　伟（黄冈师范学院）

李世升（黄冈师范学院）

王书珍（黄冈师范学院）

胡晓星（黄冈师范学院）

付　俊（黄冈师范学院）

张家亮（黄冈师范学院）

漆　俊（湖北大别山国家级自然保护区管理局）

元约华（湖北大别山国家级自然保护区管理局）

张　壮（湖北大别山国家级自然保护区管理局）

付　剑（湖北大别山国家级自然保护区英山管理局）

詹先赢（湖北大别山国家级自然保护区英山管理局）

高学工（湖北大别山国家级自然保护区罗田管理局）

余海燕（湖北大别山国家级自然保护区罗田管理局）

陶　禅（黄冈市野生动物森林植物保护站）

侯　昱（黄冈市林业局野保科）

前　言

从"非典"到"新冠"，中医药在防疫抗疫中都发挥了积极而重大的作用，乃我国独特优势。《中医药发展战略规划纲要（2016—2030年）》和《中共中央国务院关于实施乡村振兴战略的意见》均把中医药发展上升为"国家战略"；《"健康中国2030"规划纲要》将中医药全面融入健康中国建设。随着"一带一路"的实施以及疫情后公众健康意识的提升，中医药大健康，未来可期！

大别山是长江中下游流域的重要生态屏障，蕴藏着丰富的植物资源，是目前华中地区保存较为完整的物种资源库，被《中国生物多样性优先区域范围（2015）》列为生物多样性优先保护区域。黄冈地处湖北东部，大别山南麓，《本草纲目》记载的1892种药材，超过1000种药材的原植物见之于黄冈境内，被誉为"大别山药用植物资源宝库"；同时，黄冈中医药文化历经1800多年，底蕴深厚，有"医药双圣"李时珍、"中华养生第一人"万密斋、"北宋医王"庞安时、"戒毒神医"杨际泰等历代名医；有《本草纲目》《万密斋医学全书》《伤寒总病论》《医学述要》等医学名著，成为大别山革命老区大健康产业高质量发展的动力源泉。

黄冈师范学院自20世纪80年代末以来，一直致力于湖北大别山野生动植物资源的科学考察研究，2005年完成了湖北大别山省级自然保护区科考，2017年完成了第二次全国重点保护野生植物调查湖北调查第八区（即黄冈市）调查，积累了大量野外植物原始资料，"其间草可药者极多"，为本书奠定了坚实的基础。

中草药是我国文化的重要载体，也是发展大健康的重要战略资源。"养在深闺人未识""空有宝山不自知"，探本溯源，把神秘、玄妙的中药材还原为"身边"的花草树木，价值斐然，尤其对李时珍生于斯、长于斯的大别山地区而言更显意义深远。挖掘地方中医药大健康资源，传承李时珍中医药文化，促进大别山革命老区乡村振兴和大健康产业的高质量发展，是黄冈师范学院学者们责无旁贷的光荣使命。

长期以来，中药材"同名异物""同物异名"现象严重，基原混淆、真伪难辨，导致对其化学成分和药理作用研究、制剂生产、临床疗效及推广使用等都有直接影响。同样，发掘和扩大中药资源，特别是本土道地药材资源，有利于摆脱中药材资源日益匮乏的窘境，促进丰富和发展"乡村振兴药""大健康药"，关系民生福祉。

近年来也一直思考，如何有效呈现大别山丰富的药用植物资源，才能惠及于大众，或指导植物和药材识别，或指引日常健康护理，或启示新产品开发等，让身边的花草树木，物尽其用，用得其所。自2019年末"新型冠状病毒感染"疫情来袭，以武汉和黄冈为最，医药健康需求日盛，遂成此书。

全书主要记载常见药用一年生、二年生植物，介绍了植物种名、关键识别特征、释名解义、入药部位及性味功效、经方验方应用例证、中成药应用例证、现代临床应用等，别样构思，自成体系，图文并茂，言简意赅，清晰直观，科学性、实用性、应用性与传统文化内涵有机融合，可供科研院所、高校、企业、地方机构部门等企事业单位有关人员和中医药、植物爱好者参考，也可作为相关专业实习实践用书。

感谢湖北省高等学校优秀中青年科技创新团队项目（T201820），农业资源与环境"十二五"湖北省重点学科，种质资源与特色农业"十四五"湖北省高等学校优势特色学科群，湖北大别山常见特色药用草本资源植物评价项目（经济林木种质改良与资源综合利用湖北省重点实验室、大别山特色资源开发湖北省协同创新中心联合开放课题基金）以及武汉天之逸科技有限公司的资助。

在本书的缮稿、出版过程中还得到化学工业出版社、黄冈师范学院各级领导、老师们的支持与鼓励，在此一并表示衷心的谢意。

鉴于学力和水平所限，不足之处在所难免，敬请批评指正。

编著者

2023 年 1 月

植物（入药部位）目录

透茎冷水花

Pilea pumila (L.) A. Gray

荨麻科（Urticaceae）冷水花属一年生草本。

茎肉质，分枝或不分枝，无毛。叶小，基出3脉，菱状卵形或宽卵形，基部全缘，上部深波状圆齿或全缘，先端圆钝。花雌雄同株并常同序，花序蝎尾状，密集。花期6～8月，果期8～10月。

大别山各县市海拔400m以上山坡林下或岩石缝的阴湿处均有分布。

【入药部位及性味功效】

透茎冷水花，又称美豆、直苎麻、肥肉草、冰糖草，为植物透茎冷水花的全草或根茎。夏、秋季采收，洗净，鲜用或晒干。味甘，性寒。清热，利尿，解毒。主治尿路感染，急性肾炎，子宫内膜炎，子宫脱垂，赤白带下，跌打损伤，痈肿初起，虫蛇咬伤。

粗齿冷水花

Pilea sinofasciata C. J. Chen

荨麻科（Urticaceae）冷水花属一年生草本。

叶卵形或椭圆状披针形，长5～17cm，先端长渐尖，呈尾状；叶缘具粗锯齿，托叶干膜质、棕褐色；叶无毛，两面密生微小钟乳体，基出脉3条，侧脉在叶下稍明显。雌雄异株或同株异花序，雄花被片4，雄蕊4。花期7月，果期10月。

生于林下、沟边岩缝及草丛中。大别山各县市均有分布。

【入药部位及性味功效】

紫绿麻，又称紫绿草、青药、水麻叶、水甘草、大茴香、宫麻，为植物粗齿冷水花的全草。夏秋季采收，鲜用或晒干。味辛，性平。清热解毒，活血祛风，理气止痛。主治高热，喉蛾肿痛，鹅口疮，跌打损伤，骨折，风湿痹痛。

【经方验方应用例证】

治胃气痛：紫绿草15g，茴香3g，藿香、紫苏各6g，煨水服。（《贵州草药》）

萹蓄

Polygonum aviculare L.

蓼科（Polygonaceae）萹蓄属植物一年生草本。

叶椭圆形、狭椭圆形或披针形；叶柄基部具关节；托叶鞘2裂，撕裂脉明显。花单生或数朵簇生于叶腋；花被片绿色，边缘白色或淡红色。花期5～7月，果期6～8月。

大别山各县市广泛分布。生于田边、路边、沟边。

萹蓄始载于《神农本草经》，列为下品。本品似竹而茎扁圆，《诗经》称作竹，至《说文解字》则云："萹，萹苐也。""苐，萹苐也。"萹，乃扁字从"艹"，与竹为一声之转。《尔雅》："竹，萹蓄。"蓄的上古音与苐叠韵。蓄辩为萹蓄之倒言，萹蔓为萹之缓读。编与萹音近，故亦作编竹。《本草纲目》："节间有粉，多生道旁，故方士呼为粉节草、道生草。"因茎节促密，又称百节、百节草。其叶似柳，喜生路旁，故有路柳之称。

《本草经集注》载："处处有，布地生，花节间白，叶细绿，人亦呼为萹竹。"《本草图经》云："春中布地生道旁，苗似瞿麦，叶细绿如竹，赤茎如钗股，节间花出甚细，微青黄色，根如蒿根，四月五月采苗。"《本草纲目》谓："其叶似落帚叶而不尖，弱茎引蔓，促节，三月开细红花，如蓼蓝花、结细子。"

【入药部位及性味功效】

萹蓄，又称竹、萹苐、蓄辩、萹蔓、萹竹、地萹蓄、编竹、粉节草、道生草、萹蓄蓼、百节、百节草、铁绵草、大蓄片、野铁扫把、路柳、斑鸠台、扁猪牙，为植物萹蓄的全草。在播种当年的7～8月生长旺盛时采收，齐地割取全株，除去杂草、泥沙，捆成把，晒干或鲜用。味苦，性微寒。归膀胱、大肠经。利水通淋，杀虫止痒。主治淋证，小便不利，黄疸，带下，泻痢，蛔虫病，蛲虫病，钩虫病，妇女阴蚀，皮肤湿疮，疥癣，痔疾。

【经方验方应用例证】

治尿道炎、膀胱炎：鲜萹蓄60g，鲜车前草30g，捣烂绞汁。分2次服。（《福建药物志》）

治尿路结石：萹蓄、活血丹（金钱草）各15g，水煎服；或萹蓄、海金沙藤、车前草各30g，水煎服。（《浙江药用植物志》）

治小儿蛲虫攻下部痒：萹竹叶一握。切，以水一升，煎取五合，去滓，空腹饮之，虫即下，用其汁煮粥亦佳。（《食医心镜》）

八正散：清热泻火，利水通淋。主治心经邪热，一切蕴毒，咽干口燥，大渴引饮，心忪面热，烦躁不宁，目赤睛疼，唇焦鼻衄，口舌生疮，咽喉肿痛，及小便赤涩，或癃闭不通，热淋，血淋。（《太平惠民和剂局方》）

猪苓散：清肝肾之邪。主治肾水衰，行动举止则眼中神水之中荡漾，有黑影如蝇翅。（《银海精微》）

萹蓄汤：祛湿杀虫。主脱肛，肛头虫痒。（《类证治裁》）

分清五淋丸：清热利湿，通淋止痛。主治膀胱湿热，小便赤短，尿道疼痛。[《全国中药成药处方集》（天津方）]

清肝导滞汤：清肝利湿。治肝经湿热，玉茎肿痛，小便涩痛。（《外科正宗》）

【中成药应用例证】

泌感颗粒：清热利湿。用于下焦湿热，症见尿频、尿急、尿痛等。

坤复康胶囊：活血化瘀，清利湿热。用于气滞血瘀、湿热蕴结之盆腔炎，症见带下量多，下腹疼痛等症。

复方石韦片：清热燥湿，利尿通淋。用于下焦湿热所致的热淋，症见小便不利、尿频、尿急、尿痛、下肢浮肿；急性肾小球肾炎、肾盂肾炎、膀胱炎、尿道炎见上述证候者。

分清五淋丸：清热泻火，利尿通淋。用于湿热下注所致的淋证，症见小便黄赤、尿频尿急、尿道灼热涩痛。

银花泌炎灵片：清热解毒，利湿通淋。用于急性肾盂肾炎、急性膀胱炎、下焦湿热证，症见发热恶寒、尿频急、尿道刺痛或尿血、腰痛等。

肾石通颗粒：清热利湿，活血止痛，化石，排石。用于肾结石、肾盂结石、膀胱结石、输尿管结石。

【现代临床应用】

萹蓄用于治疗细菌性痢疾及急性肠炎；治疗阴囊鞘膜积液。

稀花蓼

Persicaria dissitiflora (Hemsl.) H. Gross ex T. Mori

蓼科（Polygonaceae）蓼属一年生草本。

茎、叶、叶柄均具星状毛及倒生皮刺。叶卵状椭圆形，基部戟形或心形。花序圆锥状，花稀疏，花序梗紫红色，密被紫红色腺毛。花期6～8月，果期7～9月。

大别山各县市均有分布，生于海拔140～1500m的河边湿地、山谷草丛。

【入药部位及性味功效】

稀花蓼，又称白回归、连牙刺，为植物稀花蓼的全草。花期采收全草，鲜用或晾干。清热解毒，利湿。主治急慢性肝炎，小便淋痛，毒蛇咬伤。

【经方验方应用例证】

治肝炎（急、慢性均可）：稀花蓼60g，酢浆草15～30g，十大功劳、车前子、茵陈、淡竹叶、柴胡、官桂皮各9g，水煎服。（《湖南药物志》）

治蝮蛇咬伤：稀花蓼鲜草捣烂外敷。（《湖南药物志》）

水蓼

Persicaria hydropiper (L.) Spach

蓼科（Polygonaceae）蓼属一年生草本。

叶披针形或椭圆状披针形，具辛辣味；托叶鞘疏生短硬伏毛，具短缘毛。总状花序呈穗状，常下垂，花稀疏；萼片有腺点，苞片绿色，疏生短缘毛。花期5～9月，果期6～10月。

大别山各县市均有分布，生于河滩、水沟边、山谷潮湿地。

《开宝本草》："生于浅水泽中，故名水蓼。"《本草纲目》："山夹水曰虞。"虞蓼、泽蓼亦同此义。因其味辛，亦称辣蓼。

水蓼始载于《新修本草》，云："叶似蓼，茎赤，味辛，生下湿水旁。"《本草衍义》云："水蓼，大率与水红相似，但枝低尔。"《本草纲目》："（小蓼）乃水际所生之蓼，叶长五六寸，比水荭叶稍狭，比家蓼叶稍大。"

【入药部位及性味功效】

水蓼，又称蓼、蔷、蔷虞、虞蓼、泽蓼、辣蓼草、柳蓼、川寥、药蓼子草、红蓼干草、白辣蓼、胡辣蓼、辣蓼、辣柳草、撮胡、辣子草、水红花、红辣蓼、水辣蓼，为植物水蓼的地上部分。在播种当年7～8月花期，割起地上部分，铺地晒干或鲜用。味辛、苦，性平。归脾、胃、大肠经。行滞化湿，散瘀止血，祛风止痒，解毒。主治湿滞内阻，脘闷腹痛，泄泻，痢疾，小儿疳积，崩漏，血滞经闭，痛经，跌打损伤，风湿痹痛，便血，外伤出血，皮肤瘙痒，湿疹，风疹，足癣，痈肿，毒蛇咬伤。

蓼实，又称蓼子、水蓼子，为植物水蓼的果实。秋季果实成熟时采收，除去杂质，阴干。味辛，性温。化湿利水，破瘀散结，解毒。主治吐泻腹痛，水肿，小便不利，癥积痞胀，痈肿疮疡，瘰疬。

水蓼根，为植物水蓼的根。秋季开花时采挖，洗净，鲜用或晒干。味辛，性温。活血调经，健脾利湿，解毒消肿。主治月经不调，小儿疳积，痢疾，肠炎，疟疾，跌打肿痛，蛇虫咬伤。

【经方验方应用例证】

治小儿冷痢：蓼叶1升，捣汁服。（《千金要方》）

治痢疾、肠炎：水辣蓼全草60g，水煎服，连服3天。（《浙江民间常用草药》）

治急性胃肠炎：鲜水蓼叶60g，捣烂绞汁服。（《福建药物志》）

治风湿疼痛：水蓼15g，威灵仙9g，桂枝6g，煎服。（《安徽中草药》）

治咽喉肿痛：鲜辣蓼花序1把，捣烂取汁，兑白糖服，每次服60g。（《河南中草药手册》）

治恶犬咬伤：蓼叶捣泥敷。（《肘后方》）

治脚气肿：蓼实水煮，渍脚捋之。（《新修本草》）

槟榔消痞散：通肠胃，化宿食，破坚结，杀虫导积。主治小儿食积、奶积、虫积、水积，一切积聚，饮食不思，腹痛膨胀，肚大青筋，四肢瘦弱。（《全国中药成药处方集》）

治月经不调：水蓼根30g，当归15g，泡酒服。（《贵州民间药物》）

治跌打肿痛：红辣蓼根30g，韭菜头30g，食盐9g，共捣烂，敷患处。（《湖南农村常用中草药手册》）

【中成药应用例证】

肥儿疳积颗粒：健脾和胃，平肝杀虫。用于脾弱肝滞，面黄肌瘦，消化不良。

【现代临床应用】

水蓼用于治疗细菌性痢疾、肠炎，有止痛、止血、止泻及抗菌作用，无抗药性；治疗子宫出血。

酸模叶蓼

Persicaria lapathifolia (L.) S. F. Gray

蓼科（Polygonaceae）蓼属一年生草本。

高达90cm；茎直立，分枝，节部膨大；叶披针形或宽披针形，先端渐尖或尖，基部楔形，托叶鞘顶端平截；数个穗状花序组成圆锥状，花序梗被腺体，花被4（5）深裂，淡红或白色，花被片椭圆形，顶端分叉，外弯；瘦果宽卵形，扁平，包于宿存花被内。花期6～8月，果期7～9月。

大别山各县市均有分布，生于海拔30～1700m的田边、路旁、水边、荒地或沟边湿地。

【入药部位及性味功效】

鱼蓼，又称蓼草、大马蓼、水辣蓼、水蓼、马蓼、蓼子草、旱苗蓼、旱辣蓼、辣蓼、蛤蟆腿、节蓼，为植物酸模叶蓼的全草。夏、秋间采收，晒干。味辛、苦，性微温。解毒，除湿，活血。主治疮疡肿痛，瘰疬，腹泻，痢疾，湿疹，疳积，风湿痹痛，跌打损伤，月经不调。

戟叶蓼

Persicaria thunbergii Sieb. et Zucc.

蓼科（Polygonaceae）蓼属一年生草本。

茎具纵棱，沿棱具倒生皮刺。叶戟形，叶柄常具狭翅；托叶鞘边缘具叶状翅，翅具粗缘毛。花序头状，分枝，花序梗具腺毛及短柔毛。花期7～9月，果期8～10月。

英山县、罗田县、麻城市等地有分布。生于山谷湿地、山坡草丛。

水麻芍始载于《植物名实图考》，曰："水麻芍生建昌。丛生，茎如蓼，淡红色，绿节。叶三叉，前尖长，后短，面绿，背淡有毛。"

【入药部位及性味功效】

水麻芍，又称藏氏蓼、凹叶蓼、水犁壁草、火烫草、拉拉草、红降龙草，为植物戟叶蓼的全草。夏季采收，鲜用或晒干。味苦、辛，性寒。祛风清热，活血止痛。主治风热头痛，咳嗽，瘰疬，痢疾，跌打伤痛，干血痨。

【经方验方应用例证】

治偏头风：藏氏蓼、黄荆子各30g，研末，酒调敷。（《湖南药物志》）

治湿热头痛：藏氏蓼30g，石膏粉9g，研末，水调敷。（《湖南药物志》）

治月干痨：藏氏蓼30g，月季花9g，水煎，兑红糖，分2次服。（《湖南药物志》）

尼泊尔蓼
Persicaria nepalensis (Meisn.) H. Gross

蓼科（Polygonaceae）蓼属一年生草本。

茎下部叶卵形或三角状卵形，沿叶柄下延成翅，具透明腺点；托叶鞘基部具刺毛。花序头状，基部常具1叶状总苞片；花被常4裂。花期5～8月，果期7～10月。

大别山各县市均有分布，生于海拔200m以上的山坡草地、山谷路旁。

【入药部位及性味功效】

猫儿眼睛，又称小猫眼、野荞子、野荞菜、野荞麦草、头状蓼、荞麦草、水荞麦、马蓼草、山谷蓼、野荞麦，为植物尼泊尔蓼的全草。夏、秋间采收，晾干。味苦、酸，性寒。清热解毒，除湿通络。主治咽喉肿痛，目赤，牙龈肿痛，赤白痢疾，风湿痹痛。

【经方验方应用例证】

回生膏：治发背，痈疽，乳岩，痰核，一切疮毒。（《集验良方》卷六）

红蓼

Persicaria orientalis (L.) Spach

蓼科（Polygonaceae）蓼属一年生草本。

高达2m。茎直立，粗壮，上部多分枝，密被长柔毛。叶宽卵形或宽椭圆形，先端渐尖，基部微下延，两面密被柔毛；叶柄密被长柔毛，托叶鞘被长柔毛，常沿顶端具绿色草质翅。穗状花序，微下垂，数个花序组成圆锥状；花被5深裂，淡红或白色，花被片椭圆形。瘦果近球形，包于宿存花被内。花期6～9月，果期8～10月。

广布于全国各地，生于沟边湿地、村边路旁。

荭草始见于《名医别录》，云："荭草，如马蓼而大，生水傍。五月采实。"《本草图经》云："荭草，即水荭也。旧不著所出州郡，云生水傍，今所在下湿地皆有之。似蓼而叶大，赤白色，高丈余。"《本草纲目》云："其茎粗如拇指，有毛，其叶大如商陆叶，其花色浅红成穗，深秋子成，扁如酸枣仁而小，其色赤黑而肉白，不甚辛。"

本品早期称为红，后汉字分化，从"艹"而为荭。因习生于水边湿地得名水荭。《尔雅义疏》："今福山人呼水荭音若工，郭注茏鼓二字倒转即得工字之音，工、红古字通也。"游龙，《诗传名物集览》："《朱传》：游，枝叶放纵也；龙，红草也。"《本草纲目》："此蓼甚大，而花亦繁红，故曰荭，曰鸿。鸿亦大也。"

荭草花出自《本草纲目》，荭草根出自《本草图经》，水红花子出自《滇南本草》。

【入药部位及性味功效】

荭草，又称游龙、红、茏古、红草、茏鼓、天蓼、石龙、大蓼、水红、水红花、红蓼、朱蓼、白水荭苗、蓼草、大毛蓼、东方蓼、水蓬稞、九节龙、大接骨、果麻、追风草、八字蓼、捣花、辣蓼、丹药头、家蓼、水红花草，为植物红蓼的茎叶。晚秋霜后，采割茎叶，洗净，茎切成小段，晒干；叶置通风处阴干。味辛，性平，有小毒。归肝、脾经。祛风除湿，清热解毒，活血，截疟。主治风湿痹痛，痢疾，腹泻，吐泻转筋，水肿，脚气，痈疮疔疖，蛇虫咬伤，小儿疳积，疝气，跌打损伤，疟疾。

荭草花，又称水荭花、何草花、狗尾巴化，为植物红蓼的花序。夏季开花时采收，鲜用或晒干。味辛，性温。行气活血，消积，止痛。主治头痛，心胃气痛，腹中痞积，痢疾，小儿疳积，横痃。

荭草根，又称水红花根、红蓼根，为植物红蓼的根茎。夏、秋季挖取根部，洗净，晒干或鲜用。味辛，性凉，有毒。清热解毒，除湿通络，生肌敛疮。主治痢疾，肠炎，水肿，脚气，风湿痹痛，跌打损伤，荨麻疹，疮痈肿痛或久溃不敛。

水红花子，又称水荭子、荭草实、河蓼子、川蓼子、水红子、爆花子、水泻花，为植物红蓼的果实。秋季果实成熟时，采收果穗，晒干，打下果实，除杂质。味咸，性凉。归经肝、脾经。活血消积，健脾利湿，清热解毒，明目。主治胁腹癥积，水臌，胃脘痛，食少腹胀，火眼，疮肿，瘰疬。

【经方验方应用例证】

万灵膏：活血化瘀，消肿止痛。主治痞积，并未溃肿毒，瘰疬痰核，跌打闪挫，及心腹疼痛、泻痢、风气、杖疮。（《万氏家抄方》）

治风湿性关节炎：①鲜荭草60g，鲜鹅不食草15g，水煎服。（《全国中草药汇编》）②荭草120g，鸡蛋1～2枚，水煎服，或炖猪脚食。（《湖南药物志》）③红蓼根9～15g，水煎服，并用全草适量，水煎熏洗。（《广西本草选编》）

治小儿脓疱疮：红蓼全草适量，煎水外洗。（《广西本草选编》）

治小儿疳积：水红花草3g，麦芽30g，水煎，早晚饭前2次分服，连用数月。（《山西中草药》）

治外伤骨折：荭草6g，石胡荽9g，水煎服。（《湖南药物志》）

治胃痛：水红子或全草9～15g，水煎服。（《浙江药用植物志》）

治荨麻疹：荭草根适量，煎水外洗。（《浙江药用植物志》）

生肌肉：水荭花根，煎汤淋洗，仍以叶晒干研末，撒疮上，每日1次。（《谈野翁试验方》）

治慢性肝炎、肝硬化腹水：水红花子15g，大腹皮12g，黑丑9g，水煎服。（《新疆中草药手册》）

治结膜炎：水红花子9g，黄芩9g，菊花12g，龙胆草6g，水煎服。（《青岛中草药手册》）

千金保童丸：消癖化积，清热杀虫。治小儿癖块。（《古今医鉴》）

益儿饼：化滞消癖。治小儿癖疾。(《万病回春》)

定痛五香散：治气滞血瘀，寒湿停饮，胸胁胀满，各种肝胃气痛。[《全国中药成药处方集》(杭州方)]

治脚气疼痛：水荭花，煮汁，浸之。(《救急良方》)

治疮肿：水红花叶为细末，先用水红花根锉碎，煎汤洗净，后用叶末撒疮上。每日洗一次、撒一次。(《外科集验方》生肌散)

治横痃：荭草花一握，红糖15g，捣烂加热敷贴，每日换1次。(《福建民间草药》)

治痢疾、肠炎：水红花根干品30g(或鲜品60g)，水煎服，连服2天。(《山西中草药》)

千金消癖丸：治小儿癖疾，午后潮热，口渴饮冷，肚大青筋，渐至坚硬成块，不时作痛者。(《医宗金鉴》卷五十五)

【中成药应用例证】

溃疡胶囊：制酸止痛，生肌收敛。用于胃脘疼痛，呕恶泛酸，胃及十二指肠溃疡。

楼莲胶囊：行气化瘀，清热解毒。本品为原发性肝癌辅助治疗药，适用于原发性肝癌Ⅱ期气滞血瘀证患者，合并肝动脉插管化疗，可提高有效率和缓解腹胀、乏力等症状。

胃宁胶囊：调中养胃，理气止痛。用于急慢性胃炎、溃疡病、胃肠功能紊乱。

扛板归

Persicaria perfoliata (L.) H. Gross

蓼科（Polygonaceae）蓼属一年生草本。

茎攀援，具倒生皮刺。叶三角形，下面具皮刺；叶柄盾状着生；托叶鞘叶状，穿叶。总状花序短穗状；花被片椭圆形，果时增大，肉质，深蓝色。花期6～8月，果期7～10月。

大别山各县市均有分布，生于田边、路旁、山谷。

扛板归之名始见于《万病回春》，云："此草四、五月生，至九月见霜即无。叶尖青，如犁头尖样，藤有小刺。有子圆如珠，生青熟黑。"《生草药性备要》："芽梗俱有勒，子蓝色，可食。"《本草纲目拾遗》载："雷公藤，生阴山脚下。立夏时发苗，独茎蔓生，茎穿叶心，茎上又发叶，叶下圆上尖如犁耙，又类三角枫，枝梗有刺。"由此可得知梨头、老虎舌、犁头刺等别名皆是由于叶子形状。至于蛇倒退、蛇不过、老虎舌等别名，则是因为枝叶上的倒刺，连蛇类在碰到它的时候，也需要倒退而行。

其茎有棱，上倒生钩刺，一不小心就有可能勾住衣服，甚至刺入皮肤，让人敬而远之。扛板归托叶鞘近圆形，抱茎而生，不细看则以为茎从托叶鞘中穿透而过，也因此而得名"贯叶蓼"。

【入药部位及性味功效】

扛板归，又称蛇倒退、犁头刺、河白草、蚂蚱簕、急解素、老虎舌、猫爪刺、蛇不过、蛇牙草、穿叶蓼，为植物扛板归的全草。夏秋间采收，割取地上部分，鲜用或晾干。味酸、苦，性平。归肺、小肠经。利湿消肿，清热解毒，散瘀止血。主治疔疮痈肿，丹毒，乳腺炎，感冒发热，肺热咳嗽，百日咳，痔瘘，泻痢，黄疸，淋浊，带下，疟疾，风火赤眼，跌打肿痛，吐血，便血，蛇虫咬伤。

扛板归根，又称河白草根，为植物扛板归的根。夏季采挖根部，除净泥土，鲜用或晒干。味酸、苦，性平。解毒消肿。主治对口疮、痔疮、肛瘘。

【经方验方应用例证】

治带状疱疹：鲜扛板归叶捣烂绞汁，调雄黄末适量，涂患处，每日数次。(《江西民间草药》)

治痔疮、肛瘘：扛板归30g，猪大肠60g，炖汤服。(《江西草药》)

治湿疹、手足癣、鹅掌风、脓疮疱疹、皮炎、神经性皮炎：扛板归鲜汁300mL，加凡士林500g和氧化锌100g调膏外搽，也可直接取鲜叶捣烂取汁外搽。(《湖北中草药志》)

治慢性湿疹：鲜扛板归120g，水煎外洗，每日1次。(《单方验方调查资料选编》)

治蛇咬伤：扛板归叶，不拘多少，捣汁，酒调随量服之；用渣搽伤处。(《万病回春》)

治对口疮：鲜根60g，水煎服；另取鲜叶捣烂，敷患处。(《福建中草药》)

【中成药应用例证】

兰花咳宁片：清热解毒，敛肺止咳。用于急慢性支气管炎，久咳，少痰。

康妇灵胶囊：清热燥湿，活血化瘀，调经止带。用于宫颈炎，阴道炎，月经不调，赤白带下，痛经，附件炎等。

抗妇炎胶囊：活血化瘀，清热燥湿。用于湿热下注型盆腔炎、阴道炎、慢性宫颈炎，症见赤白带下、阴痒、出血、痛经等症。

玫芦消痤膏：清热燥湿，杀虫止痒。用于痤疮、皮肤瘙痒症、亚急性湿疹及日光性皮炎等。

姜黄消痤搽剂：清热解毒，散风祛湿，活血消痤。用于湿热郁肤所致的粉刺（痤疮）。

万金香气雾剂：辟秽解毒，止痒消肿。用于外感瘟疫时毒，发热头痛及蚊虫叮咬，红肿痒痛。

日晒防治膏：清热解毒，凉血化斑。用于防治热毒灼肤所致的日晒疮。

【现代临床应用】

扛板归用于痔瘘术后防治感染和止血用药；治疗百日咳；治疗湿疹；治疗急性肾炎。

刺蓼

Persicaria senticosa (Meisn.) H. Gross ex Nakai

蓼科（Polygonaceae）蓼属一年生草本。

茎四棱形，沿棱被倒生皮刺。叶三角形或长三角形，先端尖或渐尖，基部戟形，两面被柔毛，下面沿叶脉疏被倒生皮刺；叶柄粗，被倒生皮刺；托叶鞘筒状，具叶状肾圆形翅，具缘毛。花序头状，花序梗密被腺毛；苞片长卵形，具缘毛；花被5深裂，淡红色，花被片椭圆形。瘦果近球形，包于宿存花被内。花期6～7月，果期7～9月。

罗田、英山、红安、浠水等县市有分布，生于海拔120～1500m山坡、山谷及林下。

【入药部位及性味功效】

廊茵，又称红大老鸦酸草、石宗草、蛇不钻、猫儿刺、南蛇草、急解索、猫舌草、蛇倒退、红花蛇不过，为植物刺蓼的全草。夏、秋季采收，洗净，鲜用或晒干。味苦、酸，微辛，性平。清热解毒，利湿止痒，散瘀消肿。主治痈疮疔疖，毒蛇咬伤，湿疹，黄水疮，带状疱疹，跌打损伤，内痔外痔。

【经方验方应用例证】

治蛇头疮：廊茵全草捣烂敷。(《湖南药物志》)

治顽固性痈疖、婴儿胎毒：廊茵全草煎水洗。(《湖南药物志》)

治蛇咬伤、跌伤：廊茵叶捣烂敷伤处。(《湖南药物志》)

治湿疹痒痛：廊茵鲜全草捣烂冲热汤洗患处。(江西《草药手册》)

治黄水疮：刺蓼研末，敷患处。(《河北中草药》)

治过敏性皮炎：刺蓼、虎杖根各15～30g，水煎服。(《福建药物志》)

治外痔：廊茵鲜全草捣烂，压榨取汁，放锅内浓缩后涂敷患处。(江西《草药手册》)

治内痔：廊茵水煎熏洗。(江西《草药手册》)

治耳道炎症：鲜廊茵捣烂绞汁滴耳。(《福建省中草药新医疗法资料选编》)

箭头蓼

Persicaria sagittata (Linnaeus) H. Gross ex Nakai

蓼科（Polygonaceae）蓼属一年生草本。

茎分枝，四棱形，沿棱被倒生皮刺。叶宽披针形或长圆形，先端尖，基部箭形，下面沿中脉被倒生皮刺。花序头状，常成对，花序梗细长，疏被皮刺；苞片椭圆形，背部绿色；花被5深裂，白或淡红色，花被片长圆形，较花被短。瘦果宽卵形。花期6～9月，果期8～10月。

罗田、英山、红安、浠水等县市均有分布，生于海拔90m以上的山谷、沟旁、水边。

本品始载于《名医别录》："雀翘，生蓝中，叶细黄，茎赤有刺。四月实，实兑黄中黑。五月采，阴干。"箭头蓼又名箭叶蓼。

【入药部位及性味功效】

雀翘，又称去母、更生、长野荞麦草、大叶野荞麦草、长叶荞麦草、倒刺林、荞麦刺、水红骨蛇、秋雀翘、降龙草、走游草、钩钩草、尖叶蓼，为植物箭头蓼的全草。夏、秋季采收全草，扎成束，鲜用或阴干。味辛、苦，性平。祛风除湿，清热解毒。主治风湿关节疼痛，疮痈疖肿，泄泻，痢疾，毒蛇咬伤。

雀翘实，为植物箭头蓼的果实。夏秋季果实成熟时采收，除去杂物，晒干。味咸，性平。益气，明目。主治气虚视物不清。

【经方验方应用例证】

治风湿性关节炎：箭叶蓼120g，水煎，洗患处。（《河北中草药》）

治毒蛇咬伤：鲜箭叶蓼捣烂，敷伤口周围。（《河北中草药》）

治脚膝风湿痛：箭叶蓼30g，水煎，兑酒服。（《湖南药物志》）

治膝盖生疮：箭叶蓼、猫儿头草，捣烂敷患处。（《湖南药物志》）

刺苋

Amaranthus spinosus L.

苋科（Amaranthaceae）苋属一年生草本。

茎直立，多分枝，绿色或紫红色，有纵棱条，无毛。叶腋有坚硬针刺1～2，无毛。花期5～7月，果期7～11月。

大别山各县市均有分布，常生长在山野、路边、村旁、园圃等荒芜地方，阴湿处常成片繁生。

籁，方言，两广等地将竹上的刺称作籁。本品苞片常变形为锐刺，犹如竹刺，故有籁苋菜、刺苋菜等名。

【入药部位及性味功效】

籁苋菜，又称刺苋、野苋菜、土苋菜、猪母菜、野勒苋、刺刺草、野刺苋菜、酸酸苋、刺苋菜，为植物刺苋的全草或根。春、夏、秋三季均可采收，洗净，鲜用或晒干。味甘，性微寒。凉血止血，清利湿热，解毒消痈。主治胃出血，便血，痔血，胆囊炎，胆石症，痢疾，湿热泄泻，带下，小便涩痛，咽喉肿痛，湿疹，痈肿，牙龈糜烂，蛇咬伤。

【经方验方应用例证】

治胃、十二指肠溃疡出血：刺苋菜根30～60g，水煎2次分服。（江西《草药手册》）

治胆囊炎、胆道结石：鲜刺苋叶180g，猪小肠（去油脂）180g，加水炖熟，分3次服，1天服完，7天为1个疗程。（《福建药物志》）

治白带：鲜刺苋根60g，银杏14枚，水煎服。（《福建药物志》）

治尿道炎、血尿：鲜野苋根、车前草各30g，水煎服。（《食物中药与便方》）

治湿疹：刺苋全草适量，水煎，加盐少许，洗浴患处。（《福建中草药》）

治甲状腺肿大：鲜刺苋90g，猪瘦肉120g，水煎，分2次服。（《福建药物志》）

【中成药应用例证】

伤科万花油：清热解毒，祛瘀止血，消肿止痛，收敛生肌。用于水火烫伤，跌打损伤，刀伤出血。

【现代临床应用】

刺苋菜用于治疗溃疡病合并出血。

苋

Amaranthus tricolor L.

苋科（Amaranthaceae）苋属一年生草本。

茎粗壮，绿或红色，常分枝。叶卵形、菱状卵形或披针形，绿色或带红、紫或黄色，先端圆钝，具凸尖，基部楔形，全缘，无毛。花成簇腋生，组成下垂穗状花序，雄花和雌花混生；花被片长圆形。花期5～8月，果期7～9月。

大别山各县市均有栽培。

苋始载于《神农本草经》，将苋实列为上品。苋根出自《石药尔雅》。《说文解字》云："苋，苋菜也。"宋《本草图经》云："今处处有之，即人苋也……入药者，人、白二苋，俱大寒。"或谓此物种子能明目，故得名苋。《本草经考注》云："苋即见字加'艹'冠者，此物专有明目之效，故名见实。一名莫实，亦治目视莫莫之意。"《尔雅》："蒉，赤苋。"孙星衍认为莫实之"莫"，系"蒉"之讹。

【入药部位及性味功效】

苋，又称苋菜、人苋、红人苋、雁来红、老少年、十样锦、老来少、三色苋、青香苋、老来变、秋红，为植物苋的茎叶。春、夏季采收，洗净，鲜用或晒干。味甘，性微寒。归大肠、小肠经。清热解毒，通利二便。主治痢疾，二便不通，蛇虫螫伤，疮毒。

苋实，又称莫实、苋子、苋菜子，为植物苋的种子。秋季采收地上部分，晒后搓揉脱下种子，扬净，晒干。味甘，性寒。归肝、大肠、膀胱经。清肝明目，通利二便。主治青盲翳障，视物昏暗，白浊血尿，二便不利。

苋根，又称地筋，为植物苋的根。春、夏、秋三季均可采挖，去茎叶，洗净，鲜用或晒干。味辛，性微寒。归肝、大肠经。清解热毒，散瘀止痛。主治痢疾，泄泻，痔疮，牙痛，漆疮，阴囊肿痛，跌打损伤，崩漏，带下。

【经方验方应用例证】

治漆疮瘙痒：①苋菜煎汤洗。（《本草纲目》）②以苋菜根煎汤洗之。（《普济方》）

治脑漏：老少年，煎汤热熏鼻内，然后将汤服二三口，大妙。冬间用根。（《急救方》）

治对口疮：苋菜、鲫鱼共捣烂，敷患处。（江西《草药手册》）

治黄水疮、痔疮：苋菜梗适量，煅存性，研末，加冰片少许，撒敷患处。（《秦岭巴山天然药物志》）

治大小便难：苋实末半两，分二服，以新汲水调下。（《圣惠方》）

治牙痛：苋根晒干，烧存性，为末揩之，再以红灯笼草根煎汤漱之。（《本草纲目》引《集效方》）

治虚劳阴肿，大如升，核痛，人所不能疗者：用苋菜根捣敷之。（《圣惠方》）

治阴冷，渐渐冷气入阴囊，肿满恐死，日夜疼闷不得眠：捣苋菜根敷之。（《千金要方》）

【中成药应用例证】

甲鱼软坚膏：化瘀通络，软坚散结。用于瘀血阻络引起的癥瘕痞块，经闭不通，脘腹疼痛，小儿疳积，消瘦腹大，青筋暴露。

皱果苋
Amaranthus viridis L.

苋科（Amaranthaceae）苋属一年生草本。

高达80cm，全株无毛。茎直立，稍分枝。叶卵形、卵状长圆形或卵状椭圆形，先端尖凹或凹缺，稀圆钝，全缘或微波状。穗状圆锥花序顶生；苞片披针形。胞果扁球形。花期6～8月，果期8～10月。

大别山各县市均有分布，生于人家附近的杂草地上或田野间。

白苋之名始见于《本草经集注》。陶弘景为《神农本草经》"苋实"作注云："李（指李当之）云即苋菜也。今马苋别一种，布地生，实至微细，俗呼为马齿苋，亦可食，小酸，恐非今苋实。其苋实当是白苋，所以云细苋亦同，叶如蓝也。细苋即是糠苋，食之乃胜，而并冷利，被霜乃熟，故云十一月采。又有赤苋，茎纯紫，能疗赤下，而不堪食。药方用苋实甚稀，断谷方中时用之。"《蜀本草》云：《图经》说有赤苋、白苋、人苋、马苋、紫苋、五色苋，凡六种，惟人、白二苋实入药用，按人苋小，白苋大，马苋如马齿，赤苋味辛，俱别有功，紫及五色二苋不入药。"《本草图经》云："人、白二苋俱大寒，亦谓之糠苋，亦谓之胡苋，亦谓之细苋，其实一也。但人苋小而白苋大耳……细苋俗谓之野苋，猪好喜之，又名猪苋。"

皱果苋又名假苋菜、绿苋。

【入药部位及性味功效】

白苋，又称细苋、糠苋、野苋、猪苋，为植物皱果苋的全草或根。春、夏、秋季均可采收全株或根，洗净，鲜用或晒干。味甘、淡，性寒。归大肠、小肠经。清热，利湿，解毒。主治痢疾，泄泻，小便赤涩，疮肿，蛇虫螫伤，牙疳。

【经方验方应用例证】

治痔疮肿痛或便血：鲜野苋、鲜旱莲草各30g，水煎服，另取鲜野苋水煎熏洗患处，每日1～2次。(《福建药物志》)

治毒蛇咬伤：鲜野苋60～90g，捣烂绞汁服。(《福建药物志》)

治疮肿：野苋、龙葵，煎水洗。(江西《草药手册》)

治走马牙疳：野苋根煅存性，加冰片少许，研匀擦牙龈。(江西《草药手册》)

凹头苋

Amaranthus blitum Linnaeus

苋科（Amaranthaceae）苋属一年生草本。

全体无毛；茎伏卧而上升，从基部分枝。叶片卵形或菱状卵形，顶端凹缺，有1芒尖。花成腋生花簇，直至下部叶的腋部；苞片及小苞片矩圆形；花被片矩圆形或披针形，顶端急尖，边缘内曲。胞果扁卵形。花期7～8月，果期8～9月。

大别山各县市均有分布，生于人家附近的杂草地上或田野间。

【入药部位及性味功效】

野苋菜，又称野苋、光苋菜，为植物凹头苋和反枝苋的全草或根。春、夏、秋季采收，洗净，鲜用。味甘，性微寒。归大肠、小肠经。清热解毒，利尿。主治痢疾，腹泻，疔疮肿毒，毒蛇咬伤，蜂螫伤，小便不利，水肿。

野苋子，又称苋菜子、青葙子、西风谷，为植物凹头苋或反枝苋的种子。秋季采收果实，日晒，搓揉取种子，干燥。味甘，性凉。归肝、膀胱经。清肝明目，利尿。主治肝热目赤，翳障，小便不利。

【经方验方应用例证】

治表热、身痛、头痛目赤、尿黄不利：鲜野苋菜适量，在前胸后背搓之，以野苋菜捣汁，每次1汤匙，每日服2次。（《吉林中草药》）

治痢疾：凹头苋30g，车前子15g，水煎服。（《河北中草药》）

治痔疮肿痛：鲜野苋根30～60g，猪大肠1段，水煎，饭前服。（《福建中草药》）

治蛇头疔：鲜野苋叶合食盐捣烂敷患处。（《福建中草药》）

治甲状腺肿大：取鲜野苋菜根、茎60g，猪肉60g（或用冰糖15g），水煎，分2次饭后服。轻者1周，重者3周即可见效。[《福建中医药》1962（6）：38]

治风热目痛：苋菜子9g，菊花15g，龙胆草9g，水煎服。（《内蒙古中草药》）

治高血压：苋菜子15g，水煎服。（《内蒙古中草药》）

青葙

Celosia argentea L.

苋科（Amaranthaceae）青葙属一年生草本。

茎直立，多分枝，有纵棱条，绿色或带红色。叶两面无毛，叶柄短。花两性，常为白色，幼时带粉红色，排成顶生及腋生的密穗状花序。花期4～6月，果期6～11月。

大别山各县市均有分布，生长山坡、路旁、园圃、沟边和潮湿草地。亦有栽培。

青葙，花似鸡冠，嫩苗似苋可食，故称野鸡冠、冠苋、鸡冠苋。青葙子有明目之功，与决明子同，故又称草决明。

青葙子始载于《神农本草经》，列为下品，谓："一名草蒿，一名萋蒿。五月六月采子。"《本草经集注》："处处有，似麦栅花，其子甚细。后又有草蒿，别本亦作草藁，今即主疗殊相类，形名又相似极多，足为疑，而实两种也。"《本草图经》云："二月内生青苗，长三四尺，叶阔似柳细软，茎似蒿，青红色。六月、七月内生花，上红下白，子黑光而扁，有似莨菪，根似蒿根而白，直下独茎生根，六月、八月采子。"《本草纲目》："青葙生田野间，嫩苗似苋可食。长则高三四尺，苗叶花实与鸡冠花一样无别，但鸡冠花穗或有大而扁或团者，此则梢间出花穗，尖长四五寸，状如兔尾，水红色，亦有黄白色者，子在穗中，与鸡冠子及苋子一样，难辨。"

【入药部位及性味功效】

青葙，又称草蒿、姜蒿、昆仑草、野鸡冠、冠苋、鸡冠苋、土鸡冠、狐狸尾、指天笔、牛尾巴花、犬尾鸡冠花、牛母莴、牛尾行，为植物青葙的茎叶或根。夏季采收，鲜用或晒干。味苦，性寒。归肝、膀胱经。燥湿清热，杀虫止痒，凉血止血。主治湿热带下，小便不利，尿浊，泄泻，阴痒，疮疥，风疹身痒，痔疮，衄血，创伤出血。

青葙花，又称笔头花，为植物青葙的花序。花期采收，晒干。味苦，性凉。凉血止血，清肝除湿，明目。主治吐血，衄血，崩漏，赤痢，血淋，白带，目赤肿痛，目生翳障。

青葙子，又称草决明、野鸡冠花子、狗尾巴子、牛尾巴花子，为植物青葙的种子。7～9月种子成熟，割取地上部分或摘取果穗晒干，搓出种子，过筛或簸净果壳等杂质即可。味苦，性寒。归肝经。祛风热，清肝火，明目退翳。主治目赤肿痛，眼生翳膜，视物昏花，高血压病，鼻衄，皮肤风热瘙痒，疮癣。

【经方验方应用例证】

治支气管炎、胃肠炎：青葙茎叶3～10g，水煎服。(《广西本草选编》)

治肝阳亢盛型高血压：青葙子、草决明、野菊花各10g，夏枯草、大蓟各15g，水煎服。(《四川中药志》1979年)

治失眠：青葙花15g，铁扫帚根30g，煮汁炖猪蹄食。(江西《草药手册》)

石斛夜光丸：滋阴补肾，清肝明目。主治神光散大，昏如雾露，眼前黑花，睹物成二，久而光不收敛，及内障瞳神淡白绿色。(《原机启微》)

补肾明目丸：滋补肝肾。主治诸内障，欲变五风，变化视物不明。(《银海精微》)

石决明散：清热平肝，祛风散邪，明目退翳。主治目生障膜。(《沈氏尊生书》)

八味还睛散：肝肺风热所致滑翳，有如水银珠子，但微含黄色，不疼不痛，无泪，遮绕瞳仁；涩翳，微如赤色，或聚或开，两旁微光，瞳仁上如凝脂色，时复涩痛，而无泪出；散翳，形如鳞点，或睑下起粟子而烂，日夜痛楚，瞳仁最疼，常下热泪。(《世医得效方》卷十五)

【中成药应用例证】

玉兰降糖胶囊：清热养阴，生津止渴。用于阴虚内热所致的消渴病、2型糖尿病及并发症的改善。

养肝还睛丸：平肝息风，养肝明目。用于阴虚肝旺所致视物模糊、畏光流泪、瞳仁散大。

明目二十五味丸：养阴清肝，退翳明目。用于阴虚肝旺、目赤、眼花、眼干、云翳、视力减退。

除翳明目片：清热泻火，祛风退翳。用于风火上扰，目赤肿痛，眼生星翳，畏光流泪。

障眼明片：补益肝肾，退翳明目。用于初期及中期老年性白内障。

琥珀还睛丸：补益肝肾，清热明目。用于肝肾两亏、虚火上炎所致的内外翳障、瞳孔散大、视力减退、夜盲昏花、目涩羞明、迎风流泪。

鸡冠花

Celosia cristata L.

苋科（Amaranthaceae）青葙属一年生草本植物。

茎直立，常呈红或紫红色，无毛。叶全缘呈波状，背面叶脉凸起。花序顶生，花序梗广阔扁平，花序形似鸡冠（半野生状态有时不呈鸡冠状），花色多样。花期5～8月，果期8～10月。

为大别山各县市庭院栽培观赏植物，品种繁多，亦有半野生状态生长。

《本草纲目》："以花状命名。"因其花扁卷而平，形如鸡冠，故有"鸡冠""鸡髻"诸名。

鸡冠花出自《滇南本草》。《本草纲目》云："鸡冠处处有之。三月生苗……其叶青紫，颇似白苋菜而窄，稍有赤脉……六、七月梢间开花，有红、白、黄三色，其穗圆长而尖者，俨如青葙之穗。扁卷而平者，俨如雄鸡之冠。"

【入药部位及性味功效】

鸡冠花，又称鸡髻花、鸡公花、鸡角枪、鸡冠头、鸡骨子花、老来少，为植物鸡冠花的花序。当年8～9月采收。把花序连一部分茎秆割下，捆成小把晒或晾干后，剪去茎秆即成。味甘、涩，性凉。归肝、大肠经。凉血止血，止带，止泻。主治诸出血证，带下，泄泻，痢疾。

鸡冠子，为植物鸡冠花的种子。夏、秋季种子成熟时割取果序，日晒，取净种子，晒干。味甘，性凉。归肝、大肠经。凉血止血，清肝明目。主治便血，崩漏，赤白痢，目赤肿痛。

鸡冠苗，为植物鸡冠花的茎叶或全草。夏季采收，鲜用或晒干。味甘，性凉。清热凉血，解毒。主治吐血，衄血，崩漏，痔疮，痢疾，荨麻疹。

【经方验方应用例证】

治赤白带下：鸡冠花、椿根皮各15g，水煎服。(《河北中草药》)

治青光眼：干鸡冠花、干艾根、干牡荆根各15g，水煎服。(《福建中草药》)

治遗精：鲜白鸡冠花30g，金丝草、金樱子各15g，水煎服。(《福建中草药》)

治腹泻、痔疮出血、吐血、衄血、血崩：鸡冠花全草，煎水服。(江西《草药手册》)

治荨麻疹：鸡冠花全草，水煎，内服外洗。(江西《草药手册》)

治蜈蚣咬伤：鸡冠花全草，捣烂敷患处。(江西《草药手册》)

鸡冠花散：主治小儿痢疾，下血不止。(《圣惠》卷九十二)

鸡冠丸：主治结阴便血不止，疼痛无时，气痔下血，肛边疼痛。(《圣济总录》卷九十七)

淋渫鸡冠散：主治五痔。肛边肿痛，或生鼠乳，或穿穴，或生疮，久而不愈，变成漏疮者。(《御药院方》卷八)

【中成药应用例证】

千金止带丸（大蜜丸）：健脾补肾，调经止带。用于脾肾两虚所致的月经不调、带下病，症见月经先后不定期、量多或淋漓不净、色淡无块，或带下量多、色白清稀、神疲乏力、腰膝酸软。

安坤赞育丸：益气养血，调补肝肾。用于气血两虚、肝肾不足所致的月经不调、崩漏、带下病，症见月经量少或淋漓不净、月经错后、神疲乏力、腰腿酸软、白带量多。

【现代临床应用】

治疗妇科慢性炎症。

土荆芥

Dysphania ambrosioides (Linnaeus) Mosyakin & Clemants

苋科（Amaranthaceae）腺毛藜属一年生或多年生草本。

叶披针形，边缘具稀疏不整齐大锯齿；叶下具黄色腺点，揉搓有强烈香味。花两性及雌性，团集生于上部叶腋。胞果扁球形，包于花被。种子黑色或暗红色。花期和果期很长。

原产热带美洲。生于村旁、路边、河岸等处，喜温暖干燥气候。大别山各县市均有分布。

【入药部位及性味功效】

土荆芥，又称鹅脚草、红泽兰、天仙草、臭草、钩虫草、鸭脚草、香藜草、臭蒿、杀虫芥、藜荆芥、臭藜霍、洋蚂蚁草、虎骨香、虱子草、狗咬癀、火油草、痱子草、杀虫草、大本马齿苋，为植物土荆芥的带果穗全草。8月下旬至9月下旬收割全草，摊放在通风处，或捆束悬挂阴干，避免日晒及雨淋。味辛、苦，性微温，有大毒。祛风除湿，杀虫止痒，活血消肿。主治钩虫病，蛔虫病，蛲虫病，头虱，皮肤湿疹，疥癣，风湿痹痛，经闭，痛经，口舌生疮，咽喉肿痛，跌打损伤，蛇虫咬伤。

【经方验方应用例证】

治关节风湿痛：土荆芥鲜根 15g，水炖服。（《福建药物志》）

治湿疹：土荆芥鲜全草适量，水煎，洗患处。（《福建药物志》）

花叶洗剂：野菊花 1500g，千里光 1000g，土荆芥 500g，食盐 30g。水加至药面，煎出 1/3 ～ 1/2 药液，用作湿敷。主治湿润糜烂性皮肤病。（《中医皮肤病学简编》）

野菊煎剂：清热，凉血，解毒。治春夏季节，因食灰菜、苋菜、野艾、紫云英、野木耳、番瓜叶、麻芥菜、委陵菜（翻白草）等，又经烈日曝晒，颜面、手足背发痒刺痛，随即高度浮肿，颜面肿大，眼合成线，唇口外翻，指不能屈，皮肤暗红发亮，起瘀斑浆疱，低热倦怠者。（《中医皮肤病学简编》）

治毒蛇咬伤：土荆芥鲜叶，捣烂，敷患处。（《福建中草药》）

【中成药应用例证】

外感平安颗粒：清热解表，化湿消滞。用于四时感冒，恶寒发热，周身骨痛，头重乏力，感冒挟湿，胸闷食滞等症。

十二味痹通搽剂：祛风除湿，活血化瘀，消肿止痛。用于寒湿痹证，闪挫伤筋。

姜黄消痤搽剂：清热解毒，散风祛湿，活血消痤。用于湿热郁肤所致的粉刺（痤疮）。

腹安颗粒：清热解毒，燥湿止痢。用于痢疾，急性胃肠炎，腹泻、腹痛。

清热感冒颗粒：清热解表，宣肺止咳。用于伤风感冒引起的头痛、发热、咳嗽。

地肤

Bassia scoparia (L.) A.J.Scott

苋科（Amaranthaceae）沙冰藜属一年生草本。

茎直立，多分枝，斜上。植株几无毛。叶线状披针形。花1～3朵生上部叶腋，成疏穗状圆锥花序；花被翅状附属物，边缘微波状或具缺刻。花期6～9月，果期7～10月。

大别山各县市均产，生于田边、路旁、荒地等处。

《本草纲目》："地肤、地麦，因其子形似也。地葵，因其苗味似也。鸭舌，因其形似也。益明，因其子功能明目也。子落则老，茎可为帚，故有帚、葶诸名。"夏玮瑛认为"地肤的苗形倒是与麦苗相似"。

地肤子始载于《神农本草经》，列为上品。《本草经集注》："今田野间亦多，皆取茎苗为扫帚。子微细。"《新修本草》："地肤子，田野人名为地麦草，叶细茎赤，多出熟田中，苗极弱，不能胜举，今云堪为扫帚，恐人未识之。"《蜀本草》："叶细茎赤，初生薄地，花黄白，子青白色，今所在有。"《本草纲目》载："地肤嫩苗，可作蔬茹，一科数十枝，攒簇团团直上，性最柔弱，故将老时可为帚，耐用。"

【入药部位及性味功效】

地肤子，又称地葵、地麦、益明、落帚子、独扫子、竹帚子、千头子、帚菜子、铁扫把子、扫帚子，为植物地肤的成熟果实。秋季果实成熟时采收植株，晒干，打下果实，除去杂质。味苦，性寒。归肾、膀胱经。清热利湿，祛风止痒。主治小便不利，淋浊，带下，血痢，风疹，湿疹，疥癣，皮肤瘙痒，疮毒。

地肤苗，又称扫帚苗，为植物地肤的嫩茎叶。春、夏季割取嫩茎叶，洗净，鲜用或晒干。味苦，性寒。归肝、脾、大肠经。清热解毒，利尿通淋。主治赤白痢，泄泻，小便淋痛，目赤涩痛，雀盲，皮肤风热赤肿，恶疮疥癣。

【经方验方应用例证】

治肾炎水肿：地肤子10g，浮萍8g，木贼草6g，桑白皮10g，水煎去滓，每日3次分服。（《现代使用中药》）

治风湿关节痛、小便少：地肤苗12g，水煎服。（《沙漠地区药用植物》）

四物五子汤：滋肾养阴。主治心肾不足之眼目昏暗。（《审视瑶函》）

苦参汤：清热燥湿止痒。主治疥癞，风癞，疮疡。（《中医大辞典》）

柏皮散：治雀目，至暮无所见者。（《外台秘要》卷二十一引《广济方》）

补肝地肤子散：主治肝虚目昏，风热目赤肿痛。（《圣惠》）

臭梧桐洗剂：主治慢性湿疹。（《中医皮肤病学简编》）

【中成药应用例证】

田七镇痛膏：活血化瘀，祛风除湿，温经通络。用于跌打损伤，风湿关节痛，肩臂腰腿痛。

复方黄松湿巾：清热解毒，祛风燥湿，杀虫止痒。用于湿热下注所致的外阴炎、外阴瘙痒、外阴湿疹，症见外阴肿胀、充血、瘙痒等；亦可配合"复方黄松洗液"用于霉菌性、滴虫性、非特异性阴道炎。

复方黄松洗液：清热利湿，祛风止痒。用于湿热下注证，症见阴部瘙痒，或灼热痛，带下量多，色黄如脓或赤白相间，或呈黄色泡沫状；霉菌性、滴虫性、非特异性阴道炎及外阴炎见以上证候者。

利夫康洗剂：清热燥湿，杀虫止痒。用于湿热下注所致的带下、阴痒；外阴炎、滴虫性阴道炎、霉菌性阴道炎、细菌性阴道炎见以上症状者。

青柏洁身洗液：清热解毒，燥湿杀虫止痒。适用于湿热下注型外阴瘙痒、外阴湿疹，及滴虫性、霉菌性阴道炎。

癣宁搽剂（癣灵药水）：清热除湿，杀虫止痒，有较强的抗真菌作用。用于脚癣、手癣、体癣、股癣等皮肤癣症。

肤痒胶囊：祛风活血，除湿止痒。用于皮肤瘙痒症、湿疹、荨麻疹等瘙痒性皮肤病。

【现代临床应用】

临床上，地肤子用于治疗荨麻疹，1～7个疗程治愈，但对炎症性荨麻疹无效；治疗急性乳腺炎。

藜

Chenopodium album L.

苋科（Amaranthaceae）藜属一年生草本。

茎具条棱及绿色或紫红色色条。叶片菱状卵形至宽披针形，边缘具不整齐锯齿。种子边缘短，表面具浅沟纹；胚环形。花果期5～10月。

大别山各县市均有分布，生于路旁、荒地及田间。

《说文解字》："莱，蔓华也。"《尔雅》："厘，蔓华。"莱与厘，古同声。而藜与厘一声之转。《通训定声》："（藜）即'北山有莱'之莱。"蒙与蔓双声音近，而有蒙花之名。《本草纲目》："（藜）即灰藋之红心者……河朔人名落藜，南人名胭脂菜，亦曰鹤顶草，皆因形色名也。"名红落藜、红心灰藋者亦依此义。

藜始载于《诗经》。《本草纲目》载："藜处处有之，即灰藋之红心者，茎、叶稍大。"

【入药部位及性味功效】

藜，又称莱、厘、蔓华、蒙华、鹤顶草、红落藜、舜芒谷、红心灰藿、落黎、胭脂菜、飞扬草、灰苋菜、灰蓼头草、灰菜、灰灰菜、粉菜、灰藜、灰条、白藜，为植物藜及灰绿藜的幼嫩全草。春、夏季割取全草，去杂质，鲜用或晒干备用。味甘，性平，有小毒。清热祛湿，解毒消肿，杀虫止痒。主治发热，咳嗽，痢疾，腹泻，腹痛，疝气，龋齿痛，湿疹，疥癣，白癜风，疮疡肿痛，毒虫咬伤。

藜实，又称灰藜子、灰菜子，为植物藜的果实或种子。秋季果实成熟时，割取全草，打下果实和种子，除去杂质，晒干或鲜用。味苦、微甘，性寒，有小毒。清热祛湿，杀虫止痒。主治小便不利，水肿，皮肤湿疮，头疮，耳聋。

【经方验方应用例证】

治痢疾腹泻：灰藿全草30～60g，煎水服。(《上海常用中草药》)

治皮肤湿毒，周身发痒：灰藿全草、野菊花等量，煎汤熏洗。(《上海常用中草药》)

治疥癣湿疮：灰菜茎叶适量，煮汤外洗。(《沙漠地区药用植物》)

治毒虫咬伤、癜风：灰菜茎叶，捣烂外涂。(《沙漠地区药用植物》)

治龋齿：鲜灰菜适量，水煎漱口。(《沙漠地区药用植物》)

治无名肿毒：灰条15～30g，煎汤外洗患处。(《青海常用中草药手册》)

治小便不利、水肿：灰藜子3～9g，水煎服。(《沙漠地区药用植物》)

治皮肤湿毒、瘙痒：灰菜子、雪见草、阴行草、紫参各9g，水煎熏洗。(《青岛中草药手册》)

治耳聋：鲜藜种子15～18g，胡桃肉、花生、猪耳朵，同煮服。(江西《草药手册》)

千日红

Gomphrena globosa L.

苋科（Amaranthaceae）千日红属一年生草本。

茎直立，粗壮，节部稍膨大，密被细柔毛。叶先端短尖，全缘；叶柄短，密被柔毛。头状花序，淡红色或紫红色，下部有对生叶状总苞片2。花期6～7月，果期8～9月。

原产拉丁美洲，我国各地普遍栽培供观赏。

花夏开而至冬不蔫，故有千日红、百日红、百日白、千日白、千日娇、千年红、长生花诸名。

始载于《花镜》，云："千日红，本高二三尺，茎淡紫色，枝叶婆娑，夏开深紫色花，干瓣细碎，圆整如球，生于枝杪，至冬，叶虽萎而花不蔫……子生瓣内，最细而黑。"

【入药部位及性味功效】

千日红，又称百日红、千金红、百日白、千日白、千年红、吕宋菊、滚水花、沸水菊、长生花、蜻蜓红、球形鸡冠花、千日娇，为植物千日红的花序或全草。夏、秋采摘花序或拔取全株，鲜用或晒干。味甘、微咸，性平。归肺、肝经。止咳平喘，清肝明目，解毒。主治咳嗽，哮喘，百日咳，小儿夜啼，目赤肿痛，肝热头晕，头痛，痢疾，疮疖。

【经方验方应用例证】

治头风痛：千日红花三钱，马鞭草七钱。水煎服。（江西《草药手册》）

治气喘：千日红的花头10个，煎水，冲少量黄酒服，连服三次。（《中国药用植物志》）

治咯血：千日红10朵，仙鹤草9g，煎水，加冰糖适量服。（《安徽中草药》）

治小儿夜啼：千日红鲜花序5朵，蝉衣3个，菊花2g，水煎服。（《福建中草药》）

治小便不利：千日红花序3～9g，煎服。（《上海常用中草药》）

治羊痫风：千日红花序14朵，蚱蜢干6g，水煎服。（《福建中草药》）

复方千日红片：清热化痰，止咳平喘。主治慢性支气管炎。（《中药知识手册》）

【现代临床应用】

临床上，治疗慢性气管炎。

紫茉莉

Mirabilis jalapa L.

紫茉莉科（Nyctaginaceae）紫茉莉属一年生草本。

株高达1m，茎多分枝，节稍肿大。叶卵形或卵状三角形，先端渐尖，基部平截或心形，全缘。花常数朵簇生枝顶，总苞钟形，5裂，花被紫红、黄或杂色，花被筒高脚碟状，檐部5浅裂；雄蕊5。瘦果球形，黑色，革质，具皱纹。花期6～10月，果期8～11月。

原产热带美洲。我国南北各地常栽培，为观赏花卉，有时逸为野生。

紫茉莉根始载于《滇南本草》，云："花开五色，用根。"《广群芳谱》引《草花谱》云："紫茉莉草本，春间下子，早开午收，一名胭脂花，可以点唇，子有白粉，可傅面。"《植物名实图考》称为野茉莉，谓："处处有之，极易繁衍。高二三尺……花如茉莉而长大，其色多种易变，子如豆，深黑有细纹，中有瓤，白色，可作粉，故又名粉豆花，根大者如掌，黑硬。"

【入药部位及性味功效】

紫茉莉根，又称白花参、粉果根、入地老鼠、花粉头、水粉头、粉子头、胭脂花头、白粉根、白粉角，为植物紫茉莉的根。在播种当年10～11月收获。挖起全根，洗净泥沙，鲜用，或去尽芦头及须根，刮去粗皮，去尽黑色斑点，切片，立即晒干或炕干，以免变黑，影响品质。味甘、淡，性微寒。清热利湿，解毒活血。主治热淋，白浊，水肿，赤白带下，关节肿痛，痈疮肿毒，乳痈，跌打损伤。

紫茉莉子，又称白粉果、土山奈，为植物紫茉莉的果实。9～10月果实成熟时采收，除去杂质，晒干。味甘，性微寒。清热化斑，利湿解毒。主治面生斑痣，脓疱疮。

紫茉莉叶，又称苦丁香叶，为植物紫茉莉的叶。叶生长茂盛花未开时采摘，洗净，鲜用。味甘、淡，性微寒。清热解毒，祛风渗湿，活血。主治痈肿疮毒，疥癣，跌打损伤。

紫茉莉花，为植物紫茉莉的花。7～9月花盛开时采收，鲜用或晒干。微甘，性凉。归肺经。润肺，凉血。主治咯血。

【经方验方应用例证】

治白带：①白胭脂花根30g，白木槿15g，白芍15g。炖肉吃。（《贵阳民间药草》）②紫茉莉根30～60g（去皮，洗净），茯苓9～15g，水煎，饭前服，每日2次（白带用红花，黄带用白花）。（《福建药物志》）

治关节肿痛：紫茉莉根24g，木瓜15g，水煎服。（《青岛中草药手册》）

治乳痈：紫茉莉根研末泡酒服，每次6～9g。（《泉州本草》）

治糖尿病：紫茉莉根30～60g(去皮，洗净切片)，猪胰120～180g，银杏14～28粒（去壳），水煎1小时，饭前服。（《福建药物志》）

治疥疮：紫茉莉鲜叶一握，洗净捣烂，绞汁抹患处。（《福建民间草药》）

治葡萄疮（皮肤起黄水疱，溃破流黄水）：紫茉莉果实内粉末，调冷水涂抹。（《福建中草药》）

治咯血：紫茉莉白花120g，捣烂取汁，调冬蜜服。（《福建药物志》）

粟米草

Trigastrotheca stricta (L.) Thulin

粟米草科（Molluginaceae）粟米草属一年生铺散草本。

叶3～5片假轮生或对生，茎生叶披针形或线状披针形。疏松聚伞花序，顶生或与叶对生；花被5，淡绿色。花期6～8月，果期8～10月。

大别山各县市均有分布，生于空旷荒地、农田。

粟米草始载于《植物名实图考》，云："粟米草，江西田野中有之。铺地细茎似篇蓄而瘦，有节；三四叶攒生一处；梢端叶间开小黄花如粟，近根色淡红；根亦细韧。"

【入药部位及性味功效】

粟米草，又称地麻黄、地杉树、鸭脚瓜子草，为植物粟米草或簇花粟米草的全草。秋季采收，晒干或鲜用。味淡、涩，性凉。清热化湿，解毒消肿。主治腹痛泄泻，痢疾，感冒咳嗽，中暑，皮肤热疹，目赤肿痛，疮疖肿毒，毒蛇咬伤，烧烫伤。

【经方验方应用例证】

治肠炎腹泻、痢疾：鲜粟米草全草30g，青木香、仙鹤草各9～15g，水煎服。（《天目山药用植物志》）

治中暑：粟米草全草9～15g，水煎服。（《浙江药用植物志》）

治皮肤热疹：粟米草全草6g，捣烂包脉经（即寸口）。（《贵州民间药物》）

治疮疖：鲜粟米草全草适量，捣烂外敷。（《浙江药用植物志》）

马齿苋

Portulaca oleracea L.

马齿苋科（Portulacaceae）马齿苋属一年生草本。

全株无毛。叶互生或近对生；叶片似马齿状，扁平肥厚。花3～5朵簇生枝端，午时盛开；萼片绿色，盔形，基部合生；花黄色。花期5月，果期6～9月。

大别山各县市均有分布，生于菜园、农田、路旁，为田间常见杂草。

李时珍云："其叶比并如马齿，而性滑利似苋，故名。其性耐久难燥，故有长命之称。"苏颂曰："一名五行草，以其叶青、梗赤、花黄、根白、子黑也。"又名五方草，五方亦五行之义。

马齿苋始载于《本草经集注》，云："今马苋别一种，布地生，实至微细，俗呼马齿苋。亦可食，小酸。"

《本草图经》："马齿苋旧不著所出州土，今处处有之。虽名苋类而苗叶与人苋辈都不相似。又名五行草，以其叶青、梗赤、花黄、根白、子黑也。"《本草纲目》："马齿苋处处园野生之。柔茎布地，细叶对生。六七月开细花，结小尖实，实中细子如葶苈子状。人多采苗煮晒为蔬。"马齿苋子出自《开宝本草》。

【入药部位及性味功效】

马齿苋，又称马齿草、马苋、马齿菜、马齿龙芽、五方草、长命菜、九头狮子草、灰苋、马踏菜、酱瓣草、安乐菜、酸苋、豆板菜、瓜子菜、长命苋、酱瓣豆草、蛇草、酸味菜、猪母菜、狮子草、地马菜、马蛇子菜、蚂蚁菜、长寿菜、耐旱菜，为植物马齿苋的全草。8～9月割取全草，洗净泥土，拣去杂质，再用开水稍烫（煮）一下或蒸，上气后，取出晒或炕干，亦可鲜用。味酸，性寒。归大肠、肝经。清热解毒，凉血止痢，除湿通淋。主治热毒泻痢，热淋，尿闭，赤白带下，崩漏，痔血，疮疡痈疖，丹毒，瘰疬，湿癣，白秃。

马齿苋子，又称马齿苋实，为植物马齿苋的种子。夏、秋季果实成熟时，割取地上部分，收集种子，除去泥沙杂质，干燥。味甘，性寒。归肝、大肠经。清肝，化湿明目。主治青盲白翳，泪囊炎。

【经方验方应用例证】

治急性扁桃体炎：马齿苋干根烧灰存性，每3g加冰片3g，共研末。吹喉，每日3次。（《福建药物志》）

治黄疸：鲜马齿苋绞汁。每次约30g，开水冲服，每日2次。（《食物中药与便方》）

治肺结核：鲜马齿苋45g，鬼针草、葫芦茶各15g，水煎服。（《福建药物志》）

马齿苋合剂：清热解毒。主治热毒蕴结证。（《中医外科学》）

白蜜马齿苋汁：清热解毒，杀菌止痢。对急性细菌性痢疾、便下脓血，有肯定疗效。（《经验方》）

治小儿白秃：马齿苋煎膏涂之，或烧灰猪脂和涂。（《圣惠方》）

地榆防风散：主治破伤风，邪在半表半里之间，头微汗，身无汗者。（《素问·病机气宜保命集》卷中）

复方马齿苋洗方：清热解毒，除湿止痒。主治多发性疖肿，脓疱疮。（《赵炳南临床经验集》）

红糖马齿苋：马齿苋（干品）120～150g（鲜品300g），红糖90g。若鲜品则洗净切碎和红糖一起，煎煮半小时后，去渣取汁约400mL，趁热服下，服完药睡觉，盖被出汗。干品则加水浸泡2小时后再煎，每日3次，每次1剂。据报道，用本方治疗急性尿路感染53例，临床症状消失时间，短者4小时，长者3～5天，全部治愈。（《食疗方》）

【中成药应用例证】

舒心通脉胶囊：理气活血，通络止痛。用于气滞血瘀引起的胸痹，症见胸痹、胸闷、心悸等症，冠心病、心绞痛见上述证候者。

白头翁止痢片：清热解毒，凉血止痢。用于热毒血痢、久痢不止等。

三味泻痢颗粒：涩肠止泻。用于大肠湿热所致的久痢、急痢。

复方青黛胶囊：清热解毒，消斑化瘀，祛风止痒。用于进行期银屑病、玫瑰糠疹、药疹等。

马齿苋片：抗菌消炎。用于肠道感染、肠炎、细菌性痢疾。

【现代临床应用】

临床上马齿苋用于治疗急、慢性细菌性痢疾；治疗慢性结肠炎，总有效率96.7%；治疗带状疱疹；治疗白癜风，总有效率91.2%，治愈率45.6%；治疗荨麻疹；治疗百日咳，总有效率96%。

土人参

Talinum paniculatum (Jacq.) Gaertn.

土人参科（Talinaceae）土人参属一年生或多年生草本。

高达1m，全株无毛。主根粗壮，圆锥形，皮黑褐色。叶稍肉质，倒卵形。圆锥花序大型，二叉状分枝，花序梗长；花小，粉红或淡紫红色。花期6～8月，果期9～11月。

原产热带美洲。我国中部和南部均有栽植，有的逸为野生，生于阴湿地。

土人参出自《滇南本草》，"补虚损痨疾，妇人服之补血。"土人参又名栌兰。

【入药部位及性味功效】

土人参，又称参草、土高丽参、假人参、土洋参、土参、紫人参、瓦坑头、福参、土红参、飞来参、瓦参、锥花、桃参、申时花，为植物栌兰的根。8～9月采，挖出后，洗净，除去细根，晒干或刮去表皮，蒸熟晒干。味甘、淡，性平。归脾、肺、肾经。补气润肺，止咳，调经。主治气虚劳倦，食少，泄泻，肺痨咯血，眩晕，潮热，盗汗，自汗，月经不调，带下，产妇乳汁不足。

土人参叶，为植物栌兰的叶。夏、秋二季采收，洗净，鲜用或晒干。味甘，性平。通乳汁，消肿毒。主治乳汁不足，痈肿疔毒。

【经方验方应用例证】

治劳倦乏力：土人参15～30g，或加墨鱼干1只，酒水炖服。（《福建中草药》）

治脾虚泄泻：土人参15～30g，大枣15g，水煎服。（《福建中草药》）

治月经不调：土人参60g，紫茉莉根30g，益母草60g，水煎服。（《青岛中草药手册》）

治多尿症：土高丽参60～90g，金樱根60g，共煎服，每日2～3次。（《福建民间草药》）

治痈疮疔肿：鲜土高丽参适量，捣烂敷患处。（《文山中草药》）

治外伤出血：干土高丽参，研末撒敷患处。（《文山中草药》）

治乳汁稀少：鲜土人参叶，用油炒当菜常食。（《福建中草药》）

无心菜

Arenaria serpyllifolia Linn.

石竹科（Caryophyllaceae）无心菜属一年生草本。

茎直立，常丛生，密生白色短柔毛。叶对生，卵形，无柄，具缘毛。花瓣倒卵形，全缘，短于萼片。蒴果6裂；种子暗褐色，具小瘤状凸起和乳凸。花期6～8月，果期8～9月。

大别山各县市均有分布，生于山坡草地、路旁荒地、田野。

小无心菜始载于《植物名实图考》，云："比无心菜茎更细，纷乱如丝，叶圆有尖，春初有之。"

【入药部位及性味功效】

小无心菜，又称鹅不食草、大叶米粞草、鸡肠子草、雀儿蛋、蚤缀、铃铃草、白莲子草、星子草、鹅肠子草、蚂蚁草、灯笼草，为植物无心菜的全草。初夏采集，晒干或鲜用。味苦、辛，性凉。归肝、肺经。清热，明目，止咳。主治肝热目赤，翳膜遮睛，肺痨咳嗽，咽喉肿痛，牙龈炎。

【经方验方应用例证】

治眼生星翳：小无心菜加韭菜根捣烂，捣敷或塞鼻孔。（《天目山药用植物志》）

治急性结膜炎、睑腺炎、咽喉肿痛：蚤缀15～30g，水煎服。（《浙江药用植物志》）

治肺结核：铃铃草120g，加白酒1000mL，浸泡7天。每次服8mL，每日3次。（《全国中草药汇编》）

球序卷耳

Cerastium glomeratum Thuill.

石竹科（Caryophyllaceae）卷耳属一年生草本。

叶卵形至椭圆形。聚伞花序顶生或上部腋生；花梗长约2cm，有柔毛；花柱5，雄蕊10。花期2～5月，果期4～10月。

大别山各县市均有分布，生于山地林缘杂草间。

> 婆婆指甲菜出自《救荒本草》，云："生田野中，作地摊科。生茎细弱，叶像女人指甲，又似初生枣叶，微薄细茎，梢间结小花蒴。"

【入药部位及性味功效】

婆婆指甲菜，又称瓜子草、高脚鼠耳菜、山马齿苋、天青地白、铺地黄、岩马齿苋、卷耳、大鹅儿肠、鹅不食草，为植物球序卷耳的全草。春、夏季采集，晒干或鲜用。味甘、微苦，性凉。归肺、胃、肝经。清热，利湿，凉血解毒。主治感冒发热，湿热泄泻，肠风下血，乳痈，疔疮，高血压病。

【经方验方应用例证】

治妇女乳痈初起：①鲜婆婆指甲菜捣烂，加酒糟做饼，烘热敷于腕部脉门上，左乳敷于右腕，右乳敷于左腕。（《天目山药用植物志》）②婆婆指甲菜、酢浆草、过路黄各30g，水煎服，渣敷患处。（《湖南药物志》）

治小儿风寒咳嗽、身热、鼻塞等症：婆婆指甲菜、芫荽各15～18g，胡颓子叶6～9g，水煎，冲红糖，每日早晚饭前各1次。（《天目山药用植物志》）

治疗疽：卷耳鲜全草加桐油捣烂，敷患处。（江西《草药手册》）

漆姑草

Sagina japonica (Sw.) Ohwi

石竹科（Caryophyllaceae）漆姑草属一至二年生小草本。

叶线形。花5基数，花瓣稍短于萼片，倒卵形，全缘；花柱线形。蒴果卵圆形，5瓣裂；种子圆肾形，褐色，表面具明显的小疣。花期4～5月，果期5～6月。

大别山各县市均有分布，生于山坡路旁、河滩沙地。

《本草纲目》："能治漆疮，故曰漆姑。"漆姑草出自《本草拾遗》，云："漆姑草如鼠迹大，生阶墀间阴处，气辛烈，主漆疮，按碎敷之，亦主溪毒疮。苏敬云此蜀羊泉，羊泉是大草，非细者，乃同名耳。"《植物名实图考》以"瓜槌草"为名，云："生阴湿地及花盆中，高三四寸，细如乱丝，微似天门冬而小矮，纠结成簇，梢端叶际，结小实如珠，上擎累累。"

【入药部位及性味功效】

漆姑草，又称牛毛粘、瓜槌草、蛇牙草、牙齿草、沙子草、大龙叶、羊儿草、小叶米粞草、踏地草、风米菜、虾子草、大龙草、虫牙草、地松、地兰、胎乌草、虎牙草，为植物漆姑草的全草。4～5月间采集，洗净，鲜用或晒干。味苦、辛，性凉。归肝、胃经。凉血解毒，杀虫止痒。主治漆疮，秃疮，湿疹，丹毒，瘰疬，无名肿毒，毒蛇咬伤，鼻渊，龋齿痛，跌打内伤。

【经方验方应用例证】

治漆疮：漆姑草，捣烂，加丝瓜叶汁，调菜油敷。(《湖南药物志》)

治虫牙：漆姑草叶，捣烂，塞入牙缝。(《湖南药物志》)

治跌打内伤：漆姑草五钱，水煎服。(《湖南药物志》)

治蛇咬伤：漆姑草、雄黄捣烂敷。(《湖南药物志》)

治虚汗、盗汗：大龙叶一两，炖猪肉吃。(《贵州草药》)

治咳嗽或小便不利：大龙叶一两，煨水服。(《贵州草药》)

治慢性鼻炎、鼻窦炎：鲜漆姑草全草捣烂塞鼻孔，每日1次，连用1周。(《浙南本草新编》)

繁缕

Stellaria media (L.) Villars

石竹科（Caryophyllaceae）繁缕属一至二年生草本。

茎下部匍匐状，上部筋直立，常带淡紫红色，被1（～2）列毛。叶片宽卵形，叶缘不呈波状，两面无毛。雄蕊3～5，花药先紫红色，后变蓝色，花柱3～4。花期6～7月，果期7～8月。

大别山各县市均有分布，生于海拔1300m以下的山坡路旁草丛中。

《本草纲目》："此草茎蔓甚繁，中有一缕，故名。俗呼鹅儿肠菜，象形也。易于滋长，故曰滋草。"

繁缕始载于《名医别录》，原作"蘩蒌"。《本草图经》云："叶似荇菜而小，夏秋间生小白黄花，其茎梗作蔓，断之有丝缕，又细而中空似鸡肠，因得此名。"

《本草纲目》："繁缕即鹅肠，非鸡肠也。下湿地极多，正月生苗，叶大如指头，细茎引蔓，断之中空，有一缕如丝，作蔬甘脆，三月以后渐老，开细瓣白花，结小实大如稊粒，中有细子如葶苈子……""鹅肠味甘，茎空有缕，花白色；鸡肠味微苦，咀之涩滑，茎中无缕，色微紫，花亦紫色，以此为别。"

【入药部位及性味功效】

繁缕，又称蕻、蘩蒌、滋草、鹅肠菜、鹅儿肠菜、五爪龙、狗蚤菜、鹅馄饨、圆酸菜、野墨菜、和尚菜、乌云草，为植物繁缕的全草。春、夏、秋季花开时采集，去尽泥土，晒干。味微苦、甘、酸，性凉。归肝、大肠经。清热解毒，凉血消痈，活血止痛，下乳。主治痢疾，肠痈，肺痈，乳痈，疗疮肿毒，痔疮肿痛，出血，跌打伤痛，产后瘀滞腹痛，乳汁不下。

【经方验方应用例证】

治急、慢性阑尾炎，阑尾周围炎：①繁缕鲜草洗净，切碎捣烂绞汁。每次约1杯，用温黄酒冲服，每日2～3次。或干草120～160g，水煎去渣，以甜酒少许和服。②繁缕120g，大血藤30g，冬瓜子18g，水煎去渣，每日2～3次分服。（《全国中草药汇编》）

治子宫内膜炎、宫颈炎、附件炎：繁缕60～90g，桃仁12g，牡丹皮9g，水煎去渣，每日2次分服。（《全国中草药汇编》）

治产妇有块作痛：蘩蒌草满手两把，以水煮服之。（《范汪方》）

治中暑呕吐：鲜繁缕七钱，檵木叶、腐婢、白牛膝各四钱。水煎，饭前服。（江西《草药手册》）

治肠痈：新鲜蘩蒌二两五钱。洗净，切碎，捣烂煮汁，加黄酒少许，一日二回，温服。（《现代实用中药》）

治淋：蘩蒌草满手两把，以水煮服之，可常作饮。（《范汪方》）

治丈夫患恶疮，阴头及茎作疮脓烂，疼痛不可堪忍，久不瘥者：蘩蒌灰一分，蚯蚓新出屎泥二分。以少水和研，缓如煎饼面，以泥疮上，干则易之。禁酒、面、五辛并热食等。（《千金·食治》）

治痈肿、跌打伤：鲜繁缕三两，捣烂，甜酒适量，水煎服；跌打伤加瓜子金根三钱。外用鲜繁缕适量，酌加甜酒酿同捣烂敷患处。（江西《草药手册》）

乌须发：蘩蒌为虀，久久食之。（《圣惠方》）

麦蓝菜

Gypsophila vaccaria (L.) Sm.

石竹科（Caryophyllaceae）石头花属一年生草本。

全株无毛，茎直立，二歧分枝。叶对生，基部微抱茎，叶具3基出脉。花萼棱绿色，棱间绿白色，近膜质后期微膨大呈球形；花瓣淡红色。花期4～7月，果期5～8月。

大别山各县市均有分布，生于草坡、撂荒地或麦田中，为麦田常见杂草。

《本草纲目》："此物性走而不住，虽有王命不能留其行，故名。"

王不留行始载于《神农本草经》，列为上品。《蜀本草》引《新修本草图经》云："叶似菘蓝等，花红白色，子壳似酸浆，实圆黑似菘子，如黍粟，今所在有之。三月收苗，五月收子。"《救荒本草》曰："王不留行，生太行山谷。……苗高一尺余，其茎对节生叉。叶似石竹子叶而宽短，抱茎对生，脚叶似槐叶而狭长，开粉红花。结蒴如菘子大，似罂粟壳样极小。有子如葶苈子大而黑色。"《本草纲目》曰："多生麦地中。苗高一二尺，三、四月开小花，如铎铃状，红白色。结实如灯笼草子，壳有五棱，壳内包一实，大如豆，实内细子大如菘子。生白熟黑，正圆如细珠可爱。"

【入药部位及性味功效】

王不留行，又称奶米、王不留、麦蓝子、剪金子、留行子，为植物麦蓝菜的种子。秋播的于第2年4～5月收获。当种子大多数变黄褐色，少数已经变黑时，将地上部分割回，放阴凉通风处，后熟7天左右，待种子变黑时，晒干，脱粒，去杂质，再晒干。味苦，性平。归肝、胃经。活血通经，下乳消痈。主治妇女经行腹痛，经闭，乳汁不通，乳痈，痈肿。

【经方验方应用例证】

治乳汁不通：王不留行、穿山甲（醋炙）、猪蹄筋膜。三味为末，用酒或水煎服。（《种杏仙方》）

治头风白屑：王不留行、香白芷等分为末，干掺一夜，篦去。（《圣惠方》）

沉香散：疏利气机，通利小便。主治气淋，小便涩滞，淋漓不宣，少腹胀满。（《金匮翼》）

常将散：主治诸淋及小便常不利，阴中痛，日数十度起，此皆劳损虚热所致。（《外台》卷二十七引《张文仲方》）

车前子散：主治虚劳小便淋涩，茎中痛。（《太平圣惠方》卷二十九）

催乳汤：益气养血，通络催乳。主治气血虚弱，乳汁过少。（《医学集成》卷三）

催生汤：主治妇人临产，胞伤风冷，腹痛频并，不能分娩。（《圣济总录》卷一五九）

攻痹汤：主治小肠痹。风寒湿入于小肠之间而成痹，小便艰涩，道涩如淋，而下身生疼，时而升上有如疝气。（《辨证录》卷二）

骨科外洗一方：活血通络，舒筋止痛。主损伤后关节强直拘挛，酸痛麻木，或外伤风湿者。骨折及软组织损伤中后期，或骨科手术后已能解除外固定，做功能锻炼者。（《外伤科学》）

【中成药应用例证】

前列安通片：清热利湿，活血化瘀。用于湿热瘀阻证，症见尿频、尿急、排尿不畅、小腹胀痛等。

通乳冲剂：益气养血，通经下乳。用于产后气血亏损、乳少、无乳、乳汁不通等症。

尿塞通片：理气活血，通淋散结。用于气滞血瘀、下焦湿热所致的轻、中度癃闭，症见排尿不畅、尿流变细、尿频、尿急；前列腺增生见上述证候者。

乳宁颗粒：疏肝养血，理气解郁。用于肝气郁结所致的乳癖，症见经前乳房胀痛、两胁胀痛、乳房结节、经前疼痛加重；乳腺增生见上述证候者。

乳块消片：疏肝理气，活血化瘀，消散乳块。用于肝气郁结，气滞血瘀，乳腺增生，乳房胀痛。

乳疾灵颗粒：疏肝活血，祛痰软坚。用于肝郁气滞、痰瘀互结所致的乳癖，症见乳房肿块或结节，数目不等，大小不一，质软或中等硬，或经前疼痛；乳腺增生症见上述证候者。

【现代临床应用】

王不留行用于治疗带状疱疹，无不良反应。

芡

Euryale ferox Salisb. ex DC

睡莲科（Nymphacaceae）芡属一年生水生草本。

多刺。叶浮于水面，圆形，叶面皱褶不平，叶脉上生刚刺；叶柄粗长。花托和花萼生有密刺；花瓣3～5轮，花丝线形；子房下位，侧膜胎座，柱头盘状向下凹入。果实为浆果，海绵状，顶端有直立宿存的萼；种子多数，有浆质假种皮及黑色厚种皮，胚小，胚乳淀粉质。花期6～7月，果期7～9月。

团风、黄州、浠水、蕲春、武穴、黄梅等县市的浅水湖泊池塘中多有生长。

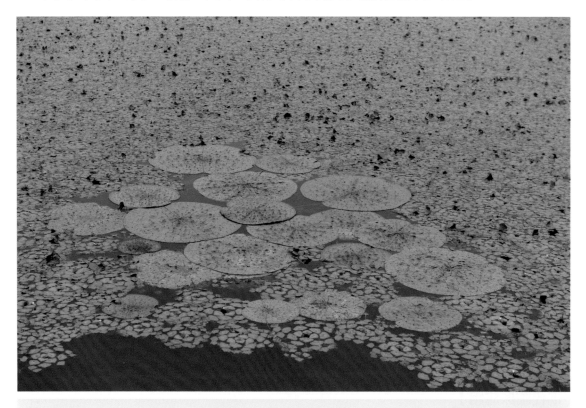

《方言》："萍、芡，鸡头也。北燕谓之萍，青徐淮泗之间谓之芡，南楚江湘之间谓之鸡头，或谓之雁头，或谓之乌头。"陶弘景注云："此即今芡子，形上花似鸡冠，故名鸡头。"萍与芡声近而相转。《本草纲目》："芡可济俭歉，故谓之芡。"芡，由歉字演化而来。因为在粮食歉收的荒年，其种仁可以充饥食用，故名芡实。果实宿萼呈喙状，如鸡、乌、鸿、雁之头，故有诸名。其叶似莲，花托膨大多刺，故俗呼刺莲藕、刺莲蓬实。

芡实原以鸡头实之名始载于《神农本草经》，列为上品。《蜀本草》引《新修本草图经》云："此生水中。叶大如荷，皱而有刺，花、子若拳大，形似鸡头，实若石榴，皮青黑，肉白，如菱米也。"《本草图经》曰："今处处有之，生水泽中。叶大如荷，皱而有刺，俗谓之鸡头盘。花下结实，其形类鸡头，故以名之。"《本草纲目》："芡茎三月生叶贴水，大于荷叶，皱文如縠，蹙衄如沸，面青背紫，茎、叶皆有刺。其茎长至丈余，中亦有孔有丝，嫩者剥皮可食。五六月生紫花，花开向日结苞，外有青刺，如猬刺及栗球之形。花在苞顶，亦如鸡喙及猬喙。剥开内有斑驳软肉裹子，累累如珠玑。壳内白米，状如鱼目。深秋老时，泽农广收，烂取芡子，藏至困石，以备歉荒。其根状如三棱，煮食如芋。"

【入药部位及性味功效】

芡实，又称卵菱、鸡癕、鸡头实、雁喙实、鸡头、雁头、乌头、芡子、鸿头、水流黄、水鸡头、肇实、刺莲藕、刀芡实、鸡头果、苏黄、黄实、鸡咀莲、鸡头苞、刺莲蓬实，为植物芡的种仁。在9～10月间分批采收，先用镰刀割去叶片，然后再收获果实。并用笪捞起自行散浮在水面的种子。采回果实后用棒击破带刺外皮，取出种子洗净，阴干。或用草覆盖10天左右至果壳沤烂后，淘洗出种子，搓去假种皮，放锅内微火炒，大小分开，磨去或用粉碎机打去种壳，簸净种壳杂质即成。味甘、涩，性平。归脾、肾经。固肾涩精，补脾止泻。主治遗精，白浊，淋浊，带下，小便不禁，大便泄泻。

芡实根，又称莲菜，为植物芡的根。9～10月采收，洗净，晒干。味咸、甘，性平。归肝、肾、脾经。行气止痛，止带。主治疝气疼痛，白带，无名肿毒。

芡实茎，又称鸡头菜，为植物芡的花茎。味甘、咸，性平。归胃经。清虚热，生津液。主治虚热烦渴，口干咽燥。

芡实叶，又称鸡头盘、刺荷叶，为植物芡的叶。6月采集，晒干。味苦、辛，性平。归肝经。行气活血，祛瘀止血。主治吐血，便血，妇女产后胞衣不下。

【经方验方应用例证】

治难产：芡实鲜根30g，水煎，加白蜜、麻油、鸡蛋清各1匙，趁热服。(江西《草药手册》)

温胞饮：温补肾阳，养精益气。主治妇女宫寒不孕，月经后期等。(《傅青主女科》)

金锁固精丸：补肾固精。主治肾虚精关不固，遗精滑泄，腰酸耳鸣，四肢乏力，舌淡苔白，脉细弱。(《医方集解》)

易黄汤：固肾止带，清热

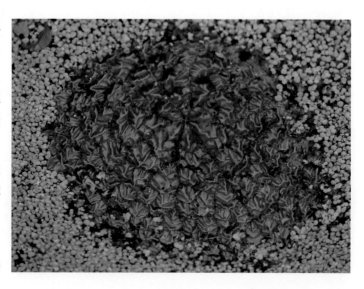

祛湿。主治妇人任脉不足，湿热侵注，致患黄带，宛如黄茶浓汁，其气腥秽者。(《傅青主女科》)

安神固精丸：滋补强心，固精安神。主治夜梦遗精，虚弱盗汗，心跳耳鸣，烦躁不宁，头目眩晕，精神衰弱，倦怠无力，睡眠不安。[《全国中药成药处方集》(沈阳方)]

白凤丸：益气养血，调经止带。主治妇人身体瘦弱，经水不调，崩漏带下，腰腿酸痛。(《北京市中药成方选集》)

百补养原丸：培元养气，添精补神。主治戒烟断瘾之后，本元不复，所致遗精腰酸，食少神倦。(《饲鹤亭集方》)

百合消胀汤：主治肺、脾、肾三经之虚，导致胃中积水浸淫，遍走于经络皮肤，气喘作胀，腹肿，小便不利，大便亦溏，一身俱肿。(《辨证录》卷五)

【中成药应用例证】

千斤肾安宁胶囊：补肾健脾，利尿降浊。用于慢性肾炎普通型(脾肾两虚证)，氮质血症期慢性肾功能不全。

肥儿口服液：小儿滋补剂。用于小儿脾胃虚弱，不思饮食，面黄肌瘦，精神困倦。

健脾消疳丸：健脾消疳。用于脾胃气虚所致小儿疳积、脾胃虚弱。

和胃疗疳颗粒：健脾和胃，化食消积。用于脾胃失和所致的不思饮食、消化不良、面黄肌瘦、虫积腹痛等。

小儿渗湿止泻散：健脾和胃，渗湿止泻。用于小儿脾虚引起的腹泻、腹痛、胀满、食少、小便不利。

抗衰灵口服液：滋补肝肾，健脾养血，宁心安神，润肠通便。用于头晕眼花，精力衰竭，失眠健忘，各种原因引起的身体虚弱。脾胃寒湿、脘痞纳呆、舌苔厚腻、大便溏薄者慎用。

丹黄祛瘀胶囊：活血止痛，软坚散结。用于气虚血瘀、痰湿凝滞引起的慢性盆腔炎，症见白带增多者。

【现代临床应用】

临床上芡实用于消蛋白尿，芡实30g，白果10枚，糯米30g，煮粥，治疗慢性肾小球肾炎总有效率89.1%，可将此粥作为治疗原发性肾小球肾炎蛋白尿的辅助食养疗法，长期间歇服用。

还亮草

Delphinium anthriscifolium Hance

毛茛科（Ranunculaceae）翠雀属一年生草本。

茎高达78cm。叶常为二至三回羽状复叶；总状花序2 ～ 15花；萼片堇色或紫色，距钻形，稍向上弯曲或近直；花瓣上部扇状增宽；退化雄蕊斧形，2深裂近基部。花期3 ～ 5月，果期4 ～ 7月。

大别山各县市均有分布，生于丘陵或低山的山坡草丛或溪边草地。

还亮草始载于《植物名实图考》，云："还亮草，临江（江西新余、清江等地）、广信（广西苍梧）山圃中皆有之，春初即生。方茎五棱，中凹成沟，高一二尺。本紫梢青，叶似前胡叶而薄。茎间发小细茎，横擎紫花，长柄五瓣，柄矗花攲，宛如翔蝶。中翘碎瓣尤紫艳，微露黄蕊。花罢结角，翻尖向外，一花三角，间有四角。"

【入药部位及性味功效】

还亮草，又称还魂草、对叉草、蝴蝶菊、鱼灯苏、臭芹菜、山芹菜，为植物还亮草的全草。夏、秋季采收，洗净，切段，鲜用或晒干。味辛、苦，性温，有毒。祛风除湿，通络止痛，化食，解毒。主治风湿痹痛，半身不遂，食积腹胀，荨麻疹，痈疮癣癞。

【经方验方应用例证】

治积食胀满、潮热：还亮草、饭消扭（蔷薇科蓬蘽）各30g，麦芽12 ～ 15g。水煎，冲红糖，早晚饭前各服1次。（《天目山药用植物志》）

治荨麻疹：还亮草煎水熏洗。（《安徽中草药》）

治风湿关节痛、疮疖、顽癣：鲜还亮草捣烂敷。（《湖南药物志》）

石龙芮

Ranunculus sceleratus L.

毛茛科（Ranunculaceae）毛茛属一年生草本。

须根簇生。单叶，3裂。聚伞花序有多数小花，花直径4～8mm，花托伸长被毛。瘦果小而极多，喙短，近点状。花期3～8月，果期5～8月。

大别山各县市均有分布，生于河沟边及平原湿地。

陶弘景谓其"石上所生，其叶芮芮短小"，故名石龙芮。《新修本草》："石龙芮叶似堇草，故名水堇。"又谓其"堇菜野生，非人所种"，故又名野堇菜；"芹"音似"堇"，又作野芹菜。四五月开细黄花，故称黄花菜。鲁果能，为"龙芮"之音转。苏颂云："（石龙芮）实如桑椹……生湿地。"故名地椹。

石龙芮始载于《神农本草经》，列为中品。《本草纲目》："水堇即俗称胡椒菜者，处处有之，多生于近水下湿地。高者尺许，其根如荠。二月生苗，丛生。圆茎分枝，一枝三叶。叶青而光滑，有三尖，多细缺。江淮人三、四月采苗，瀹过，晒蒸黑色为蔬。四、五月开细黄花，结小实，大如豆，状如初生桑椹，青绿色，搓散则子甚细，如葶苈子，即石龙芮也。宜半老时采之。"

【入药部位及性味功效】

石龙芮，又称水堇、姜苔、水姜苔、彭根、鹘孙头草、胡椒菜、鬼见愁、野堇菜、黄花菜、小水杨梅、清香草、野芹菜、假芹菜、水芹菜、猫脚迹、鸡脚爬草、水虎掌草、和尚菜、胡椒草、黄爪草，为植物石龙芮的全草。在开花末期5月份左右采收全草，洗净鲜用或阴干备用。味苦、辛，性寒，有毒。清热解毒，消肿散结，止痛，截疟。主治痈疖肿毒，毒蛇咬伤，痰核瘰疬，风湿关节肿痛，牙痛，疟疾。

石龙芮子，又称鲁果能、地椹、天豆、石能、芮子，为植物石龙芮的果实。夏季采收，除去杂质，晒干备用。味苦，性平。和胃，益肾，明目，祛风湿。主治心腹烦满，肾虚遗精，阳痿阴冷，不育无子，风寒湿痹。

【经方验方应用例证】

治蛇咬伤疮：生堇杵汁涂之。（万毕术方）

治腱鞘炎：鲜石龙芮捣烂敷于最痛处，敷后有灼热感，6小时后将药取下，局部出现水疱，将疱刺破，涂上龙胆紫，外用纱布包扎。（《安徽中草药》）

治结核气：堇菜晒干为末，油煎成膏，摩之，日三、五度便瘥。（《食疗本草》）

治乳腺癌、食管癌：鲜石龙芮30～60g，水煎服。（《云南中草药选》）

治血疝初起：胡椒菜叶捼按揉之。（《濒湖集简方》）

治疟疾：石龙芮鲜全草捣烂，于疟发前6小时敷大椎穴。（《上海常用中草药》）

治肝炎：小水杨梅全草3～10g，水煎服。（《昆明民间常用草药》）

治肾虚：干品石龙芮6g，枸杞子15g，覆盆子30g，水煎，日服2次。（《沙漠地区药用植物》）

【现代临床应用】

石龙芮治疗风湿性关节痛。

猫爪草

Ranunculus ternatus Thunb.

毛茛科（Ranunculaceae）毛茛属一年生草本。

簇生多数肉质小块根，块根卵球形或纺锤形，顶端质硬，形似猫爪。基生叶有长柄，叶片形状多变；茎生叶无柄，全裂或细裂，裂片线形。花瓣基部有爪，蜜槽棱形；花托无毛。聚合果近球形；瘦果卵球形，无毛，喙细短。花期3月，果期4～7月。

大别山各县市均有分布，生于平原湿草地或田边荒地。

因其肉质块根常呈纺锤形，短而成丛，顶端坚硬，数个簇生成猫爪状，故名猫爪草。其原植物在毛茛属中形体较小，故又名小毛茛。

猫爪草药材名始见于《中药材手册》，现已推广使用，并发展成为商品药材。

【入药部位及性味功效】

猫爪草，又称猫爪儿草、三散草，为植物小毛茛（猫爪草）的块根或全草。栽种2～3年后，于秋末或早春采挖，挖回后，除去茎叶及须根，洗净泥土，晒干。味甘、辛，性平。归肝、肺经。解毒，化痰散结。主治瘰疬，结核，咽炎，疔疮，蛇咬伤，疟疾，偏头痛，牙痛。

【经方验方应用例证】

胆道排石汤：清热，疏肝，理气，通里。主治肝郁气滞，湿热蕴结。（肖银昌方）

治肺结核：猫爪草60g，水煎，分2次服。（《河南中草药手册》）

治疔疮：小毛茛鲜草捣敷。觉痛即取下，稍停，再敷。（江西《草药手册》）

治偏头痛：小毛茛鲜根适量，食盐少许，同捣烂，敷于患侧太阳穴。〔敷法：将铜钱1个，或用硬壳纸剪成铜钱形，隔住好肉，将药放钱孔上，外用布条扎护，敷至微感灼痛（约1～2小时）即取下，敷药处可起小疱，不必挑破，待其自消。〕（江西《草药手册》）

治恶性淋巴瘤、甲状腺肿瘤和乳腺肿瘤：猫爪草、蛇莓、牡蛎各30g，夏枯草9g，水煎服，日1剂。（《抗癌本草》）

【中成药应用例证】

解毒通淋丸：清热，利湿，通淋。用于下焦湿热所致的非淋菌性尿道炎，症见尿频、尿痛、尿急。

益肺止咳胶囊：养阴润肺，止咳祛痰。用于急慢性支气管炎咳痰、咯血；对肺结核，淋巴结核有辅助治疗作用。

消乳散结胶囊：疏肝解郁，化痰散结，活血止痛。用于肝郁气滞、痰瘀凝聚所致的乳腺增生、乳房胀痛。

猫爪草胶囊：散结，消肿。用于瘰疬，淋巴结核未溃者，亦可用于肺结核。

参鹿扶正胶囊：扶正固本，滋阴壮阳，解毒散结。用于阴阳两虚所致的神疲乏力、头晕耳鸣、健忘失眠、腰膝酸痛、阳痿早泄、夜尿频多及癌症放疗、化疗的辅助治疗。

【现代临床应用】

临床用于治疗颈淋巴结核，治疗210例，最短20天，最长90天，全获痊愈。

芸薹

Brassica rapa var. *oleifera* de Candolle

十字花科（Brassicaceae）芸薹属二年生草本。

茎直立，微被粉霜。基生叶大头羽裂，叶柄宽，基部抱茎；下部茎生叶羽状半裂，基部抱茎，有硬毛及缘毛；上部茎生叶长圆状倒卵形、长圆形或长圆状披针形，基部心形，两侧有垂耳，全缘或有波状细齿；总状花序伞房状；花瓣鲜黄色。长角果线形。花期3～4月，果期5月。

全国各地普遍栽培。

李时珍："此菜易起薹，须采其薹食，则分枝必多，故名芸薹。而淮人谓之薹芥，即今油菜，为其子可榨油也。羌、陇、氐、胡，其地苦寒，冬月多种此菜，能历霜雪，种自胡来，故服虔《通俗文》谓之胡菜，而胡洽居士《百病方》谓之寒菜，皆取此义也。或云塞外有地名云台戍，始种此菜，故名，亦通。"

芸薹始载于《名医别录》。《本草纲目》云："芸薹方药多用，诸家注亦不明，今人不识为何菜？珍访考之，乃今油菜也。九月、十月下种，生叶形色微似白菜。冬、春采薹心为茹，三月老不可食。开小黄花，四瓣，如芥花。结荚收子，亦如芥子，灰赤色。炒过，榨油黄色，燃灯甚明，食之不及麻油。"

【入药部位及性味功效】

芸薹，又称胡菜、寒菜、薹菜、芸薹菜、薹芥、青菜、红油菜，为植物油菜的根、茎和叶。2～3月采收，多鲜用。味辛、甘，性平。归肺、肝、脾经。凉血散血，解毒消肿。主治血痢，丹毒，热毒疮肿，乳痈，风疹，吐血。

芸薹子，又称油菜籽，为植物油菜的种子。4～6月间，种子成熟时，将地上部分割下，晒干，打落种子，除去杂质，晒干。味辛、甘，性平。归肝、大肠经。活血化瘀，消肿散结，润肠通便。主治产后恶露不尽，瘀血腹痛，痛经，肠风下血，血痢，风湿关节肿痛，痈肿丹毒，乳痈，便秘，粘连性肠梗阻。

芸薹子油，又称菜籽油，为植物油菜种子榨取的油。味辛、甘，性平。归肺、胃经。解毒消肿，润肠。主治风疮，痈肿，汤火灼伤，便秘。

【经方验方应用例证】

治女子吹乳：芸薹菜，捣烂敷之。（《日用本草》）

治毒热肿：蔓菁根三两，芸薹苗叶根三两。上二味，捣，以鸡子清和，贴之，干即易之。（《近效方》）

治夹脑风及偏头痛：芸薹子一分，川大黄三分。捣细罗为散。每取少许吹鼻中，后有黄水出。如有顽麻，以醋醋调涂之。（《圣惠方》）

治小儿天钓：川乌头末一钱，芸薹子三钱。新汲水调涂顶上。（《圣惠方》备急涂顶膏）

治伤损，接骨：芸薹子一两，小黄米（炒）二合，龙骨少许。为末，醋调成膏，摊纸上贴之。（《本草纲目》引《乾坤生意秘韫》）

治热疮肿毒：芸薹子、狗子骨等分。为末，醋和敷之。（《千金要方》）

治大便秘结：芸薹子9～12g（小儿6g），厚朴9g，当归6g，枳壳6g，水煎服。（《湖南药物志》）

治粘连性肠梗阻：芸薹子150g，小茴香60g，水煎，分数次服。（《青岛中草药手册》）

避孕：油菜籽12g，生地、白芍、当归各9g，川芎3g。以水煎之，于月经净后，每日服1剂，连服3天，可避孕1个月。连服3个月（丸剂），可长期避孕。（《食物中药与便方》）

桂芸膏：接骨。主治打扑筋骨伤折，疼痛不可忍。（《圣济总录》卷一四四）

芥子膏：主治风湿脚气，肿疼无力。（《圣济总录》卷八十四）

黄金散：油菜籽50粒，上研细。主治难产。（《普济方》卷三五六）

【中成药应用例证】

普乐安胶囊：油菜花花粉加工制成的胶囊。补肾固本。用于肾气不固，腰膝酸软，尿后余沥或失禁，及慢性前列腺炎、前列腺增生具有上述证候者。

云南花粉片：荞麦花粉和油菜花粉各150g。具有提高免疫功能、增强体力、促进生长发育、提高骨髓造血功能，降低血脂及减轻放射损伤等作用。适用于体弱多病者，作滋补药。用于血液病，高脂血症，职业性苯、铅中毒及肺尘埃沉着病等的辅助治疗。

前列泰颗粒：清热利湿，活血散结。用于慢性前列腺炎湿热挟瘀证。

碎米荠

Cardamine hirsuta L.

十字花科（Brassicaceae）碎米荠属一年生小草本。

茎直立或斜升。茎上部顶生小叶菱状长卵形，顶端3齿裂；侧生小叶长卵形至线形，全缘。萼片绿色或淡紫色；花瓣白色。长角果线形；果梗纤细，直立开展，种子椭圆形，顶端有的具明显的翅。花期2～4月，果期4～6月。

大别山各县市均有分布，生于海拔1000m以下的山坡、路旁、荒地及耕地的草丛中。

本品系地方性草药，其原植物碎米荠之名始见于《野菜谱》，云："碎米荠，如布谷，想为民饥天雨粟，官仓一日一开放，造物生生无尽藏，救饥，三月采，止可作齑。"

【入药部位及性味功效】

白带草，又称雀儿菜、野养菜、米花香荠菜，为植物碎米荠及弯曲碎米荠的全草。2～5月采集，晒干或鲜用。味甘、淡，性凉。清热利湿，安神，止血。主治湿热泻痢，热淋，白带，心悸，失眠，虚火牙痛，小儿疳积，吐血，便血，疔疮。

【经方验方应用例证】

治白带：鲜碎米荠、三白草各30g，水煎服。（《秦岭巴山天然药物志》）

治失眠：鲜碎米荠63～94g，捣烂绞汁炖服，或干品减半，水煎，浓缩至30～50mL，睡前1次服完。（《福建药物志》）

荠

Capsella bursa-pastoris (L.) Medic.

　　十字花科（Brassicaceae）荠属一年或二年生草本。

　　基生叶丛生呈莲座状，大头羽状分裂，顶裂片卵形至长圆形，侧裂片长圆形至卵形；茎生叶窄披针形或披针形，基部箭形，抱茎，边缘有缺刻或锯齿；总状花序顶生及腋生，萼片长圆形，花瓣白色，卵形，有短爪；短角果倒三角形或倒心状三角形，扁平，顶端微凹。花果期4～6月。

　　大别山各县市广泛分布，生于山坡、田边及路旁。

　　《春秋繁露》："荠之为言济，所以济夫水也。"而《本草纲目》则云："荠生济泽，故谓之荠。"嫩苗供蔬食，因有荠菜之称。《尔雅翼》："其枝叶细靡，通谓之靡草。"《本草纲目》又云："释家取其茎作挑灯杖，可以辟蚊蛾，谓之护生草，云能护众生也。"《物美相感志》："三月三收荠菜花。"三月三日即上巳日，故又名上巳菜。果实倒三角形，似菱角，俗称"菱角采"。民间用荠菜作药枕，故称枕头草。荠菜可治久痢，因而得名净肠草。

　　荠菜出自《千金·食治》，入药始见于《名医别录》，列为上品。《本草经集注》："荠类又多，此是今人可食者，叶作菹羹亦佳。"《诗经》云："谁谓荼苦，其甘如荠是也。"《本草纲目》云："荠有大小数种。小荠叶花茎扁，味美，其最细小者，名沙荠也。大荠科、叶皆大，而味不及；其茎硬有毛者，名菥蓂，味不甚佳，并以冬至后生苗，二三月起茎五六寸，开细白花，整整如一，结荚如小萍而有三角，荚内细子如葶苈子；其子名荠，四月收之。师旷云：岁欲甘，甘草先生，荠是也。菥蓂、葶苈皆荠类。"

【入药部位及性味功效】

荠菜，又称荠、靡草、护生草、芊菜、鸡心菜、净肠草、上巳菜、菱角菜、清明菜、香田芥、枕头草、地米菜、鸡脚菜、假水菜、地地菜、烟盒草，为植物荠的全草。3～5月采收，除去枯枝杂质，洗净，晒干。味甘、淡，性凉。归肝、脾、膀胱经。凉肝止血，平肝明目，清热利湿。主治吐血，衄血，咯血，尿血，崩漏，目赤疼痛，眼底出血，高血压病，赤白痢疾，肾炎水肿，乳糜尿。

荠菜花，又称荠花、地米花，为植物荠的花序。4～5月采收，晒干。味甘，性凉。归肝、脾经。凉血止血，清热利湿。主治痢疾，崩漏，尿血，吐血，咯血，衄血，小儿乳积，赤白带下。

荠菜子，又称荠实、蒫、荠熟干实、荠子、蒫实，为植物荠的种子。6月间果实成熟时，采摘果枝，晒干，揉出种子。味甘，性平。归肝经。祛风明目。主治目痛，青盲翳障。

【经方验方应用例证】

治肺热咳嗽：荠菜全草用鸡蛋煮吃。（《滇南本草》）

治高血压：荠菜、夏枯草各60g，水煎服。（《全国中草药汇编》）

治风湿性心脏病：荠菜60g，鲜苦竹叶20个（去尖），水煎代茶饮，每日1剂，连服数月。（《青岛中草药手册》）

治高血压、眼底出血：荠菜花15g，墨旱莲12g，水煎服。（《食物中药与便方》）

预防流行性脑脊髓膜炎：荠菜花30g，水煎代茶，可隔日或3天服1次，连服2～3星期。（《饮食治疗指南》）

治黄疸：荠菜子30～60g，大青根或叶30～60g，水煎服。（《湖南药物志》）

加味荆芥散：化瘀祛风。主治产后血晕，血瘀又感风邪，头晕且痛，时或昏闷，微有寒热，无汗，腹痛拒按，少腹硬痛，心下满急，神昏口噤，舌略带青，苔薄白，脉浮缓而涩。（《中医妇科治疗学》）

荠菜粥：明目利肝，补虚健脾，明目止血。主治水肿，吐血，便血，尿血，目赤目暗。现用于乳糜尿，视网膜出血，老年性浮肿，慢性肾炎。（《本草纲目》卷二十五）

乌茜汤：凉血散瘀，固摄止血。主治胞宫湿热。（《中医杂志》）

【中成药应用例证】

山楂内金口服液：健脾和胃，消积化滞。用于食积内停所致小儿疳积证，食欲不振，脘腹胀痛，消化不良，大便失调。

补血调经片：补血理气，调经。用于妇女贫血、面色萎黄、赤白带下、经痛、经漏、闭经等症。

播娘蒿

Descurainia sophia (L.) Webb ex Prantl

十字花科（Brassicaceae）播娘蒿属一年生草本。

　　茎被分枝毛，下部毛多，向上毛渐少或无毛。叶柄长约2cm，3回羽状深裂，小裂片线形或长圆形。花序伞房状；萼片窄长圆形，背面具分叉柔毛；花瓣黄色，长圆状倒卵形，基部具爪。长角果圆筒状。花果期4～6月。

　　罗田、英山等县市有分布，生于山坡、田野及农田。

其种子作为葶苈子入药，称为南葶苈子，又名甜葶苈。参见北美独行菜。

【入药部位及性味功效】

　　参见北美独行菜。

【中成药应用例证】

　　参见北美独行菜。

【经方验方应用例证】

　　参见北美独行菜。

【现代临床应用】

　　参见北美独行菜。

北美独行菜

Lepidium virginicum Linnaeus

十字花科（Brassicaceae）独行菜属一年或二年生草本。

叶边缘有锯齿。总状花序顶生；萼片椭圆形；花瓣白色，和萼片等长或稍长。短角果近圆形；顶端微缺。花期4～5月，果期6～7月。

大别山各县市广布，生于田边或荒地，为田间杂草。

葶苈，《急就篇》《五十二病方》均作"亭历"。《名医别录》称作"丁历"，均为叠韵联绵词"滴沥"的书写变体。本品功能利水、可治小便滴沥不下，故有此二名。为草本植物，从"艹"则作葶苈。《说文通训定声》云："一名大室，一名大適，一名丁历，皆一声之转也。"

葶苈子出自《雷公炮炙论》，入本草始载于《神农本草经》，列为下品。陶弘景云："葶苈，出彭城者最胜，今近道亦有。"《本草图经》云："葶苈生藁城平泽及田野，今京东、陕西、河北州郡皆有之，曹州者尤胜。初春生苗叶，高六七寸，有似荠，根白，枝茎俱青，三月开花微黄，结角，子扁小如黍粒微长，黄色，立夏后采实，暴干。"

【入药部位及性味功效】

葶苈子，又称丁历、大適、大室，为植物独行菜（葶苈）、北美独行菜（琴叶葶苈）和播娘蒿的种子。翌年4月底5月上旬采收，果实呈黄绿色时及时收割，以免过熟种子脱落。晒干，除去茎、叶杂质，放入麻袋或其他包装物，贮放干燥处，防潮、黏结和发霉。味辛、苦，性寒。归肺、膀胱、大肠经。泻肺降气，祛痰平喘，利水消肿，泄热逐邪。主治痰涎壅肺之喘咳痰多，肺痈，水肿，胸腹积水，小便不利，慢性肺源性心脏病，心力衰竭之喘肿，痈疽恶疮，瘰疬结核。

【经方验方应用例证】

加味桔梗汤：清肺排脓解毒。主治肺痈溃脓期。（《医学心悟》）

己椒苈黄丸：泻热逐水，通利二便。主治水饮积聚脘腹，肠间有声，腹满便秘，小便不利，口干舌燥，脉沉弦。（《金匮要略》）

葶苈大枣泻肺汤：葶苈子9g，大枣4枚。葶苈子熬令色黄，捣丸如弹子大。上药先以水三升煮枣，取二升，去枣，内葶苈，煮取一升，顿服。泻肺行水，下气平喘。主治痰水壅实之咳喘胸满。（《金匮要略》）

大黄葶苈丸：主治气喘咳嗽。（方出《续本事》卷五，名见《普济方》卷一六三）

抵圣丸：主治男子妇人头面手足虚肿。（《普济方》卷一九三引《杨氏家藏方》）

定喘汤1号：定喘，化痰，止咳，降气。主治喘促痰鸣，咳嗽，气闷，舌苔厚腻，脉大有力。（《临证医案医方》）

葶苈方：主治咳嗽。（《普济方》卷一五七）

葶苈清肺饮：治水饮射肺，面浮喘逆，不得卧者。（《症因脉治》卷三）

葶苈五子汤：葶苈子3g，牛蒡子6g，炙苏子4.5g，炒杏仁6g，莱菔子6g，川贝母4.5g，炙橘红6g，大枣5枚（去核）。上为粗末。化痰定喘，降气止咳。主治小儿肺炎（病毒性肺炎），痰鸣，喘咳，腹胀。（《临证医案医方》）

葶苈子散：主治小儿疳，蚀口及齿断，宣露齿落，臭秽不可近。（《圣惠》卷八十七）

【中成药应用例证】

止咳胶囊：降气化痰，止咳定喘。用于风寒入肺、肺气不宣引起的咳嗽痰多、喘促胸闷、周身酸痛或久咳不止，以及老年急慢性支气管炎。

复方气管炎胶囊：祛痰，止咳。用于急慢性支气管炎，咳嗽、痰多属痰浊阻肺者。

小儿消积止咳口服液：清热理肺，消积止咳。用于小儿食积咳嗽属痰热证，症见咳嗽、夜间加重、喉间痰鸣、腹胀、口臭等。

百咳静糖浆：清热化痰，止咳平喘。用于外感风热所致的咳嗽、咯痰；感冒，急、慢性支气管炎，百日咳见上述证候者。

葶贝胶囊：清肺化痰，止咳平喘。用于痰热壅肺所致的咳嗽、咯痰、喘息、胸闷、苔黄或黄腻；慢性支气管炎急性发作见上述证候者。

镇心痛口服液：益气活血，通络化痰。用于气虚血瘀、痰阻脉络、心阳失展所致的胸痹，症见胸痛、胸闷、心悸、气短、乏力、肢冷；冠心病、心绞痛见上述证候者。

蠲哮片：泻肺除壅，涤痰祛瘀，利气平喘。用于支气管哮喘急性发作期热哮痰瘀伏肺证，症见气粗痰涌、痰鸣如吼、咳呛阵作、痰黄稠厚。

清热镇咳糖浆：清热，镇咳，祛痰。用于痰热蕴肺所致的咳嗽痰黄；感冒、咽炎见上述证候者。

【现代临床应用】

治疗慢性肺源性心脏病并发心力衰竭；治疗心力衰竭。

萝卜

Raphanus sativus L.

十字花科（Brassicaceae）萝卜属二年生或一年生草本。

根肉质，长圆形、球形或圆锥形，外皮白、红或绿色。茎分枝，被粉霜。基生叶和下部叶大头羽状分裂，疏被单毛或无毛；上部叶长圆形或披针形，有锯齿或近全缘。总状花序顶生或腋生；花瓣白、粉红或淡红紫，基部爪长0.5～1cm。长角果圆柱形。花期4～5月，果期5～6月。

全国各地普遍栽培。

《尔雅·释草》："葖，芦萉。"郭璞注云："萉，宜作菔。芦菔，芜菁属，紫花，大根，俗呼苞葖。"菜与芦，同声通转。萉，蒲北切，与菔通，后世乃直称菜菔。《广韵》："鲁人名菈遝，秦人名萝葡。"葡通菔，均字形不同。一说菜菔善消面食积热，《埤雅》称"芦菔，一名来服，言来麰之所服也。"此依音取义耳。

莱菔入药始见于《名医别录》，与芜菁合为一条。地骷髅出自《本草纲目拾遗》，莱菔叶出自《新修本草》，莱菔子出自《本草衍义补遗》。陶弘景云："芦菔是今温菘，其根可食，叶不中噉。"《本草纲目》云："莱菔，今天下通有之。昔人以芜菁、莱菔二物混注，已见蔓菁条下。圃人种莱菔，六月下中，秋采苗，冬掘根。春末抽高薹，开小花，紫碧色，夏初结角。其子如大麻子，圆长不等，黄赤色，五月亦可再种。其叶有大者如芜菁，细者如花芥，皆有细柔毛。其根有红、白二色，其状有长、圆二类。大抵生沙壤者脆而甘，生瘠地者坚而辣。根、叶皆可生可熟，可菹可酱，可豉可醋，可糖可腊，可饭，乃蔬中之最有利益者，而古人不深详之，岂因其贱而忽之耶？抑未谙其利耶？"《植物名实图考》引《滇海虞衡志》云："滇产红萝蔔，颇奇，通体玲珑如胭脂，最可爱玩，至其内外通红，片开如红玉板，以水浸之，水即深红。"

黄州萝卜为湖北省黄冈市黄州区特产，2008年9月19日，原国家质量监督检验检疫总局批准对"黄州萝卜"实施地理标志产品保护，保护范围为黄州区陶店乡、路口镇、堵城镇、禹王街道办事处、东湖街道办事处、南湖街道办事处等6个乡镇街道办事处现辖行政区域。

【入药部位及性味功效】

莱菔，又称葵、芦萉、芦菔、荠根、紫花菘、温菘、苞葵、紫菘、萝卜、萝蔔、楚菘、秦菘、菜头、地灯笼、寿星头，为植物萝卜的鲜根。秋、冬季采挖鲜根，除去茎叶，洗净。味辛、甘，性凉；熟者味甘，性平。归脾、胃、肺、大肠经。消食，下气，化痰，止血，解渴，利尿。主治消化不良，食积胀满，吞酸，吐食，腹泻，痢疾，痰热咳嗽，咽喉不利，咳血，吐血，衄血，便血，消渴，淋浊。外治疮疡，损伤瘀肿，烫伤及冻疮。

莱菔叶，又称萝卜叶、萝卜秆叶、莱菔菜、萝卜缨、莱菔甲、莱菔英、萝卜英，为植物萝卜的基生叶。冬季或早春采收，洗净，风干或晒干。味辛、苦，性平。归脾、胃、肺经。消食理气，清肺利咽，散瘀消肿。主治食积气滞，脘腹痞满，呃逆，吐酸，泄泻，痢疾，咳痰，音哑，咽喉肿痛，妇女乳房肿痛，乳汁不通。外治损伤瘀肿。

莱菔子，又称萝卜子、芦菔子，为植物萝卜的成熟种子。翌年5～8月，角果充分成熟时采收，晒干，打下种子，除去杂质，放干燥处贮藏。味辛、甘，性平。归脾、胃、肺、大肠经。消食导滞，降气化痰。主治食积气滞，脘腹胀满，腹泻，下痢后重，咳嗽痰多，气逆喘满。

地骷髅，又称仙人骨、出子萝卜、老萝卜头、老人头、地枯萝、气萝卜、枯萝卜、空莱菔、老萝卜，为植物萝卜开花结实后的老根。待种子成熟后，连根拔起，剪除地上部分，将根洗净晒干，贮干燥处。味甘、辛，性平。归经脾、胃、肺经。行气消积，化痰，解渴，利水消肿。主治咳嗽痰多，食积气滞，腹胀痞满，痢疾，消渴，脚气，水肿。

【经方验方应用例证】

治结核性肠梗阻、粘连性肠梗阻、机械性肠梗阻：白萝卜500g，切片，加水1000mL，煎至500mL。每日1剂，1次服完。（内蒙古《中草药新医疗法资料选编》）

治急慢性支气管炎咳嗽：萝卜（红皮辣萝卜更好，洗净，不去皮）切成薄片，放于碗中，上面放饴糖2～3匙，搁置一夜，即有溶成的萝卜糖水，频频饮服。（《食物中药与便方》）

治硅肺：每日吃大量鲜萝卜、鲜荸荠，经过一段时间后，黑色痰减少，胸闷咳嗽渐轻，坚持连服半年至一年，症状可渐渐消失。（《食物中药与便方》）

治疗疮肿疡：鲜萝卜捣烂取汁，生桐油适量，调匀，敷患处。（《福建药物志》）

治臁疮：萝卜捣烂，去汁取渣，加豆腐渣适量，混合敷患处，包扎固定，每日换1次。（《安徽中草药》）

治冻疮：白萝卜打碎或切块，内拣大者切二三寸一段，用水煮一二十滚，不可太烂，亦不可太生，以所煮汤熏洗浸，并将所煮萝卜在疮上摩擦，每日洗三次，连洗三日即愈。（《种福堂公选良方》）

治满口烂疮：萝卜自然汁频漱去涎。（《濒湖集简方》）

治脚生鸡眼：生白萝卜，口嚼如泥，敷之，止痛如神。（《验方新编》）

解煤熏毒：萝卜捣汁灌口鼻，移向风吹便能醒。（《沈氏经验方》）

治脚气、浮肿、腹水、喘满：地枯萝10g，大腹皮8g，橘皮5g，茯苓10g，枳壳6g，莱菔英10g，水600mL，煎至200mL，每日3次分服。（《现代实用中药》）

治水肿：老萝卜、大蒜子、紫苏根、苍耳草，煎水洗全身。（《湖南药物志》）

治中暑发痧，腹痛腹泻（包括急性肠胃炎）：鲜莱菔英捣汁服，或干莱菔英100～125g，煎浓汤服。（《食物中药与便方》）

治咽痛音哑：萝卜缨15g，玄参9g，桔梗、生甘草各6g，煎服。（《安徽中草药》）

治妇人奶结，红肿疼痛，乳汁不通：红萝卜秆叶不拘不多少，捣汁一杯，新鲜更好，煨热，点水酒或烧酒服。（《滇南本草》）

消臌万应丹：化积消臌。治黄疸变臌，气喘胸闷，脘痛翻胃，疳胀结热，伤力黄肿，噤口痢。（《重订通俗伤寒论》）

莱菔膏：消肿止痛。主烫火伤未溃，红肿热痛者。（《外科大成》卷四）

莱菔粥：莱菔生捣汁，煮粥食。宽中下气，消食去痰，止嗽止痢，制面毒。主治消渴。（《老老恒言》卷五）

三子养亲汤：温肺化痰，降气消食。主痰壅气逆食滞证。（《金匮要略》）

【中成药应用例证】

补肾助阳丸：滋阴壮阳，补肾益精。用于肾虚体弱，腰膝无力，梦遗阳痿。

颈康片：补肾，活血，止痛。用于肾虚血瘀所致的颈椎病，症见颈项胀痛麻木、活动不利，头晕耳鸣等。

骨增消片：补肝益肾，活血。用于肝肾两虚所致的腰膝骨关节酸痛等骨质增生症。

抗骨增生口服液：补腰肾，强筋骨，活血，利气，止痛。用于增生性脊椎炎（肥大性胸椎炎，肥大性腰椎炎），颈椎综合征，骨刺。

复方咳喘胶囊：降气祛痰，泻肺平喘。用于治疗支气管炎、哮喘。

降浊健美颗粒：消积导滞，利湿降浊，活血祛瘀。用于湿浊瘀阻，消化不良，身体肥胖，疲劳神倦。

宽中老蔻丸：舒气开胃，化瘀止痛。用于寒凝气滞所致的胸脘胀闷、胃痛、腹痛。

固肾补气散：补肾填精，补益脑髓。用于肾亏阳弱，记忆减退，腰酸腿软，气虚咳嗽，五更溏泻，食欲不振。

利膈丸：宽胸利膈，消积止痛。用于气滞不舒，胸膈胀满，脘腹疼痛，停饮。

清肺化痰丸：降气化痰，止咳平喘。用于肺热咳嗽，痰多作喘，痰涎壅盛，肺气不畅。

脂脉康胶囊：消食，降脂，通血脉，益气血。用于瘀浊内阻、气血不足所致的动脉硬化症、高脂血症。

胃肠复元膏：益气活血，理气通下。用于胃肠术后腹胀、胃肠活动减弱，症见体乏气短、脘腹胀满、大便不下；亦可用于老年性便秘及虚性便秘。

麝香脑脉康胶囊：具有平肝息风、化瘀通络、豁痰开窍的功效。用于风痰瘀血、痹阻脉络证的缺血性中风中经络（脑梗死恢复期）。症见半身不遂，偏身麻木，口舌歪斜，语言謇涩。

胃宁胶囊：调中养胃，理气止痛。用于急慢性胃炎、溃疡病、胃神经官能症。

【现代临床应用】

莱菔临床上治疗过敏性结肠炎、慢性溃疡性结肠炎等肠道疾病患，治愈率77%；治疗急性扭挫伤，一般在8小时内止痛；治疗滴虫性阴道炎。

莱菔子临床上治疗便秘；治疗慢性气管炎；治疗高血压病，总有效率90%，对预防或减少高血压性心脏病、脑出血、冠心病及肾脏损害，起到一定的作用。

蔊菜

Rorippa indica (L.) Hiern

十字花科（Brassicaceae）蔊菜属一、二年生直立草本。

植株较粗壮，表面具纵沟。叶互生。花瓣黄色，与萼片近等长。长角果线状圆柱形，短而粗，成熟时果瓣隆起；种子褐色，具细网纹。花期4～6月，果期6～8月。

大别山各县市均有分布，生于路旁、田边、园圃、河边、屋边墙脚及山坡路旁等较潮湿处。

《本草纲目》："蔊菜味辛辣，如火焊人，故名。"《本草纲目拾遗》："《字林》云，蔊、辛菜，南人食之，去冷气。"蔊菜多野生，形似油菜，故俗呼野油菜。又似芥菜而味辛，故又名野芥菜。

蔊菜之名始见于《本草纲目》，云："蔊菜生南地，田园间小草也。冬月布地丛生，长二三寸，柔梗细叶。三月开细花，黄色。结细角长一二分，角内有细子。南人连根叶拔而食之，味极辛辣，呼为辣米菜。沙地生者尤伶仃，故洪舜俞《老圃赋》云'蔊有拂士之风'。"

【入药部位及性味功效】

薄菜，又称猫菜、辣米菜、野油菜、塘葛菜、干油菜、石豇豆、鸡肉菜、田葛菜、江剪刀草、野雪里蕻、野芥草、野菜花、山芥菜、独根菜、山萝卜、金丝葵，为植物薄菜和无瓣薄菜的全草。5～7月采收全草，鲜用或晒干。味辛、苦，性微温。归肺、肝经。祛痰止咳，解表散寒，活血解毒，利湿退黄。主治咳嗽痰喘，感冒发热，麻疹透发不畅，风湿痹痛，咽喉肿痛，疔疮痈肿，漆疮，经闭，跌打损伤，黄疸，水肿。

【经方验方应用例证】

治感冒发热：薄菜15g，桑叶9g，菊花15g，水煎服。(《青岛中草药手册》)

治非曼（黄疸）：野油菜、茵陈、萹蓄、金钱草，水煎内服。(《苗族药物集》)

治风湿关节炎：薄菜30g，与猪脚煲服。(《广西民族药简编》)

治鼻窦炎：鲜薄菜适量，和雄黄少许捣烂，塞鼻腔内。(《福建中草药》)

治小便不利：薄菜15g，茶叶6g，水冲代茶饮。(《青岛中草药手册》)

【中成药应用例证】

博落回肿痒酊：凉血解毒，祛风止痒。用于血热风燥，皮肤瘙痒及蚊虫叮咬。

银杏露：镇咳、化痰，定喘。用于急慢性支气管炎，排痰不爽，久咳气喘。

【现代临床应用】

提取薄菜素治疗慢性气管炎。

菥蓂

Thlaspi arvense L.

十字花科（Brassicaceae）菥蓂属一年生草本。

无毛。花白色；花梗细；萼片直立，卵形，顶端圆钝。短角果近圆形，顶端凹入，边缘有翅宽约3mm；种子扁平，黄褐色，有同心环状条纹。花期3～4月，果期5～6月。

大别山各县市均有分布，生于平地路旁、沟边或村落附近。

菥蓂始载于《神农本草经》，列为上品。《本草纲目》云："荠与菥蓂一物也，但分大小二种耳。小者为荠，大者为菥蓂，菥蓂有毛。"又云："葶苈与菥蓂同类，但菥蓂味甘花白，葶苈味苦花黄为异耳。"《救荒本草》："遏蓝菜，生田野中下湿地，苗初塌地生，叶似初生菠菜叶而小，其头颇圆，叶间撺葶分叉，上结荚儿，似榆钱状而小，其叶味辛香，微酸，性微温。"

【入药部位及性味功效】

菥蓂，又称大荠、蔑菥、大蕺、马辛、析目、荣目、马驹、老荠、遏蓝菜、花叶荠、水荠、老鼓草、瓜子草、苏败酱，为植物菥蓂的全草。5～6月间果实成熟时采收，晒干。味苦、

甘，性微寒。归肝、脾经。清热解毒，利水消肿。主治目赤肿痛，肺痈，肠痈，泄泻，痢疾，白带，产后瘀血腹痛，消化不良，肾炎水肿，肝硬化腹水，痈疮肿毒。

薢蓂子，为植物薢蓂的种子。5～6月果实成熟时采取全株，打下种子，晒干，扬净。味辛，性微温。归肝经。明目，祛风湿。主治目赤肿痛，障翳胬肉，迎风流泪，风湿痹痛。

【经方验方应用例证】

治肾炎：薢蓂鲜全草30～60g，水煎服。（《福建中草药》）

治产后子宫内膜炎：薢蓂干全草15g，水煎，调红糖服。（《福建中草药》）

治胬肉：薢蓂捣汁，点眼。（《食物考》）

治产后瘀血痛：薢蓂15g，水煎，冲失笑散（五灵脂、蒲黄）10g服。（《福建药物志》）

七子散：治男子虚羸，头昏目眩，精气衰少无子。（《备急千金要方》卷二）

【中成药应用例证】

桂蒲肾清胶囊：清热利湿解毒，化瘀通淋止痛。用于湿热下注、毒瘀互阻所致尿频、尿急、尿痛、尿血，腰疼乏力等症，尿路感染、急慢性肾盂肾炎、非淋菌性尿道炎见上述证候者。

前列宁胶囊：清热解毒，化瘀通淋。用于热毒瘀阻所引起的尿频、尿急、尿痛属中医淋证者。

花红胶囊：清热利湿，祛瘀止痛。用于带下量多、色黄质稠、下腹胀痛等症。

十三味薢蓂丸：清热，通淋，消炎止痛。用于淋证，睾丸肿大，膀胱炎，腰痛等。

妇炎净胶囊：清热祛湿，调经止带。用于湿热蕴结所致的带下病、月经不调、痛经，慢性盆腔炎、附件炎、子宫内膜炎见上述证候者。

花红颗粒：清热解毒，燥湿止带，祛瘀止痛。用于湿热瘀滞所致带下病、月经不调，症见带下量多、色黄质稠、小腹隐痛、腰骶酸痛、经行腹痛，慢性盆腔炎、附件炎、子宫内膜炎见上述证候者。

瓦松

Orostachys fimbriata (Turczaninow) A. Berger

景天科（Crassulaceae）瓦松属二年生草本。

叶互生，有刺，莲座叶线形，先端增大为半圆形，有齿；花序总状，紧密，或下部分枝，可呈宽20cm的金字塔形；花瓣5，红色，披针状椭圆形；雄蕊10，花药紫色。花期8～9月，果期9～10月。

大别山各县市均有分布，生于山坡石上或屋瓦上。

生屋瓦或石上。《本草图经》："瓦松如松子作层，故名。"瓦松基部叶重累密生，亦如莲花、宝塔，故又有瓦莲花、瓦塔、瓦花等名，均属象形。昨，与酢同。《玉篇》："酢，酸也。"本品叶酸，故称昨叶。余义未详。

瓦松出自《新修本草》，云："昨叶何草……生上党屋上。如蓬初生。一名瓦松。"又云："叶似蓬，高尺余，远望如松载，生年久瓦屋上。"

【入药部位及性味功效】

瓦松，又称昨叶何草、屋上无根草、向天草、瓦花、石蓬花、厝莲、干滴落、猫头草、瓦塔、天蓬草、瓦霜、瓦葱、瓦宝塔、瓦莲花、岩松、屋松、松笋、松玉、狗指甲、岩脂、岩笋、瓦莲，为植物瓦松、晚红瓦松、钝叶瓦松及黄花瓦松的全草。夏、秋季采收，用开水泡后晒干或鲜用。味酸、苦，性凉，有毒。归肝、肺经。凉血止血，清热解毒，收湿敛疮。主治吐血，鼻衄，便血，血痢，热淋，月经不调，疔疮痈肿，痔疮，湿疹，烫伤，肺炎，肝炎，宫颈糜烂，乳糜尿。

【经方验方应用例证】

治急性无黄疸型传染性肝炎：瓦松60g，麦芽30g，垂柳嫩枝9g。水煎服。（《浙江民间常用草药》）

治疟疾：鲜瓦花五钱，烧酒一两，隔水炖汁，于早晨空腹时服。连服一至三剂。（《浙江民间常用草药》）

治小儿惊风：瓦松五至六钱，水煎服。（《浙江民间常用草药》）

治小便砂淋：瓦松煎浓汤，趁热熏洗少腹。（《经验良方》）

治痔疮：①鲜瓦松，煎水熏洗患处。（《浙江民间常用草药》）②瓦松18g，金银花、连翘各6g，薏苡仁24g，水煎服。（《中药临床手册》）

治肺炎：鲜瓦松，每次四至八两，用冷开水洗净，擂烂绞汁，稍加热内服，日服两次。（《福建民间草药》）

治白屑：瓦松（曝干），烧作灰，淋取汁，热暖，洗头。（《圣惠方》）

却毒汤：祛风除湿，杀虫止痒。治肛门、皮肤瘙痒。（《医宗金鉴》卷六十九）

熊脂膏：祛风止痒，润肤杀虫。治鹅掌风。（《洞天奥旨》卷十）

【中成药应用例证】

瓦松栓：清热利湿，活血化瘀，祛腐生肌。用于湿热下注所致的宫颈糜烂。

【现代临床应用】

治疗宫颈糜烂。

蛇含委陵菜

Potentilla kleiniana Wight et Arn.

蔷薇科（Rosaceae）委陵菜属一年生、二年生或多年生草本。

常被毛。基生叶为近鸟足状5小叶，叶柄被疏柔毛或开展长柔毛；小叶几无柄或稀有短柄，两面绿色，被长柔毛、疏柔毛或几无毛；茎生叶有3小叶。聚伞花序密集枝顶，花梗密被开展长柔毛，花瓣黄色，圆锥状花柱。瘦果近圆形。花果期4～9月。

大别山各县市均有分布，生于海拔400m以上的田边、水旁、草甸及山坡草地。

蛇含始载于《神农本草经》。《本草纲目》："按刘敬叔《异苑》云：'有田父见一蛇被伤，一蛇衔一草著疮上，经日，伤蛇乃去。田父因取草治蛇疮，皆验。遂名曰蛇衔草也。'今人夏玮英认为，蛇衔主蛇咬。""含""衔"义相通，都有口咬之义，因其植物能治蛇咬，故谓之蛇含草。《本草纲目》又云："其叶似龙牙而小，背紫色，故俗名小龙牙，又名紫背龙牙。"本品下部茎生叶为5小叶，故其异名多以"五"称之，而有蛇包五披风、五匹风、地五甲、五爪龙、五爪虎、狗脚迹（犬前肢后趾）等名。

《名医别录》云："蛇含，生益州山谷。八月采，阴干。"《本草经集注》："蛇衔有

两种，并生石上，当用细叶黄花者，处处有之。亦生黄土地，不必皆生石上也。"按《蜀本草》：《图经》云：生石上及下湿地。花黄白。人家亦种之，五月采苗，生用。"《本草纲目》云："此二种：细叶者名蛇衔，大叶者名龙衔，龙衔亦入疮膏用。"《植物名实图考》云："蛇包五披风，江西、湖南有之。柔茎丛生，一茎五叶，略似蛇莓而大，叶、茎具有毛如刺。抽葶生小叶，发杈开小绿花，尖瓣，多少不匀，中露黄蕊如栗。黑根粗须，似仙茅。"

【入药部位及性味功效】

蛇含，又称蛇衔、威蛇、小龙牙、紫背龙牙、紫背草、蛇含草、蛇包五披风、五匹风、五皮风、地五甲、五爪龙、地五加、五爪虎、五叶莓、地五爪、五虎下山、五爪风、五星草、五虎草、五爪金龙、五叶蛇莓、狗脚迹，为植物蛇含委陵菜的带根全草。栽种后每年可收2次，在5月和9～10月挖取全草，抖净泥沙，拣去杂质，晒干。味苦，性微寒。归肝、肺经。清热定惊，截疟，止咳化痰，解毒活血。主治高热惊风，疟疾，肺热咳嗽，百日咳，痢疾，疮疖肿毒，咽喉肿痛，风火牙痛，带状疱疹，目赤肿痛，虫蛇咬伤，风湿麻木，跌打损伤，月经不调，外伤出血。

【经方验方应用例证】

治疟疾并发高热：五匹风16g，白薇6g，紫苏10g。加水煎汤，于发疟前2小时服，每日1剂，连服3剂。（《贵州民间方药集》）

治麻疹后热咳：五成风、白蜡花、枇杷花各9g。研末，加蜂蜜蒸服。（《贵阳民间药草》）

治百日咳：五皮风15g，生姜3片。煎水服。（《贵阳民间药草》）

治肺脓疡：鲜蛇含90g，或加百蕊草30g，煎服。（《安徽中草药》）

治雷公藤中毒：鲜蛇含全草60～120g，鲜构树枝梢（连叶）7～8枝。捣烂取汁，加鸭蛋清四只混匀，灌服。（《浙江民间常用草药》）

大惊丸：主治小儿惊风搐搦。（《幼幼新书》卷八引《王氏手集》）

毒腐散：主治连珠瘰疬。（《济众新编》卷五）

合萌

Aeschynomene indica L.

豆科（Fabaceae）合萌属一年生亚灌木状草本。

茎直立，多分枝，圆柱形，无毛，小枝绿色。叶具20～30对小叶或更多；小叶线状长圆形，上面密布腺点，下面稍带白粉。花冠淡黄色，具紫色纵脉纹。荚节4～8（～10），平滑或有小疣凸，熟时逐节脱落。花期7～9月，果期7～10月。

大别山各县市均有分布，生长在田边、路旁及林区。

《植物名实图考》："土人以其形如皂角树"，故名田皂角。生于潮湿之处，故又名水皂角。

合萌出自《中国药用植物志》，以合明草之名载于《本草拾遗》，云："生下湿地，叶如四出花，向夜即叶合。"合萌根、合萌叶出自《江西民间草药》，梗通草出自《饮片新参》。《植物名实图考》名田皂角，云："江西、湖南坡阜多有之。丛生绿茎，叶如夜合树叶，极小而密，亦能开合。夏开黄花如豆花；秋结角如绿豆，圆满下垂。土人以其形如皂角树，故名。俚医以为杀虫、去风之药。"

【入药部位及性味功效】

合萌，又称田皂角、水茸角、合明草、水皂角、木排豆、木稗、独木根、野皂角、梳子树、野含羞草、蜈蚣杨柳、野槐树、夜关门、禾镰草、野兰、野鸭树草、野

寒豆、野豆萁、海柳、拉田草，为植物合萌的地上部分。9～10月采收，齐地割取地上部分，鲜用或晒干。味甘、苦，性微寒。清热利湿，祛风明目，通乳。主治热淋，血淋，水肿，泄泻，痢疾，疖肿，疮疥，目赤肿痛，眼生云翳，夜盲，关节疼痛，产妇乳少。

合萌根，为植物合萌的根。秋季采挖，鲜用或晒干。味甘、苦，性寒。清热利湿，消积，解毒。主治血淋，泄泻，痢疾，疳积，目昏，牙痛，疮疖。

合萌叶，为植物合萌的叶。夏、秋季采集，鲜用或晒干。味甘，性微寒。归肝经。解毒，消肿，止血。主治痈肿疮疡，创伤出血，毒蛇咬伤。

梗通草，又称白梗通、野通草、气通草、水通草，为植物合萌茎中的木质部。9～10月拔起全株，除去根、枝叶及茎顶端部分，剥去茎皮，取木质部，晒干。味淡、微苦，性凉。清热，利尿，通乳，明目。主治热淋，小便不利，水肿，乳汁不通，夜盲。

【经方验方应用例证】

治胆囊炎：①田皂角15g，海金沙9g，水煎服。(《福建药物志》) ②田皂角鲜根或茎24～30g，水煎服。(《福建中草药》)

治夜盲：田皂角30g，水煎服；或加猪(羊)肝60～90g，同煎服。(《浙江药用植物志》)

治荨麻疹：田皂角15～30g，煎汤外洗。(《浙江药用植物志》)

治小便不利：合萌二至五钱，煎服。(《上海常用中草药》)

治黄疸：田皂角(鲜)五两。水煎服，每日一剂。(《江西草药》)

治吹奶：水茸角，不拘多少，新瓦上煅干，为细末，临卧酒调服二钱匕。已破者，略出黄水，亦效。(《中藏经》)

治外伤出血：合萌鲜草适量，打烂外敷。(《上海常用中草药》)

治乳汁不通：梗通草6g，猪蹄汤煎服。(《安徽中草药》)

治小儿疳积：鲜田皂角根30g，猪肝60g，水炖服。(《福建药物志》)

落花生
Arachis hypogaea L.

豆科（Fabaceae）落花生属一年生草本。

茎直立或匍匐，有棱。羽状复叶有小叶2对；托叶被毛；叶柄长被毛，基部抱茎；小叶卵状长圆形或倒卵形。花冠黄或金黄色，旗瓣近圆形，开展，先端凹，翼瓣长圆形或斜卵形，龙骨瓣长卵圆形，短于翼瓣，内弯，先端渐窄成喙状。荚果长，膨胀，果皮厚。花果期6～8月。

大别山各地广泛栽培，其中红安为主要产区。

本品果实由子房柄伸长入地后长成，似花落地而成，故有落花生之名。最早产于国外，荚果如豆，而有番豆之名。土露子、及地果，均言其长于土中也。《南越笔记》云："以清微有参气，亦名落花参。"

《福清县志》云："出外国，昔年无之，蔓生园中，花谢时，其中心有丝垂入地结实，故名。一房可二三粒，炒食味甚香美。"《汇书》云："近时有一种名落花生者，茎叶俱类豆，其花亦似豆花而色黄，枝上不结实，其花落地即结实于泥土中，亦奇物也。实亦似豆而稍坚硬，炒熟食之，作松子之味，此种皆自闽中来。"《物理小识》云："番豆名落花生、土露子，二三月种之，一畦不过数子。行枝如蕹菜、虎耳藤，横枝取土压之，藤上开花，丝落土成实，冬后掘土取之。壳有纹，豆黄白色，炒熟甘香似松子味。"又云："番豆花透空入土结豆，当通润脏腑。"《本经逢原》云："长生果产闽地，花落土中即生，从古无此，近始有之。"《调疾饮食辩》载："二月下种，自四月至九月，叶间连续开细黄花。跗长寸许，柔弱如丝。花落后，节间另出一小茎，如棘刺，钻入土中，生子，有一节、二节者，有三四节者。或离土远或遇天旱，上干其刺不能入土即不能结子。"

落花生出自《滇南本草图说》，落花生枝叶出自《滇南本草》，落花生根出自《福建药物志》，花生油出自《本草纲目拾遗》，花生衣、花生壳出自《全国中草药汇编》。

红安花生，湖北省黄冈市红安县特产，果壳较薄，色泽鲜艳，2013年4月15日，中华人民共和国农业部正式批准对"红安花生"实施农产品地理标志登记保护，保护范围为红安县行政区内各乡镇，分别为城关镇、杏花乡、七里坪镇、华家河镇、二程镇、上新集镇、高桥镇、觅儿寺镇、八里湾镇、太平桥镇、永佳河镇、火连畈茶场共12个乡镇（场）。

【入药部位及性味功效】

落花生，又称花生、落花参、番豆、番果、土露子、长生果、落地生、及地果，为植物落花生的种子。秋末挖取果实，剥去果壳，取种子，晒干。味甘，性平，无毒。归脾、肺经。健脾养胃，润肺化痰。主治脾虚不运，反胃不舒，乳妇奶少，脚气，肺燥咳嗽，大便燥结。

落花生枝叶，又称花生茎叶，为植物落花生的茎叶。夏、秋季采收茎叶，洗净，鲜用或切碎晒干。味甘、淡，性平。清热解毒，宁神降压。主治跌打损伤，痈肿疮毒，失眠，高血压。

落花生根，又称花生根，为植物落花生的根。秋季挖取根部，洗净，鲜用或切碎晒干。味淡，性平。祛风除湿，通络。主治风湿关节痛。

花生油，又称果油、落花生油，为植物落花生的种子榨出之脂肪油。味甘，性平。归脾、胃、大肠经。润燥，滑肠，去积。主治蛔虫性肠梗阻，胎衣不下，烫伤。

花生衣，又称落花生衣、花生皮，为植物落花生的种皮。在加工油料或制作食品时收集红色种皮，晒干。味甘、微苦、涩，性平。凉血止血，散瘀。主治血友病，类血友病，血小板减少性紫癜，手术后出血，咳血，咯血，便血，衄血，子宫出血。

花生壳，为植物落花生的果皮。剥取花生时收集荚壳，晒干。味淡、涩，性平。化痰止咳，降压。主治咳嗽气喘，痰中带血，高胆固醇血症，高血压。

【经方验方应用例证】

治久咳、秋燥，小儿百日咳：花生（去嘴尖），文火煎汤调服。（《杏林医学》）

治脚气：生花生肉（带衣用）、赤小豆、红皮枣各100g，煮汤，1日数回饮用。（《现代实用中药》）

治妊娠水肿、羊水过多症：花生125g，红枣10粒，大蒜1粒，水炖至花生烂熟，加红糖适量服。（《福建药物志》）

治乳汁少：花生米90g，猪脚一条（用前腿），共炖服。（《陆川本草》）

治四日两头疟：炒熟花生，每日食一二两，不半日而愈。（《本草纲目拾遗》）

治烫伤：花生油500mL（煮沸待冷），石灰水（取熟石灰粉500g，加冷开水1000mL，搅匀静置，滤取澄清液）500mL，混合调匀，涂抹患处。（《浙江药用植物志》）

治疗血小板减少性紫癜：①花生衣60g，冰糖适量，水炖服。（《福建药物志》）②花生衣30g，大、小蓟各60g，煎服。（《浙江药用植物志》）

治失眠：落花生鲜叶60g，浓煎成15～20mL，睡前服。(《全国中草药汇编》)

治高血压病：花生叶及秆各30g，每日煎服，28天为1个疗程。(《民间偏方与中草药新用途》)

治关节痛：落花生根30g，猪瘦肉适量，水炖服。(《福建药物志》)

花生叶茶：将花生全草洗净切段，水煎当茶饮。镇静降压。适宜于高血压患者饮用。(《民间方》)

花生衣：花生衣12g，研碎，备用，分2次冲服。适用于再生障碍性贫血和出血的患者。(《民间验方》)

落花生粥：落花生45g（不去红衣），粳米二两，冰糖适量（也可加入怀山药30g，或加百合15g）。健脾开胃，润肺止咳，养血通乳。主治肺燥干咳，少痰或无痰，脾虚反胃，贫血，产后乳汁不足。(《药粥疗法》引《粥谱》)

【中成药应用例证】

血宁糖浆：花生衣经提取制成的糖浆。止血药。用于血友病、血小板减少症、紫癜、鼻衄、齿龈出血等症。

益血生胶囊：健脾补肾，生血填精。用于脾肾两虚、精血不足所致的面色无华、眩晕气短、体倦乏力、腰膝酸软；缺铁性贫血、慢性再生障碍性贫血见上述证候者。

降压避风片：清热平肝，用于肝胆火盛而致的头痛眩晕诸症，原发性高血压而见此症者。

脉舒胶囊：落花生经加工制成的胶囊。降血脂药。用于高脂血症。

落花参片：由落花生枝叶加工而成。活血化痰。适用于痰瘀内阻型高脂血症的辅助治疗。

【现代临床应用】

落花生衣临床上治疗各种出血症，尤其是对血友病，原发性及继发性血小板减少性紫癜，肝病出血，手术后出血，癌肿出血及胃、肠、肺、子宫等内脏出血的止血效果更为明显；治疗慢性气管炎；治疗冻疮，即将花生皮炒黄，研成细粉，每50g加醋100mL调成浆状，另取樟脑1g，用少量酒精溶解后加入调匀，涂于冻伤处厚厚1层，用布包好，治疗50余例，一般2～3天即愈。

花生油临床上治疗急慢性细菌性痢疾，有效率96.1%；治疗蛔虫性肠梗阻；治疗急性黄疸型传染性肝炎；防治传染性急性结膜炎；用于麻醉。

花生壳临床上治疗高胆固醇血症。

紫云英

Astragalus sinicus L.

豆科（Fabaceae）黄芪属二年生草本。

多分枝，茎匍匐，茎无毛。奇数羽状复叶，具7～15片小叶。总状花序生5～10花，呈伞形；花冠紫红色或橙黄色。荚果线状长圆形。花期2～6月，果期3～7月。

大别山各县市广泛分布。生于山坡、溪边及潮湿处。

红花菜出自《植物名实图考》，以米布袋之名始载于《救荒本草》，云："生田野中，苗塌地生。叶似泽漆叶而窄，其叶顺茎排生。梢头攒结三四角，中有子如黍粒大，微扁。味甜。"《植物名实图考》云："吴中谓之野蚕豆，江西种以肥田，谓之红花菜"。紫云英子出自江西《草药手册》。

【入药部位及性味功效】

红花菜，又称米布袋、碎米荠、翘摇、翘翘花、野蚕豆、荷花郎、莲花草、花草、螃蟹花、灯笼花、米伞花、野鸭草、斑鸠花、滚龙珠、米筛花草、红花草、花菜、红花郎、草籽，为植物紫云英的全草。春、夏季采收，洗净，鲜用或晒干。味微甘、辛，性平。清热解毒，祛风明目，凉血止血。主治咽喉痛，风痰咳嗽，目赤肿痛，疔疮，带状疱疹，疥癣，痔疮，齿衄，外伤出血，月经不调，带下，血小板减少性紫癜。

紫云英子，又称蒺藜子、草蒺藜，为植物紫云英的种子。春、夏季果实成熟时，割下全草，打下种子，晒干。味辛，性凉。祛风明目。主治目赤肿痛。

【经方验方应用例证】

治疔毒：米伞花捣烂，敷疔疮周围，露头。（《贵州民间药物》）

治喉痛：米伞花、白果叶，晒干，研成细末。用时取等分，加冰片少许，用纸筒吹入喉内，吐出唾涎。（《贵州民间药物》）

治痔疮：米伞花适量，捣汁，外痔敷；内痔用一两煎水服。（《贵州民间药物》）

治齿龈出血：荷花郎洗净，切细，捣汁服，一日3～5回，每回10～20mL，凉开水送服。（《现代实用中药》）

治疟疾：紫云英、鹅不食草各一两，煎水服。（江西《草药手册》）

治火眼：紫云英捣烂敷。（江西《草药手册》）

治外伤出血：紫云英叶捣烂敷。（江西《草药手册》）

治血小板减少性紫癜：紫云英鲜幼苗60～125g，油盐炒服。（《福建药物志》）

治小儿支气管炎：鲜紫云英30～60g，捣烂绞汁，加冰糖适量，分2～3次服。（《福建药物志》）

治肝炎、营养性浮肿、白带：紫云英鲜根60～90g，水煎服，或炖猪肉服。（《浙江药用植物志》）

大豆

Glycine max (L.) Merr.

豆科（Fabaceae）大豆属一年生草本。

茎直立，粗壮，有时上部近缠绕状，密被褐色长硬毛。3小叶，宽卵形、近圆形或椭圆状披针形，先端渐尖或近圆，基部宽楔形或近圆，侧生小叶偏斜。总状花序腋生，通常具5～8朵几无柄而密生的花，在植株下部的花单生或成对生于叶腋；花萼钟状，密被长硬毛，裂片披针形，上方2裂合生至中部以下，其余的分离；花冠紫、淡紫或白色。荚果长圆形，密被黄褐色长毛；种子椭圆形或近卵球形，光滑，淡绿、黄、褐和黑色等，因品种而异。

全国各地均有栽培，以东北最著名。

《说文解字》："尗，豆也。象尗豆生之形也。"《通训定声》："古谓之尗，汉谓之豆。今字作菽。"《本草纲目》："豆、尗皆荚谷之总称也。篆文尗，象荚生附茎下垂之形，豆象子在荚中之形。"本品在豆类中偏大，色黑，故有黑大豆诸名。

黑大豆以大豆之名始载于《神农本草经》。黑大豆之名则首见于《本草图经》，云："大豆有黑白二种，黑者入药，白者不用。"《本草纲目》："大豆有黑、白、黄、褐、青、斑数色。黑者名乌豆，可入药，及充食，作豉。黄者可作腐、榨油、造酱，余但可作腐及炒食而已。皆以夏至前后下种，苗高三四尺，叶团有尖，秋开小白花成丛，结荚长寸余，经霜乃枯。"

豉，古作䜴。《释名·释饮食》："豉，嗜也。五味调和，须之而成，乃可甘嗜也。故齐人谓豉，声如嗜也。""豉"为形声字。或曰"豉"声旁兼表意，谓其为佐味者，乃食品之支派也。豉有淡咸二种，淡者入药，故名淡豆豉。

淡豆豉在《伤寒论》中即有记载，原名香豉。《本草经集注》云："豉，食中之常用，春夏天气不和，蒸炒以酒渍服之，至佳。"《本草纲目》："豉，诸大豆皆可为之，以黑豆者入药。有淡豉、咸豉，治病多用淡豆汁及咸者，当随方法。"

　　大豆黄卷出自《神农本草经》，黑大豆花、黑大豆叶、黑大豆皮、豆腐皮、豆油出自《本草纲目》，豆腐出自《本草图经》，腐乳、豆腐渣、豆腐浆、腐巴出自《本草纲目拾遗》，酱出自《名医别录》，大豆根出自《福建药物志》，豆腐泔水出自《随息居饮食谱》，豆黄出自《食疗本草》，淡豆豉出自《本草汇言》，黄大豆出自宁源《食鉴本草》。

　　大豆黄卷有发表之功，能活血气、泄水湿。

　　豆腐有除热，安和脾胃之功。《食物本草》："凡人初到地方，水土不服，先食豆腐，则渐渐调妥。"

　　酱入药以豆酱陈久者佳。《本草经集注》："酱多以豆作，纯麦者少，今此当是豆者，亦以久者弥好。"《本草经疏》："惟豆酱陈久者入药，其味咸酸冷利，故主除热，止烦满及烫火伤毒也。能杀一切鱼、肉、蔬菜、蕈毒。《神农本草经》云杀百药毒者，误也。"

【入药部位及性味功效】

　　黑大豆，又称乌豆、黑豆、冬豆子、大豆、菽、尗，为植物大豆的黑色种子。8～10月果实成熟后采收，晒干，碾碎果壳，拣取黑色种子。味甘，性平。归脾、肾经。活血利水，祛风解毒，健脾益肾。主治水肿胀满，风毒脚气，黄疸浮肿，肾虚腰痛，遗尿，风痹筋挛，产后风痉，口噤，痈肿疮毒，药物、食物中毒。

　　黄大豆，又称黄豆，为植物大豆的种皮为黄色的种子。8～10月果实成熟后采收，取其种子晒干。味甘，性平。归脾、胃、大肠经。健脾利水，宽中导滞，解毒消肿。主治食积泻痢，腹胀食呆，疮痈肿毒，脾虚水肿，外伤出血。

　　淡豆豉，又称香豉、豉、淡豉、大豆豉，为植物大豆黑色的成熟种子经蒸罨发酵等加工而成。味苦、辛，性平。归肺、胃经。解肌发表，宣郁除烦。主治外感表证，寒热头痛，心烦，胸闷。

　　豆黄，又称大豆黄，为植物大豆的黑色种子经蒸罨加工而成。味甘，性温。归脾、胃经。祛风除湿，健脾益气。主治湿痹，关节疼痛，脾虚食少，胃脘痞闷，阴囊湿痒。

大豆黄卷，又称大豆卷、大豆蘖、黄卷、卷蘖、黄卷皮、豆蘖、豆黄卷、菽蘖，为植物大豆的种子发芽后晒干而成。味甘，性平。归脾、肺、胃经。清热透表，除湿利气。主治湿温初起，暑湿发热，食滞脘痞，湿痹，筋挛，骨节烦疼，水肿胀满，小便不利。

黑大豆皮，又称黑豆衣、黑豆皮、稆豆衣，为植物大豆黑色的种皮。将黑大豆用清水浸泡，待发芽后，搓下种皮晒干，或取做豆腐时剥下的种皮晒干，贮藏于干燥处。味微甘，性凉。归肝、肾经。养阴平肝，祛风解毒。主治眩晕，头痛，阴虚烦热，盗汗，风痹，湿毒，痈疮。

豆腐浆，又称腐浆、豆浆，为植物大豆种子制成的浆汁。味甘，性平。归肺、大肠、膀胱经。清肺化痰，润燥通便，利尿解毒。主治虚劳咳嗽，痰火哮喘，肺痈，湿热黄疸，血崩，便血，大便秘结，小便淋浊，食物中毒。

豆腐皮，又称豆腐衣，为豆腐浆煮沸后，浆面所凝结之薄膜。味甘、淡，性平。归肺、脾、胃经。清热化痰，解毒止痒。主治肺寒久嗽，自汗，脓疱疮。

腐巴，又称锅炙、豆腐锅巴，为煮豆浆时锅底所结之焦巴。味苦、甘，性凉。健胃消滞，清热通淋。主治反胃，痢疾，肠风下血，带下，淋浊，血风疮。

豆腐，为植物大豆的种子的加工制成品。味甘，性凉。归脾、胃、大肠经。泻火解毒，生津润燥，和中益气。主治目赤肿痛，肺热咳嗽，消渴，休息痢，脾虚腹胀。

豆腐渣，又称雪花菜，为制豆腐时，滤去浆汁后所剩下的渣滓。味甘，微苦，性平。解毒，凉血。主治肠风便血，无名肿毒，疮疡湿烂，臁疮不愈。

豆腐泔水，又称豆腐泔、腐泔，为压榨豆腐时沥下之淡乳白色水液。味淡、微苦，性凉。通利二便，敛疮解毒。主治大便秘结，小便淋涩，臁疮，鹅掌风，恶疮。

酱，为用大豆、蚕豆、面粉等作原料，经蒸罨发酵，并加入盐水制成的糊状食品。味咸、甘，性平。归胃、脾经。清热解毒。主治蛇虫蜂螫毒，烫火伤，疬疡风，浸淫疮，中鱼、肉、蔬菜毒。

腐乳，又称菽乳，以豆腐作坯，经过发酵，腌过，加酒糟和辅料等的制成品。味咸、甘，性平。归脾、胃经。益胃和中。主治腹胀，萎黄病，泄泻，小儿疳积。

豆油，为植物大豆的种子所榨取之脂肪油。味辛、甘，性温。润肠通便，驱虫解毒。主治肠虫梗阻，大便秘结，疥癣。

黑大豆花，为植物大豆的花。6～7月花开时采收，晒干。味苦、微甘，性凉。明目去翳。主治翳膜遮睛。

黑大豆叶，又称大豆叶、黑豆叶，为植物大豆的叶。春季采叶，鲜用或晒干。利尿通淋，凉血解毒。主治热淋，血淋，蛇咬伤。

大豆根，为植物大豆的根。秋季采挖，取根，洗净，晒干。味甘，性平。归膀胱经。利水消肿。主治水肿。

【经方验方应用例证】

治急慢性肾炎：黑大豆60～95g，鲫鱼125～155g，水炖服。（《福建药物志》）

治妊娠水肿：黑大豆95g，大蒜1粒，水煎，调红糖适量服。(《福建药物志》)

治痘疮湿烂：黑大豆研末敷之。(《本草纲目》)

治肾虚体弱：黑大豆、何首乌、枸杞子、菟丝子各等分，共研末，每服6g，每日3次。(《山东中草药手册》)

治血淋：水四升，煮大豆叶一把，取二升。顿服之。(《千金要方》)

治百药、百虫、百兽之毒损人者：豆酱，水洗去汁，以豆瓣捣烂一盏，白汤调服。再以豆瓣捣烂，敷伤损处。(《方脉正宗》)

治人卒中烟火毒：黄豆酱一块，调温汤一碗灌之。(《本草汇言》)

治汤火烧灼未成疮：豆酱汁敷之。(《肘后方》)

治手足指掣痛不可忍：酱清和蜜，温涂之。(《千金要方》)

治咸哮，痰火吼喘（包括急性支气管哮喘等）：豆腐1碗，饴糖60g，生萝卜汁半酒杯。混合煮一沸。每日2次分服。(《食物中药与便方》)

治烧酒醉死，心头热者：用热豆腐细切片，遍身贴之，贴冷即换，苏省乃止。(《本草纲目》)

治休息痢：醋煎白豆腐食之。(《普济方》)

治小儿遍身起罗网蜘蛛疮，瘙痒难忍：豆腐皮烧存性，香油调搽。(《体仁汇编》)

治自汗：豆腐皮，每食一张，用热黑豆浆送下。(《回生集》)

治肺痈、肺萎：用芥菜卤陈年者，每日将半酒杯冲豆腐浆服。服后胸中一块，比塞上塞下。塞至数次，方能吐出恶脓。日服至愈。(《本草纲目拾遗》)

治脚气肿痛，难走者：热豆腐浆加松香末，捣匀敷。(《本草纲目拾遗》)

治黄疸：每日空心冷吃生豆腐浆一碗，吃4～5次自愈，忌食生萝卜。(《本草纲目拾遗》引《刘羽仪经验方》)

治阴虚头晕眼花：稆豆衣、枸杞子、菊花各9g，生地12g，煎服。(《安徽中草药》)

治痈肿：黑豆衣、连翘各15g，金银花、蒲公英各30g，水煎服。(《山东中草药手册》)

治瘰疬：生黄大豆嚼食（不拘量），以口中觉有腥味为度。(《湖南药物志》)

治痘后生疮：黄大豆烧研末，香油调涂。(《本草纲目》)

治诸痈疮：黄大豆，浸胖捣涂。(《随息居饮食谱》)

白鲜皮汤：主治女阴溃疡。(《中医皮肤病学简编》)

除湿解毒汤：主治湿毒浸淫，指缝湿烂及皮肤糜烂，湿毒血瘀痤疮。(《中医症状鉴别诊断学》)

加减葳蕤汤：主治素体阴虚，外感风热证。头痛身热，微恶风寒，无汗或有汗不多，咳嗽，心烦，口渴，咽干，舌红，脉数。本方常用于老年人及产后感冒、急性扁桃体炎、咽炎等属阴虚外感者。(《重订通俗伤寒论》)

淡豆豉丸：主治小儿一二岁，面色萎黄，不进饮食，腹胀如鼓，或青筋显露，日渐羸瘦。(《普济方》卷三七九)

补益大豆方：固精补肾，健脾降火，乌发黑发，延年，固胎多子。(《胎产心法》卷上)

大豆丸：补心气，强力益志。(《圣济总录》卷一八六)

大豆饮：大豆1升（紧小者），以水5升煮，去豆，取汁5合，顿服。汗出佳。主治中风，惊悸恍惚。(《圣济总录》卷十四)

大豆紫汤：祛风，消血结。主治中风失音；腰痛拘急；妇人五色带下；产后中风，或产后恶露未尽，感风身痛。妇人产后中风困笃，或背强口噤，或但烦热苦渴，或头身皆重，或身痒，剧者呕逆直视，此皆为风冷湿所为。产后百病及中风痱痉；妊娠伤折，胎死在腹中3日；妇人五色带下。产后恶露未尽，又兼有风，身中急痛。腰卒痛拘急，不得喘息，若醉饱得之欲死者。(《医心方》卷三引《范汪方》)

【中成药应用例证】

稚儿灵冲剂：益气健脾，补脑强身。用于小儿厌食，面黄体弱，夜寝不宁，睡后盗汗等症。

牡荆油胶丸：祛痰，止咳，平喘。用于慢性支气管炎。

长春烫伤膏：消炎，止痛。用于烫伤、烧伤、化学灼伤。

醒脑牛黄清心片：镇惊安神，化痰息风。用于心血不足、虚火上升引起的头目眩晕、胸中郁热、惊恐虚烦、痰涎壅盛、高血压症。

汉桃叶软胶囊：祛风止痛，舒筋活络。用于三叉神经痛、坐骨神经痛、风湿关节痛。

薯蓣丸：调理脾胃，益气和营。用于气血两虚、脾肺不足所致之虚劳、胃脘痛、痹证、闭经、月经不调。

【现代临床应用】

黄豆临床上治疗多发性神经炎，治疗下肢溃疡，治疗寻常疣。

豆浆临床上治疗急性妊娠中毒症（豆浆含钙低、含盐少，含维生素B_1及烟酸较多，进食水分又较多，故有利于降血压及利尿）。

豆油临床上用于治疗肠梗阻，尤其是粘连性及蛔虫性肠梗阻疗效较好。

野大豆

Glycine soja Sieb. et Zucc.

豆科（Fabaceae）大豆属一年生缠绕草本。

全株疏被褐色长硬毛。茎纤细。叶具3小叶；顶生小叶卵圆形或卵状披针形，先端急尖或钝，基部圆，两面均密被绢质糙伏毛，侧生小叶偏斜。总状花序；花小，长约5mm；苞片披针形；花萼钟状，裂片三角状披针形，上方2裂片1/3以下合生；花冠淡紫红或白色，旗瓣近倒卵圆形，基部具短瓣，翼瓣斜半倒卵圆形，短于旗瓣，瓣片基部具耳，瓣柄与瓣片近等长，龙骨瓣斜长圆形，短于翼瓣，密被长柔毛。荚果长圆形，稍弯，两侧扁，种子间稍缢缩。种子椭圆形，褐色或黑色。

大别山各县市均有分布，生于海拔1500m以下的田边、沟边、沼泽、草甸、沿海岛屿向阳灌丛中。

《集韵·语韵》："穞，禾自生。或从吕。"本品非人工种植，为野生豆类，故名穞豆。"穞"，亦写作"稆"。可充饲料喂马，故名马料豆，简称料豆。零乌豆者，零即细，乌即黑，其名犹同细黑豆，皆以形色命名。驴豆、鹿豆，皆为穞豆音转之名。

穞豆始载于《本草拾遗》，云："穞

（稆）豆生田野，小而黑，堪作酱。"《日用本草》云："稆豆即黑豆中最细者。"《本草纲目》云："此即黑
小豆也。小料细粒，霜后乃熟。"《救荒本草》云："䝁豆，生平野中，北土处处有之。茎蔓延附草木上，
叶似黑豆叶而窄小微尖，开淡粉紫花，结小角，其豆似黑豆形，极小。"

【入药部位及性味功效】

稆豆，又称稆豆、零乌豆、马料豆、细黑豆、料豆、马豆、野毛豆、驴豆、鹿豆、饿马
黄、野料豆、野大豆、柴豆、野黄豆、山黄豆、野毛扁豆，为植物野大豆的种子。秋季果实
成熟时，割取全株，晒干，打开果荚，收集种子再晒至足干。味甘，性凉。归肾、肝经。补
益肝肾，祛风解毒。主治肾虚腰痛，风痹，筋骨疼痛，阴虚盗汗，内热消渴，目昏头晕，产
后风痉，小儿疳积，痈肿。

野大豆藤，为植物野大豆的茎、叶及根。秋季采收，晒干。味甘，性凉。归肝、脾经。
清热敛汗，舒筋止痛。主治盗汗，劳伤筋痛，胃脘痛，小儿食积。

【经方验方应用例证】

治小儿消化不良、消瘦：野大豆种子15g，鸡内金6g，水煎服。（《沙漠地区药用植物》）

治盗汗：野大豆藤或荚果30～120g，红枣30～60g，加糖煮，连汁全部吃下。（《天目山
药用植物志》）

治胃痛、跌扭腰痛：野大豆根15g，水煎服。（《湖南药物志》）

治中附子、川乌、天雄、斑蝥毒：马料豆煎汁饮。（《本草纲目拾遗》引《不药良方》）

鸡眼草

Kummerowia striata (Thunb.) Schindl.

豆科（Fabaceae）鸡眼草属一年生草本。

常多分枝。茎和枝上被倒生的白色细毛。叶为三出羽状复叶，小叶纸质，倒卵形或长圆形，边缘白色粗毛。托叶有长缘毛。花单生或几朵簇生；花梗无毛，花萼钟状，带紫色；花冠粉红色或紫色。花期7～9月，果期8～10月。

大别山各县市均有分布，生于海拔500m以下路旁、田边、溪旁、砂质地或缓山坡草地。

《救荒本草》："生荒野中，塌地生叶如鸡眼大。"故名鸡眼草。叶用指甲掐后，小叶沿羽状脉断开而不齐，互相嵌入如人字形，故有掐不齐、人字草之称。生于空旷野地，伏地而生，乃蚂蚁喜居之处，或因其子招引蚂蚁，故名蚂蚁草。

鸡眼草始载于《救荒本草》，云："又名掐不齐，以其叶用指甲掐之，作劐不齐，故名。生荒野中，塌地生，叶如鸡眼大，似三叶酸浆叶而圆。又似小虫儿卧草叶而大。结子小如粟粒，黑褐色，味微苦，气味与槐相类，性温。"

【入药部位及性味功效】

鸡眼草，又称掐不齐、人字草、小蓄片、妹子草、红花草、地兰花、土文花、满路金鸡、细花草、鸳鸯草、夜关门、老鸦须、铺地龙、蚂蚁草、莲子草、花花草、夏闭草、花生草、白扁蓄、小关门、瞎眼草、小号苍蝇草、红骨丹，为植物鸡眼草和竖毛鸡眼草的全草。7～8月采收，鲜用或晒干。味甘、辛、微苦，性平。清热解毒，健脾利湿，活血止血。主治感冒发热，暑湿吐泻，黄疸，痈疖疔疮，痢疾，疳疾，血淋，咯血，衄血，跌打损伤，赤白带下。

【经方验方应用例证】

治上呼吸道感染：鸡眼草15g，水煎服。（《内蒙古中草药》）

治突然吐泻腹痛：土文花嫩尖叶，口中嚼之，其汁咽下。（《贵州民间药物》）

治中暑发痧：鲜鸡眼草90～120g，捣烂冲开水服。（《福建中草药》）

治疟疾：鸡眼草一至三两。水煎，分二、三次服。一日一剂，连服三天。（《单方验方调查资料选编》）

治小儿疳积：鸡眼草15g，水煎服。（《浙江民间常用草药》）

治水肿、尿路感染、小便涩痛：鲜鸡眼草120～180g，水煎服。（《内蒙古中草药》）

治子宫脱垂、脱肛：鸡眼草6～9g，作汤剂内服。（《陕西中草药》）

治迎风流泪：鸡眼草、狗尾草各90g，猪肝120g。水炖，吃肝喝汤。（《安徽中草药》）

治夜盲：人字草全草9g，研末，与猪肝30～60g蒸食。（《广西本草选编》）

治胃痛：鸡眼草一两，水煎温服。（《福建中草药》）

治跌打损伤：①鸡眼草捣烂外敷。（《湖南药物志》）②鲜鸡眼草60g，酒、水各半煎，白糖调服。或鲜叶捣烂外敷。（《内蒙古中草药》）

【中成药应用例证】

小儿肠胃康颗粒：清热平肝，调理脾胃。用于小儿营养紊乱所引起的食欲不振、面色无华、精神烦扰、夜寝哭啼、腹泻腹胀、发育迟缓。

【现代临床应用】

治疗过敏性紫癜，总有效率93.9%；治疗传染性肝炎。

长萼鸡眼草

Kummerowia stipulacea (Maxim.) Makino

豆科（Fabaceae）鸡眼草属一年生草本。

茎平伏、上升或直立，多分枝，茎和枝上被疏生向上的白毛，有时仅节处有毛。叶为三出羽状复叶；托叶卵形，边缘通常无毛；小叶纸质，倒卵形、宽倒卵形或倒卵状楔形，先端微凹。花梗有毛，花冠上部暗紫色，龙骨瓣上面有暗紫色斑点。荚果椭圆形或卵形。花期7～8月，果期8～10月。

大别山各县市均有分布，生于路旁、草地、山坡、固定或半固定沙丘等处。

《植物名实图考》云："生长沙平野，一丛数十茎，高尺余，枝叉繁密，三叶攒生，极似鸡眼草。"所指为本种，也称竖毛鸡眼草。

【入药部位及性味功效】

参见鸡眼草。

【经方验方应用例证】

参见鸡眼草。

【中成药应用例证】

参见鸡眼草。

【现代临床应用】

参见鸡眼草。

豌豆

Pisum sativum L.

豆科（Fabaceae）豌豆属一年生攀援草本。

叶具小叶4～6；托叶比小叶大，叶状，心形，下缘具细牙齿。花于叶腋单生或数朵排列为总状花序；花萼钟状，深5裂；花冠颜色多样，但多为白色和紫色。荚果肿胀，长椭圆形。花期6～7月，果期7～9月。

各地广泛栽培。

《本草纲目》："其苗柔弱宛宛，故得豌名。"因本品生长于冬季，与小麦收种季节相同，故有寒豆、麦豆之名。

豌豆始载于《绍兴本草》，云："其豆如梧桐子，小而圆。其花青红色，引蔓而生。"《品汇精要》："引蔓而生，花开青红色，作荚长寸余，其实有苍、白二种，皆如梧桐子差小而少圆，四、五月熟。"《本草纲目》："八、九月下种，苗生柔弱如蔓，有须，叶似蒺藜叶，两两对生，嫩时可食。三四月开小花，如蛾形，淡紫色。结荚长寸许，子圆如药丸，亦似甘草子。"《植物名实图考》载："豌豆叶、豆皆为佳蔬，南方多以豆饲马，与麦齐种齐收。"

豌豆荚出自《福建药物志》，豌豆花出自《青藏高原药物图鉴》，豌豆苗出自《植物名实图考长编》。

《植物名实图考长编》："其豆嫩时作蔬，老则炒食。南方无黑豆，取以饲马，亦以其性不热故也。

【入药部位及性味功效】

豌豆，又称郫豆、蹓豆、荜豆、寒豆、麦豆、雪豆、兰豆，为植物豌豆的种子。夏、秋季果实成熟时采收荚果，晒干，打出种子。味甘，性平。归脾、胃经。和中下气，通乳利水，解毒。主治消渴，吐逆，泄利腹胀，霍乱转筋，乳少，脚气水肿，疮痈。

豌豆荚，为植物豌豆的荚果。7～9月采摘荚果，晒干。味甘，性平。解毒敛疮。主治耳后糜烂。

豌豆花，为植物豌豆的花。6～7月开花时采摘，鲜用或晒干。味甘，性平。清热，凉血。主治咳血，鼻衄，月经过多。

豌豆苗，为植物豌豆的嫩茎叶。春季采收，鲜用。味甘，性平。清热解毒，凉血平肝。主治暑热，消渴，高血压，疔毒，疥疮。

【经方验方应用例证】

治鹅掌风：白豌豆一升，入楝子同煎水。早、中、晚洗，每日7次。(《万氏秘传外科心法》)

治消渴（糖尿病）：①青豌豆适量，煮食淡食。(《食物中药与便方》) ②嫩豌豆苗，捣烂榨汁，每次半杯，每日2次。(《食物中药与便方》)

治高血压病、心脏病：豌豆苗一握。洗净捣烂，包布榨汁，每次半杯，略加温服，每日2次。(《食物中药与便方》)

豌豆粥：豌豆50g，以水煮熟，空腹食，每日2次。下乳。治产后乳少。(《寿世青编》)

【中成药应用例证】

八味西红花止血散：止血。用于胃溃疡出血，流鼻血，各种外伤和内伤引起的出血。

决明

Senna tora (Linnaeus) Roxburgh

豆科（Fabaceae）决明属一年生亚灌木状草本。

直立、粗壮。叶柄上无腺体；叶轴上每对小叶间有棒状腺体1枚；小叶3对，膜质，倒卵形或倒卵状长椭圆形。花腋生，通常2朵聚生；花瓣黄色，下面2片略长。荚果纤细，近四棱形。花果期8～11月。

大别山各县市均有分布，生于山坡、旷野及河滩沙地上。

决明始载于《神农本草经》，列为上品。《本草纲目》云："以明目之功而名。"还瞳子之名义同。本品为草本植物，故又名草决明，与石决明相区别也。种子形似马蹄，故称马蹄决明。荚果细长弯曲，成对生于叶腋，似羊角状，故又有羊角、羊角豆等名。

《名医别录》载："决明子生龙门川泽。"《本草经集注》云："龙门乃在长安北，今处处有。叶如茳芒，子形似马蹄，呼为马蹄决明。"《本草图经》曰："夏初生苗，高三四尺许。根带紫色，叶似苜蓿而大，七月有花黄白色，其子作穗如青绿豆而锐。"《本草衍义》谓："决明子，苗高四五尺，春亦为蔬，秋深结角，其子生角中如羊肾。今湖南北人家园圃所种甚多。"《本草纲目》曰："此马蹄决明也，以明目之功而名，又有草决明、石决明，皆同功者。草决明即青葙子，陶氏所谓萋蒿是也。决明有二种：一种马蹄决明，茎高三四尺，叶大于苜蓿，而本小末茎，昼开夜合，两两相帖，秋开淡黄花五出，结角如初生细豇豆，长五六寸，角中子数十粒，参差相连，状如马蹄，青绿色，入眼目药最良。一种茳芒决明，《救荒本草》所谓山扁豆是也。"

【入药部位及性味功效】

决明子，又称草决明、羊明、羊角、马蹄决明、还瞳子、狗屎豆、假绿豆、马蹄子、羊角豆、野青豆、大号山土豆、猪骨明、猪屎蓝豆、夜拉子、羊尾豆，为植物决明和小决明的成熟种子。秋末果实成熟，荚果变黄褐色时采收，将全株割下晒干，打下种子，去净杂质即可。味苦、甘、咸，性微寒。归肝、大肠、肾经。清肝明目，利水通便。主治目赤肿痛，羞明泪多，青盲，雀目，头痛头晕，视物昏暗，肝硬化腹水，小便不利，习惯性便秘，肿毒，癣疾。

野花生，又称草决明，为植物决明和小决明的全草或叶。夏秋间采收全草和叶，晒干。味咸、微苦，性平。祛风清热，解毒利湿。主治风热感冒，流行性感冒，急性结膜炎，湿热黄疸，急慢性肾炎，带下，瘰疬，疮痈疔肿，乳腺炎。

【经方验方应用例证】

治急性结膜炎：决明子、菊花、蝉蜕、青葙子各15g，水煎服。(《青岛中草药手册》)

治急性角膜炎：决明子15g，菊花9g，谷精草9g，荆芥9g，黄连6g，木通12g，水煎服。(《四川中药志》1979年)

治夜盲症：决明子、枸杞子各9g，猪肝适量，水煎，食肝服汤。(《浙江药用植物志》)

治高血压病：①决明子适量，炒黄，捣成粗粉。加糖泡开水服，每次3g，每日3次。②决明子15g，夏枯草9g，水煎连服1个月。(《全国中草药汇编》)

治真菌性阴道炎：决明子适量，水煎熏洗外阴及阴道。(《浙江药用植物志》)

治急、慢性肾炎：决明全草30g，猪瘦肉适量，水炖服。(《福建药物志》)

治肾虚眼花：草决明花9～15g，切碎拌鸡蛋炒吃。(《云南中草药》)

菊花决明散：疏风清热，祛翳明目。主治风热上攻，目中白睛微变青色，黑睛稍带白色，黑白之间，赤环如带，谓之抱轮红，视物不明，睛白高低不平，甚无光泽，口干舌苦，眵多羞涩。(《原机启微》)

石斛夜光丸：滋阴补肾，清肝明目。主治神光散大，昏如雾露，眼前黑花，睹物成二，久而光不收敛，及内障瞳神淡白绿色。(《原机启微》)

远志丸：固摄精气，交通心肾，宁神定志。主治因事有所大惊，夜多异梦，神魂不安，惊悸恐怯。(《济生方》)

石决明散：清热平肝，祛风散邪，明目退翳。主治目生障膜。(《沈氏尊生书》)

【中成药应用例证】

降脂宁胶囊：降血脂，软化血管。用于增强冠状动脉血液循环，抗心律失常及高脂血症。

降脂排毒胶囊：清热排毒，化瘀降脂。用于浊瘀互阻、高脂血症。

决明平脂胶囊：清肝润肠。用于阴虚肝旺所致的高脂血症。

元胡胃舒胶囊：疏肝和胃，制酸止痛。用于胃溃疡、胃炎、十二指肠溃疡属肝胃不和证，症见胃痛、痞满、纳差、反酸、恶心、呕吐等。

珍宝解毒胶囊：清热解毒，化浊和胃。用于浊毒中阻所致的恶心呕吐、泄泻腹痛、消化性溃疡、食物中毒。

降压颗粒：清热泻火，平肝明目。用于高血压病肝火旺盛所致的头痛、眩晕、目胀牙痛等症。

稳压胶囊：滋阴潜阳。用于高血压属阴虚阳亢证，症见头痛、眩晕、心悸等。

四香祛湿丸：清热安神，舒筋活络。用于白脉病，半身不遂，风湿，类风湿，肌筋萎缩，神经麻痹，肾损脉伤，瘟疫热病，久治不愈等症。

复方决明片：养肝益气，开窍明目。用于气阴两虚证的青少年假性近视。

明目滋肾片：滋补肝肾，益精明目。用于肝肾阴虚，目暗，头晕耳鸣，腰膝酸软。

血脂宁丸：化浊降脂，润肠通便。用于痰浊阻滞型高脂血症，症见头昏胸闷、大便干燥。

金花明目丸：补肝，益肾，明目。用于老年性白内障早、中期属肝肾不足、阴血亏虚证，症见视物模糊、头晕、耳鸣、腰膝酸软。

草香胃康胶囊：疏肝和胃，行气止痛。用于肝气犯胃所致的胃痛，症见胃脘疼痛、饥后尤甚、泛吐酸水、食欲不佳、心烦易怒；胃及十二指肠球部溃疡、慢性胃炎见上述证候者。

清眩治瘫丸：平肝息风，化痰通络。用于肝阳上亢、肝风内动所致的头目眩晕、项强头胀、胸中闷热、惊恐虚烦、痰涎壅盛、言语不清、肢体麻木、口眼歪斜、半身不遂。

【现代临床应用】

决明子治疗高脂血症；治疗真菌性阴道炎，1个疗程后即有较好疗效；治疗小儿疳积。

蚕豆
Vicia faba L.

豆科（Fabaceae）野豌豆属一年生草本。

茎粗壮，直立，具4棱，中空，无毛。偶数羽状复叶，卷须短，为短尖头状；托叶戟头形或近三角状卵形，微有锯齿，具深紫色密腺点；小叶通常1～3对，全缘，无毛。总状花序腋生；花萼钟形，萼齿披针形；花冠白色，具紫色脉纹及黑色斑晕。荚果肥厚，被柔毛。花期4～5月，果期5～6月。

大别山各地均有栽培。

《本草纲目》："豆荚状如老蚕，故名。"《农书》："其蚕时始熟，故名。"《蒙化府志》："又名南豆，花开面向南也。"

蚕豆始载于《救荒本草》。《本草纲目》云："蚕豆南土种之，蜀中尤多。八月下种，冬生嫩苗可茹。方茎中空。叶状如匙头，本圆末尖，面绿背白，柔厚，一枝三叶。二月开花如蛾状，紫白色，又如豇豆花。结角连缀如大豆，颇似蚕形。蜀人收其子以备荒歉。"

蚕豆壳出自《本草纲目拾遗》，蚕豆荚壳出自姚可成《食物本草》，蚕豆花、蚕豆叶出自《现代实用中药》，蚕豆茎出自《民间常用草药汇编》。

【入药部位及性味功效】

蚕豆，又称佛豆、胡豆、南豆、马齿豆、竖豆、仙豆、寒豆、柜豆、湾豆、罗泛豆、夏豆、罗汉豆、川豆，为植物蚕豆的种子。夏季果实成熟呈黑褐色时，拔取全株，晒干，打下种子，扬净后再晒干。或鲜嫩时用。味甘、微辛，性平。归脾、胃经。健脾利水，解毒消肿。主治膈食，水肿，疮毒。

蚕豆壳，又称蚕豆皮，为植物蚕豆的种皮。取蚕豆放水中浸透，剥下豆壳，晒干。或剥取嫩蚕豆之种皮用。味甘、淡,性平。利尿渗湿,止血,解毒。主治水肿,脚气,小便不利,吐血,胎漏,下血,天疱疮,黄水疮,瘰疬。

蚕豆荚壳,又称蚕豆黑壳,为植物蚕豆的果壳。夏季果实成熟呈黑褐色时采收,除去种子、杂质,晒干。或取青荚壳鲜用。味苦、涩,性平。止血,敛疮。主治咯血,衄血,吐血,便血,尿血,手术出血,烧烫伤,天疱疮。

蚕豆花,为植物蚕豆的花。清明节前后开花时采收,晒干,或烘干。味甘、涩,性平。凉血止血,止带,降压。主治劳伤吐血,咳嗽咯血,崩漏带下,高血压病。

蚕豆叶,为植物蚕豆的叶或嫩苗。夏季采收,晒干。味苦、微甘,性温。止血,解毒。主治咯血,吐血,外伤出血,臁疮。

蚕豆茎,又称蚕豆梗,为植物蚕豆的茎。夏季采收,晒干。味苦,性温。止血,止泻,解毒敛疮。主治各种内出血,水泻,烫伤。

【经方验方应用例证】

治误吞铁针入腹:蚕豆同韭菜食之,针自大便同出。(《本草纲目》引《积善堂方》)

治水肿:蚕豆、冬瓜皮各60g,水煎服。(《湖南药物志》)

治膈食:蚕豆磨粉,红糖调食。(《指南方》)

治小便日久不通,难忍欲死:蚕豆壳三两,煎汤服。如无鲜壳,取干壳代之。(《慈航活人书》)

治大人小儿头面黄水疮,流到即生,蔓延无休者:蚕豆壳烧成炭,研细,加东丹少许和匀,以真菜油调涂,频以油润之。(《养生经验合集》)

治天疱疮、水火烫伤:蚕豆荚壳烧炭研细,用麻油调敷。(《上海常用中草药》)

治高血压:蚕豆花15g,玉米须15～24g,水煎服。(《青岛中草药手册》)

治中风口眼歪斜或吐血、咯血:鲜蚕豆花60g,捣汁,冲冷开水服。每日1剂,连服1周。(《贵州草药》)

治咳血:蚕豆花9g,水煎去渣,溶化冰糖适量,每日2～3回分服。(《现代实用中药》)

治吐血:鲜蚕豆叶90g,捣烂绞汁,加冰糖少许化服。(《安徽中草药》)

治臁疮臭烂,多年不愈:蚕豆叶一把,捶烂敷患处。(《贵阳市秘方验方》)

治酒精中毒:鲜蚕豆叶60g,煎水当茶饮。(《安徽中草药》)

治各种内出血:蚕豆梗焙干研细末,每日9g,分3次吞服。(《上海常用中草药》)

治水泻:蚕豆梗30g,水煎服。(《上海常用中草药》)

蚕豆花露:蚕豆花1斤,用蒸气蒸馏法,鲜者每斤吊成露2斤,干者每斤吊成露4斤。每用四两,隔水温服。清热止血。主治鼻血,吐血。(《中药成方配本》)

小巢菜

Vicia hirsuta (L.) S. F. Gray

豆科（Fabaceae）野豌豆属一年生攀援或蔓生草本。

小叶4～8对，末端卷须分支；托叶线形。总状花序明显短于叶，花甚小。花冠白色、淡蓝青色或紫白色，稀粉红色；子房无柄，密被褐色长硬毛，花柱上部四周被毛。荚果长圆菱形，表皮密被棕褐色长硬毛。花期2～6月，果期2～8月。

大别山各县市均有分布，生于山沟、河滩、田边或路旁草丛。

小巢菜出自《本草纲目》，云："翘摇言其茎叶柔婉，有翘然飘摇之状，故名。""故人巢元修嗜之，因谓之元修菜。"陆游《巢菜诗序》："蜀蔬有两巢：大巢，豌豆之不实者；小巢，生稻畦中，东坡所赋元修菜是也。吴中绝多，名漂摇草，一名野蚕豆，但人不知取食耳。"

《本草拾遗》载："翘摇生平泽，蔓生如豌豆，紫花。"李时珍曰："翘摇处处皆有，蜀人秋种春采，老时耕转壅田……蔓似豌豆而细，叶似初生槐芽及蒺藜而色青黄。至三月开小花，紫白色，结角。子似豌豆而小。"

【入药部位及性味功效】

小巢菜，又称柱尖、摇车、翘摇车、翘摇、元修菜、野蚕豆、漂摇草、雀野豆、野豌豆、雀野豌豆、白翘摇、苕子、白花苕菜、小野麻豌，为植物小巢菜的全草。春、夏季采收全草，鲜用或晒干。味辛、甘，性平。清热利湿，调经止血。主治黄疸，疟疾，月经不调，白带，鼻衄。

漂摇豆，又称瓢摇豆，为植物小巢菜的种子。夏季果实成熟时摘取荚果，打出种子，晒干。性凉。活血，明目。主治目赤肿痛。

【经方验方应用例证】

治五种黄病：翘摇生捣汁服一升，日二。(《食疗本草》)

治热疟不止：翘摇杵汁服之。(《广利方》)

治眼昏(活血明眼)：瓢摇豆为细末。每服一二钱，浓味甘草汤调服。(《卫生易简方》)

救荒野豌豆

Vicia sativa L.

豆科（Fabaceae）野豌豆属一年生或二年
生草本。

茎斜升或攀援，单一或多分枝，具棱，
被微柔毛。小叶2～7对，两面被贴伏黄柔
毛；叶轴顶端卷须有2～3分支；托叶戟形。
花序几无总梗，花1～4腋生，花冠紫红色或
红色，花柱上部被淡黄白色髯毛。花期4～7
月，果期7～9月。

大别山各县市均有分布，生于荒山、田
边草丛及林中。

《本草纲目》："乃菜之微者也。王安石《字说》云：微贱所食，因谓之薇。"又引孙炎注《尔雅》云：
"薇草生水旁而枝叶垂于水，故名垂水也。"

大巢菜出自《本草纲目》，云："薇生麦田中，原泽亦有，故诗云'山有蕨、薇'，非水草也。即今所
谓野豌豆，蜀人谓之巢菜。蔓生，茎叶气味皆似豌豆，其藿作蔬，入羹皆宜。"又引项氏云："巢菜有大、
小二种：大者即薇，乃野豌豆之不实者；小者即苏东坡所谓元修菜也。此说得之。"

【入药部位及性味功效】

大巢菜，又称薇、垂水、薇菜、巢菜、野豌豆、野麻豌、箭筈豌豆、救荒野豌豆、春巢

菜、普通苕子、野菜豆、黄藤子、苕子、马豆草、肥田草、麦豆藤，为植物救荒野豌豆的全草或种子。4～5月采割，晒干，亦可鲜用。味甘、辛，性寒。益肾，利水，止血，止咳。主治肾虚腰痛，遗精，黄疸，水肿，疟疾，鼻衄，心悸，咳嗽痰多，月经不调，疮痈肿毒。

【经方验方应用例证】

治肾虚遗精：野豌豆30g，黄精15g，天冬15g，朱砂0.6g，仙茅12g，杜仲9g，加猪蹄炖服。（《青岛中草药手册》）

治阴囊湿疹：野豌豆30g，艾叶15g，防风15g，水煎服或趁热熏洗。（《青岛中草药手册》）

治疟疾：肥田草30g，煨水服。（《贵州草药》）

治鼻血：肥田草30g，煨甜酒吃。（《贵州草药》）

治咳嗽痰多：肥田草种子30g，煨水服。（《贵州草药》）

治月经不调：肥田草种子、小血藤各15g，泡酒服。（《贵州草药》）

治疔疮：鲜大巢菜，盐卤捣敷。（江西《草药手册》）

治痈疽发背、疔疮、痔疮：马豆草9g，水煎服。外用适量，煎水洗患处。（《云南中草药》）

治小儿疳积：巢菜全草15g，煮蛋食。或巢菜根15g，水煎服。（《湖南药物志》）

治眼蒙夜盲：巢菜全草30g，蒸猪肝食。（《湖南药物志》）

赤豆
Vigna angularis (Willd.) Ohwi et Ohashi

豆科（Fabaceae）豇豆属一年生直立或缠绕草本。

植株被疏长毛。羽状复叶具3小叶；托叶盾状着生，箭头形；小叶卵形至菱状卵形，先端宽三角形或近圆，侧生的偏斜，全缘或浅3裂，两面均稍被疏长毛。花黄色，约5或6朵生于短的总花梗顶端；花萼钟状；花冠长约9mm。荚果圆柱状。花期夏季，果期9～10月。

各地广泛栽培。

亦作赤小豆用。参见赤小豆。

【入药部位及性味功效】

亦作赤小豆用。
参见赤小豆。

【经方验方应用例证】

亦作赤小豆用。
参见赤小豆。

【中成药应用例证】

亦作赤小豆用。
参见赤小豆。

【现代临床应用】

亦作赤小豆用。
参见赤小豆。

赤小豆

Vigna umbellata (Thunb.) Ohwi et Ohashi

豆科（Fabaceae）豇豆属一年生草本。

茎纤细，幼时被黄色长柔毛，老时无毛。羽状复叶具3小叶；托叶盾状着生；小托叶钻

 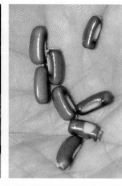

形；小叶纸质，卵形或披针形，全缘或微3裂，沿两面脉上薄被疏毛，基出脉3。总状花序腋生，短，有2～3花；苞片披针形；花梗短；花黄色。荚果线状圆柱形；种长椭圆形，通常暗红色。花期5～8月。

各地广泛栽培。

赤小豆始载于《神农本草经》，列为中品。李时珍曰："此豆以紧小而赤黯色者入药，其稍大而鲜红、淡色者，并不治病。俱于夏至后下种，苗科高尺许，枝叶似豇豆，叶微圆峭而小。至秋开花，似豇豆花而小淡，银褐色，有腐气。结荚长二三寸，比绿豆荚稍大，皮色微白带红，三青二黄时即收之。"

赤小豆花出自《药性论》，赤小豆叶出自《名医别录》，赤小豆芽出自《本草纲目》。

【入药部位及性味功效】

赤小豆，又称小豆、赤豆、红豆、红小豆、猪肝赤、杜赤豆、小红绿豆、虱艴豆、朱赤豆、金红小豆、朱小豆、茅柴赤、米赤豆，为植物赤小豆或赤豆的种子。秋季荚果成熟而未开裂时拔取全株，晒干并打下种子，去杂质，晒干。味甘、酸，性微寒。归心、脾、小肠经。利水消肿退黄，清热解毒消痈。主治水肿，脚气，黄疸，淋证，便血，肿毒疮疡，癣疹。

赤小豆花，又称腐婢，为植物赤小豆或赤豆的花。夏季采花，阴干或鲜用。味辛，性微凉。解毒消肿，行气利水，明目。主治疔疮丹毒，饮酒过度，腹胀食少，水肿，肝热目赤昏花。

赤小豆叶，又称赤小豆藿、小豆藿、小豆叶，为植物赤小豆或赤豆的叶。夏季采收，鲜用或晒干。味甘、酸、涩，性平。固肾缩尿，明目，止渴。主治小便频数，肝热目糊，心烦口渴。

赤小豆芽，为植物赤小豆或赤豆的芽。将成熟的种子发芽后，晒干。味甘，性微凉。清热解毒，止血，安胎。主治肠风便血，肠痈，赤白痢疾，妊娠胎漏。

【经方验方应用例证】

治神经性皮炎、荨麻疹、急慢性湿疹、接触性皮炎、药疹、女阴瘙痒疹，尤宜于湿疹疮面：赤小豆、苦参各60g，煎水1000mL。冷渍患处，作冷湿敷亦可，每日2～3次，每次持续30分钟。(《疮疡外用本草》)

治乳汁不下：煮赤小豆，取汁饮即下。(《王岳产书》)

治小儿重舌：赤小豆末，醋和涂舌上。(《千金要方》)

治妇人吹奶：赤小豆三合。酒研烂，去渣。温服，留渣敷患处。(《急救良方》)

治妇人乳肿不得消：小豆、莽草，等分，为末。苦酒和敷之佳。(《梅师集验方》)

治小便数：小豆叶一斤。于豉汁中煮，调和作羹食之，煮粥亦佳。(《食医心镜》)

麻黄连翘赤小豆汤：宣肺利水，清热渗湿。主治阳黄兼表证，发热恶寒，无汗身痒，周身黄染如橘色，脉浮滑。(《伤寒论》)

赤小豆当归散：清热利湿，和营解毒。主治湿热下注，大便下血，先血后便者。(《金匮要略》卷上)

赤小豆汤：赤小豆5合，大蒜1头，生姜一分，商陆根1条。赤小豆、大蒜、生姜并碎破，商陆根切，同水煮，豆烂汤成，适寒温，去大蒜等，细嚼豆，空腹食之，旋旋啜汁令尽。肿立消便止。主治水气脚气。(方出《证类本草》卷二十五引《本草图经》，名见《方剂辞典》)

赤小豆粥：赤小豆，粳米，煮粥服。利小便，消水肿脚气，辟邪疠。(《本草纲目》卷二十五)

【中成药应用例证】

养血荣筋丸：养血荣筋，祛风通络。用于陈旧性跌打损伤，症见筋骨疼痛、肢体麻木、肌肉萎缩、关节不利。

肾炎解热片：疏风解热，宣肺利水。用于风热犯肺所致的水肿，症见发热恶寒、头面浮肿、咽喉干痛、肢体酸痛、小便短赤、舌苔薄黄、脉浮数；急性肾炎见上述证候者。

胃炎宁颗粒：温中醒脾，和胃降逆，芳香化浊，消导化食。用于萎缩性胃炎，浅表性胃炎及其他胃炎，胃窦炎及伤食湿重引起的消化不良等症。

追风透骨丸：祛风除湿，通经活络，散寒止痛。用于风寒湿痹，肢节疼痛，肢体麻木。

补白颗粒：健脾温肾。用于慢性白细胞减少症属脾肾不足者。

【现代临床应用】

赤小豆宜用于下身之湿而忌用于上身之湿。临床上治疗扭伤及血肿；治疗外伤性血肿及疔疮；治顽固性呃逆。

绿豆

Vigna radiata (L.) Wilczek

豆科（Fabaceae）豇豆属一年生直立草本。

茎被褐色长硬毛。羽状复叶具3小叶；托叶盾状着生，卵形，具缘毛；小托叶显著；小叶卵形，全缘，两面被疏长毛，基部3脉明显。总状花序腋生，有花4至数朵；花萼管无毛，裂片窄三角形；旗瓣外面黄绿色，里面带粉红，翼瓣黄色，龙骨瓣绿色而染粉红。荚果线状圆柱形。种子淡绿色或黄褐色。花期初夏，果期6～8月。

各地广泛栽培。

绿豆始载于《开宝本草》，原名"菉豆"。《本草纲目》："绿豆处处种之，三四月下种，苗高尺许，叶小而有毛，至秋开小花，荚如赤豆荚，粒粗而色鲜者为官绿，皮薄而粉多；粒小而色深者为油绿，皮厚而粉少。早种者呼为摘绿，可频摘也；迟种呼为拔绿，一拔而已。北人用之甚广，可做豆粥、豆饭、豆酒、炒食、麨食，磨而为面，澄滤取粉，可以作饵顿糕，荡皮搓索，为食中要物。以水浸湿生白芽，又为菜中佳品。"

绿豆粉、绿豆皮、绿豆芽、绿豆花出自《本草纲目》，绿豆叶出自《开宝本草》。

【入药部位及性味功效】

绿豆，又称青小豆，为植物绿豆的种子。立秋后种子成熟时采收，拔取全株，晒干，打下种子，簸净杂质。味甘，性寒。归心、肝、胃经。清热，消暑，利水，解毒。主治暑热烦渴，感冒发热，霍乱吐泻，痰热哮喘，头痛目赤，口舌生疮，水肿尿少，疮疡痈肿，风疹丹毒，药物及食物中毒。

绿豆粉，又称真粉，为植物绿豆的种子经水磨加工而得的淀粉。味甘，性寒。清热消暑，凉血解毒。主治暑热烦渴，痈肿疮疡，丹毒，烧烫伤，跌打损伤，肠风下血，酒毒。

绿豆皮，又称绿豆壳、绿豆衣，为植物绿豆的种皮。将绿豆用水浸胖，揉搓取种皮。一般取绿豆发芽后残留的皮壳晒干而得。味甘，性寒。归心、胃经。清暑止渴，利尿解毒，退目翳。主治暑热烦渴，泄泻，痢疾，水肿，痈肿，丹毒，目翳。

绿豆芽，又称豆芽菜，为植物绿豆的种子经浸罨后发出的嫩芽。味甘，性凉。清热消暑，解毒利尿。主治暑热烦渴，酒毒，小便不利，目翳。

绿豆叶，为植物绿豆的叶。夏、秋季采收，随采随用。味苦，性寒。和胃，解毒。主治霍乱吐泻，斑疹，疔疮，疥癣，药毒，火毒。

绿豆花，为植物绿豆的花。6～7月摘取花朵，晒干。味甘，性寒。解酒毒。主治急慢性酒精中毒。

【经方验方应用例证】

治高血压：绿豆粉适量，同猪胆汁调成糊状，为丸如梧桐子大，晒干。每服10粒，每日2～3次。(《福建药物志》)

解酒毒：绿豆粉烫皮，多食之。(《本草纲目》)

治头风头痛，明目：绿豆作枕，枕之即无头风赤眼患。(《普济方》)

治感冒发热：绿豆30g，带须葱白3个，水煎，白糖调服，每日2次。(《味甘肃中草药手册》)

治夏季痱子痒痛：绿豆粉四两(微炒)，滑石半两(研)。拌匀研粉，绵扑子扑之。(《百一选方》玉女英)

治胃痛：绿豆30g，猪苦胆1个。绿豆装入猪苦胆内，待胆汁干燥后，取豆研末。每服6g，每日2次，开水送下。(《味甘肃中草药手册》)

治金石丹火毒，并酒毒、烟毒、煤毒为病：绿豆一升，生捣末。豆腐浆二碗调服。一时无豆腐浆，用糯米泔顿温亦可。(《本草汇言》)

治食物中毒、消化不良、细菌性痢疾：①生绿豆5000g，鲜猪胆汁1000mL。生绿豆磨粉，过100目筛，与猪胆汁混合成丸，似绿豆大。每日服3次，每次6～12g。(《湖北中草药志》)②食物中毒急救可用生绿豆适量，用水浸泡后研磨，去渣取汁，大量灌服。(《食物中药与便方》)

解乌头毒：绿豆120g，生味甘草60g，水煎服。(《上海常用中草药》)

解砒、附子、巴豆中毒不久者：鸡蛋清5个，绿豆粉120g，调服；或绿豆120g，味甘草60g，水煎服。(《内蒙古中草药》)

治火烧烫伤：绿豆粉不拘多少，炒令微焦，研细。以生油涂疮上。(《圣济总录》定痛膏)

治痘后痈毒初起：绿豆、赤小豆、黑大豆等份。为末，醋调，时时扫除，即消。(《医学正传》三豆膏)

治霍乱吐利：绿豆粉、白糖各二两，新汲水调服。(《生生编》)

治中暑防暑：绿豆衣、扁豆衣各9g，水煎代茶饮。(《湖北中草药志》)

治暑热烦渴：①绿豆30g，薏苡仁15g，水煎服。每日3次，每次1剂。(味甘肃中草药手册)②绿豆皮12g，鲜荷叶30g，白扁豆花9g，水煎服。(《山东中草药手册》)③绿豆淘净，下锅加水，大火一滚，取汤停冷色碧。食之。如多滚则色浊，不堪食矣。(《遵生八笺》绿豆汤)④绿豆淘净，下汤煮熟，入米同煮食之。(《寿世青编》绿豆粥)

治白带、肾盂肾炎、尿道炎：鲜绿豆芽30～60g，捣烂绞汁，加红糖适量，炖服。(《福建药物志》)

治风癣干疥：绿豆叶，捣烂，和米醋少许，用旧帛擦之。(《本草汇言》)

附子绿豆汤：主治寒克皮肤，壳壳然而坚，腹大身肿，按之陷而不起，色不变。(《三因》卷十四)

绿豆白菜汤：绿豆100g，白菜心2～3个。先把绿豆淘洗干净后，放入小锅内，加水适量，浸泡1小时后煮沸，待煮至将熟时，加入白菜心，再煮20分钟即可。清热解毒。适用于小儿腮腺炎。(《江西医药》)

绿豆菜心粥：绿豆100g，白菜心3个，粳米50g。将绿豆、粳米洗净，加水适量，煮烂成粥前加入白菜心，再煮20分钟。清热解毒。适用于小儿腮腺炎。(《民间方》)

马齿苋绿豆汤：鲜马齿苋120g，绿豆60g，同煎汤。清热解毒，杀菌止痢。每日服2次。(《饮食疗法》)

【中成药应用例证】

护肝胶囊：疏肝理气，健脾消食。具有降低转氨酶作用。用于慢性肝炎及早期肝硬化。

消络痛片：散风祛湿。用于风湿阻络所致的痹病，症见肢体关节疼痛；风湿性关节炎见上述证候者。

牛黄噙化丸：清热解毒，止痛。用于咽喉肿痛，口燥咽干，痰涎不出，咳嗽声哑。

五灵肝复胶囊：养阴生津，疏肝解郁，清热解毒，用于慢性病毒性肝炎属肝肾不足、湿热滞留者。

清宁丸：清热泻火，消肿通便。用于火毒内蕴所致的咽喉肿痛、口舌生疮、头晕耳鸣、目赤牙痛、腹中胀满、大便秘结。

【现代临床应用】

绿豆临床用于治疗农药中毒；治疗腮腺炎；治疗铅中毒；治疗烧伤。

豇豆

Vigna unguiculata (L.) Walp.

豆科（Fabaceae）豇豆属一年生缠绕草本。

茎近无毛。羽状复叶具3小叶；托叶披针形，着生处下延成一短距，有线纹；小叶卵状菱形，先端急尖，全缘或近全缘，无毛。总状花序腋生，具长梗；花2～6朵聚生于花序顶端；花萼浅绿色，钟状；花冠黄白色而微带青紫色；子房线形，被毛。荚果线形。花期5～8月。

各地广泛栽培。

《本草纲目》："此豆红色居多，荚必双生，故有豇、蹂䕫之名。"因荚果条形细长，以形似而有羊角、裙带豆诸名。

豇豆始见于《救荒本草》，云："豇豆苗今处处有之，人家田园多种。就地拖秧而生，亦延篱落。叶似赤小豆叶而极长，觕开淡粉紫花，结角长五七寸。其豆味甘，采叶煠熟，水浸淘净，油盐调食；及采取嫩角煠食亦可。其豆成熟时，打取豆食。"《本草纲目》载："豇豆处处三四月种之，一种蔓长丈余，一种蔓短，其叶俱本大末尖，嫩时可茹，其花有红、白二色，荚有白、红紫、赤、斑驳数色，长者至二尺，嫩时充菜，老则收子。此豆可菜、可果、可谷，备用最多。"

豇豆壳出自《民间常用草药汇编》，豇豆叶、豇豆根出自《滇南本草》。

【入药部位及性味功效】

豇豆，又称蜂蠫、羊角、豆角、角豆、饭豆、腰豆、长豆、茳豆、裙带豆、浆豆，为植物豇豆的种子。秋季果实成熟后采收，晒干，打下种子。味甘、咸，性平。归脾、肾经。健脾利湿，补肾涩精。主治脾胃虚弱，泄泻，痢疾，吐逆，消渴，肾虚腰痛，遗精，白带，白浊，小便频数。

豇豆壳，为植物豇豆的荚壳。秋季采收果实，除去种子，晒干。味甘，性平。补肾健脾，利水消肿，镇痛，解毒。主治腰痛，肾炎，胆囊炎，带状疱疹，乳痈。

豇豆叶，为植物豇豆的叶。夏、秋季采收，鲜用或晒干。味甘、淡，性平。利小便，解毒。主治淋证，小便不利，蛇咬伤。

豇豆根，为植物豇豆的根。秋季挖根，除去泥土，洗净，鲜用或晒干。味甘，性平。健脾益气，消积，解毒。主治脾胃虚弱，食积，白带，淋浊，痔血，疔疮。

【经方验方应用例证】

治食积腹胀、嗳气：生豇豆适量，细嚼咽下，或捣绒泡冷开水服。(《常用草药治疗手册》)

治肾虚腰膝无力：豇豆煮熟，加食盐少许当菜吃。(《安徽中草药》)

治盗汗：豇豆子60g，冰糖30g，煨水服。(《贵州草药》)

治莽草中毒：豇豆60g，煎服。(《安徽中草药》)

治疔疮：豇豆根适量，捣绒敷患处。如已溃烂，将豇豆根烧成炭，研末，加冰片少许，调桐油搽患处。(《贵州草药》)

治妇女白带，男子白浊：豇豆根150g，藤藤菜根150g，炖肉或炖鸡吃。(《重庆草药》)

治小儿疳积：豇豆根30g，研末，蒸鸡蛋吃。(《贵州草药》)

治小便不通：豇豆叶120g，煨水服。(《贵州草药》)

短豇豆

Vigna unguiculata subsp. *cylindrica* (L.) Verdc.

豆科（Fabaceae）豇豆属一年生直立草本。

高20～40cm。荚果长10～16cm；种子颜色不一。花期7～8月，果期9月。

大别山各地广泛栽培。

饭豆出自《日用本草》。可掺入粥饭中蒸煮食用，故名饭豆。因种子色白而又名白豆。

《本草纲目》载："饭豆，小豆之白者也，亦有土黄色者，豆大如绿豆而长，四五月种之。苗叶似赤小豆而略大，可食，荚亦似小豆。"

短豇豆俗名饭豇豆、眉豆、短荚豇豆、十月寒豇豆、九月寒豇豆。

【入药部位及性味功效】

饭豆，又称白豆、眉豆、白目豆、味甘豆、白饭豆，为植物短豇豆的种子。秋季果实成熟时采收，剥取种子，晒干。味甘、咸，性平。归脾、肾经。补中益气，健脾益肾。主治脾肾虚损，水肿。

【经方验方应用例证】

治水肿：白饭豆140g，蒜米20g，白糖30g，水煎服。（《常见抗癌本草》）

野老鹳草

Geranium carolinianum L.

牻牛儿苗科（Geraniaceae）老鹳草属一年生草本。

根状茎细。叶片圆肾形，5～7裂，裂片楔状倒卵形或菱形。花序腋生和顶生，长于叶，每花序梗具2花；萼片长卵形或近椭圆形；花瓣淡紫红色，倒卵形，稍长于萼，先端圆，雄蕊稍短于萼片；花瓣稍长于萼片，先端圆形。蒴果果瓣被长柔毛。花期4～7月，果期5～9月。

大别山各县市均有分布，生于平原和低山荒坡杂草丛中。

作老鹳草使用。

老鹳草来源之一的牻牛儿苗，始载于《救荒本草》，曰："牻牛儿苗又名斗牛儿苗，生田野中。就地拖秧而生，茎蔓细弱，其茎红紫色。叶似芫荽叶，瘦细而稀疏。开五瓣小紫花。结青菁葵果儿，上有一嘴甚尖锐，如细锥子状。"《植物名实图考》曰："按汜水俗呼牵巴巴，牵巴巴者，俗呼啄木鸟也。其角极似鸟嘴，因以名焉。"《滇南本草》称为五叶草或老官草，谓"祛诸风皮肤发痒，通行十二经，治筋骨疼痛，风疾痿软，手足麻木。"据《滇南本草》整理组考证其所云为尼泊尔老鹳草。

【入药部位及性味功效】

老鹳草，又称五叶草、老官草、五瓣花、老贯草、天罡草、五叶联、破铜钱、老鸹筋、贯筋、五齿粑、老鸹嘴、鹌子嘴，为植物牻牛儿苗、老鹳草、西伯利亚老鹳草、尼泊尔老鹳草、块根老鹳草带果实的全草，牻牛儿苗的带果实全草习称"长嘴老鹳草"，其他习称"短嘴老鹳草"。夏、秋季果实将成熟时，割取地上部分或将全株拔起，去净泥土和杂质，晒干。味微辛、苦，性平。归肝、大肠经。祛风通络，活血，清热利湿。主治风湿痹痛，肌肤麻木，筋骨酸楚，跌打损伤，泄泻，痢疾，疮毒。

【经方验方应用例证】

治腰扭伤：老鹳草根30g，苏木15g，煎汤，血余炭9g冲服，每日1剂，日服2次。（《全国中草药新医疗法展览会资料选编》）

治急慢性肠炎、下痢：牻牛儿苗18g，红枣9枚。煎浓汤，一日三回分服。（《现代实用中药》）

治妇人经行，预染风寒，寒邪闭塞子宫，令人月经参差，前后日期不定，经行发热，肚腹膨胀，腰肋作疼，不能受胎：五叶草五钱，川芎二钱，大蓟二钱，吴白芷二钱。引水酒1小杯，和水煎服。晚间服后避风。（《滇南本草》）

治咽喉肿痛：老鹳草15～30g，煎汤漱口。（《浙江药用植物志》）

治疮毒初起：鲜老鹳草适量。捣汁或浓煎取汁，搽涂患处。（《浙江药用植物志》）

老鹳草膏：舒筋活络，祛风除湿，活血止痛。主治风湿麻木，筋骨不舒，手足疼痛，皮内作痒。（《北京市中药成方选集》）

茵陈防己汤：祛风除湿，清热解毒，止痒。主治脾肺风热挟湿毒。（朱洪文方）

【中成药应用例证】

康肾颗粒：补脾益肾，化湿降浊。用于脾肾两虚所致的水肿、头痛而晕、恶心呕吐、畏寒肢倦，轻度尿毒症见上述证候者。

饿求齐胶囊：健脾燥湿，收敛止泻。用于脾虚湿盛所致的腹泻。

天麻壮骨丸：祛风除湿，活血通络，补肝肾，强腰膝。用于风湿阻络，偏正头痛，头晕，风湿痹痛，腰膝酸软，四肢麻木。

经带宁胶囊：清热解毒，除湿止带，调经止痛。用于热毒瘀滞所致的经期腹痛，经血色暗，夹有血块，赤白带下，量多气臭，阴部瘙痒灼热。

貂胰防裂软膏：活血祛风，养血润肤。用于血虚风燥所致的皮肤皲裂。

祛风舒筋丸：祛风散寒，舒筋活络。用于风寒湿闭阻所致的痹病，症见关节疼痛、局部畏恶风寒、屈伸不利、四肢麻木、腰腿疼痛。

老鹳草软膏：除湿解毒，收敛生肌。用于湿毒蕴结所致的湿疹、痈、疔、疮、疖及小面积水火烫伤。

【现代临床应用】

野老鹳草治疗急慢性细菌性痢疾、急慢性肠炎、阿米巴痢疾等肠道感染疾病，总有效率91.22%；老鹳草用于治疗细菌性痢疾、乳腺增生症、疱疹性角膜炎等。

铁苋菜

Acalypha australis L.

　　大戟科（Euphorbiaceae）铁苋菜属一年生草本。

　　小枝被平伏柔毛。叶长卵形、近菱状卵形或宽披针形，先端短渐尖，基部楔形，具圆齿，基脉3出；叶柄被柔毛，托叶披针形，具柔毛。花序长1.5～5cm，雄花集成穗状或头状，生于花序上部，下部具雌花；雌花苞片1～2（～4），卵状心形，具齿；雄花花萼无毛；雌花1～3朵生于苞腋；萼片3；花柱撕裂。蒴果绿色，疏生毛和小瘤体。花果期4～12月。

　　生大别山各县市均有分布，生于海拔1700m以下平原、山坡耕地，空旷草地或疏林下。

　　似苋菜，叶粗糙，不中食，故以铁苋菜称之。可治疗外伤出血、子宫出血，故名血见愁。果实球形似珠，藏于蚌状苞片之内，故称海蚌含珠。

　　铁苋出自《植物名实图考》，载："人苋，盖苋之通称。北地以色青黑而茎硬者当之，一名铁苋。叶极粗涩，不中食，为刀创要药。其花有两片，承一、二圆蒂，渐出小茎，结子甚细，江西俗呼海蚌含珠，又曰撮斗撮金珠，皆肖其形。"

【入药部位及性味功效】

　　铁苋，又称人苋、海蚌含珠、撮斗撮金珠、六合草、半边珠、野黄麻、血见愁、小耳朵草、玉碗捧真珠、粪斗草、凤眼草、肉草、喷水草、痢疾草、野麻草、蚌壳草、铁灯碗、七盏灯、血布袋、布袋口、皮撮珍珠、田螺草、野苦麻、猫眼菜、寒热草、叶里仙桃、金畚斗、金盘野苋菜、沙罐草、灯盏窝、金石榴、茶丝黄、水芥、下合草、瓦片草，为植物铁苋菜及短穗铁苋菜的全草。5～7月间采收，除去泥土，晒干或鲜用。味苦、涩，性凉。归心、肺、大肠、小肠经。清热利湿，凉血解毒，消积。主治痢疾，泄泻，吐血，衄血，尿血，崩漏，小儿疳积，痈疖疮疡，皮肤湿疹。

【经方验方应用例证】

治阿米巴痢疾：鲜铁苋菜根、鲜凤尾草根各30g，腹痛加鲜南瓜藤卷须15g。水煎浓汁，早晚空腹服。(《江西草药》)

治外伤出血：鲜铁苋菜适量，白糖少许。捣烂外敷。(《江西草药》)

治蛇咬伤：铁苋菜、半边莲、大青叶各30g。水煎服。(《江西草药》)

治跌打创伤：血见愁六钱至一两。水煎服。(《上海常用中草药》)

治小儿疳积：鲜铁苋菜一至二两，和猪肝煎汁服。(《浙江民间常用草药》)

治小儿腹胀、睾丸肿大：铁苋菜鲜品一至二两。水煎服。(《浙江民间常用草药》)

治子宫出血：铁苋菜鲜品一至二两。捣汁服或水煎服。(《东北常用中草药手册》)

治乳汁不足：铁苋菜鲜品15～30g，或干品6～10g。煎水，煮鱼服。(《东北常用中草药手册》)

治丹疹、湿疹：灯盏窝捣绒，取汁外擦。(《贵州草药》)

治哮喘或咳血：灯盏窝60g。煎水服。(《贵州草药》)

治瘘管：①野麻草30～90g，羊肉250g，水炖服。②鲜野麻草捣烂取汁30g，羊肉190g，或鳗鱼适量，酒水各半炖服。(《福建药物志》)

复方地榆丸：清热解毒，消积止痢。主治细菌性痢疾。(《农村中草药制剂技术》)

马齿苋汤：治细菌性痢疾、肠炎。(《中医方剂临床手册》)

【中成药应用例证】

痢炎宁片：清热解毒，燥湿止痛。用于细菌性痢疾、肠炎。

灯心止血糖浆：清热解毒，淡渗利湿，收敛止血。用于痔疮出血、鼻出血、消化道出血、产后恶露不净、计划生育术后阴道出血以及血小板减少等症。

复方铁苋止血粉：凉血，收涩，止血。用于血热妄行引起的多种出血及外伤或术后出血。

泻定胶囊：温中燥湿，涩肠止泻。用于小儿轻、中度急性泄泻寒湿证，症见泄泻清稀，甚至水样，肠鸣、食少、舌苔薄白或白腻等。

苋菜黄连素胶囊：清热燥湿止泻。用于急性腹泻属湿热证者，症见大便次数增多，便稀溏、泄泻急迫或不畅，肛门灼热，烦热口渴，腹痛，小便黄赤，舌苔腻。

和胃止泻胶囊：清热解毒，化湿和胃。用于因胃肠湿热所致的大便稀溏或腹泻，可伴腹痛、发热、口渴、肛门灼热、小便短赤等。

腹安颗粒：清热解毒，燥湿止痢。用于痢疾，急性胃肠炎，腹泻、腹痛。

【现代临床应用】

铁苋菜治疗肠炎、细菌性痢疾；治疗阿米巴痢疾，总治愈率100%；治疗上消化道出血。

泽漆

Euphorbia helioscopia L.

大戟科（Euphorbiaceae）大戟属一年生草本。

茎直立，单一或自基部多分枝，分枝斜展向上。叶互生，倒卵形或匙形；总苞叶5枚；伞幅5枚；总苞钟状，4腺体盘状。蒴果三棱状阔圆形；成熟时分裂为3个分果爿。花果期4～10月。

大别山各县市均有分布，生于山沟、路旁、荒野和山坡，较常见。

　　泽漆始载于《神农本草经》，列为下品。《名医别录》："一名漆茎，大戟苗也。生太山川泽。"《本草经集注》曰："此是大戟苗，生时摘叶有白汁，故名泽漆。"《日华子》曰："此即大戟花，川泽中有，茎梗小，有叶，花黄，叶似嫩菜，四、五月采之。"李时珍曰：《名医别录》、陶氏皆言泽漆是大戟苗，《日华子》又言是大戟花，其苗可食。然大戟苗泄人，不可为菜。今考《土宿本草》及《宝藏论》诸书，并云泽漆是猫儿眼睛草，一名绿叶绿花草，一名五凤草。江湖原泽平陆多有之。春生苗，一科分枝成丛，柔茎如马齿苋，绿叶如苜蓿叶，叶圆而黄绿，颇似猫睛，故名猫儿眼。茎头凡五叶中分，中抽小茎五枝，每枝开细花青绿色，复有小叶承之，齐整如一，故又名五凤草，绿叶绿花草。掐一茎有汁粘人。"

【入药部位及性味功效】

泽漆，又称漆茎、猫儿眼睛草、五凤灵枝、五凤草、绿叶绿花草、凉伞草、五盏灯、五朵云、白种乳草、五点草、五灯头草、乳浆草、肿手棵、马虎眼、倒毒伞、一把伞、乳草、龙虎草、铁骨伞、九头狮子草、灯台草、癣草，为植物泽漆的全草。4～5月开花时采收，除去根及泥沙，晒干。味辛、苦，性微寒，有毒。归大肠、小肠、肺经。行水消肿，化痰止咳，解毒杀虫。主治水气肿满，痰饮喘咳，疟疾，细菌性痢疾，瘰疬，结核性瘘管，骨髓炎。

【经方验方应用例证】

治肺源性心脏病：鲜泽漆茎叶60g。洗净切碎，加水500g，放鸡蛋2只煮熟，去壳刺孔，再煮数分钟。先吃鸡蛋后服汤，1日1剂。（江西《草药手册》）

治骨髓炎：泽漆、秋牡丹根、铁线莲、蒲公英、紫堇、甘草，煎服。（《高原中草药治疗手册》）

治癣疮有虫：猫儿眼睛草，晒干为末，香油调搽。（《卫生易简方》）

治神经性皮炎：鲜泽漆白浆敷癣上或用椿树叶捣碎同敷。（《兄弟省市中草药单方验方新医疗法选编》）

治癌肿：①淋巴肉瘤：泽漆15g，蛇六谷（先煎）、土茯苓各30g，穿山甲9g，水煎服，日1剂。（《抗癌中草药制剂》）②宫颈癌：泽漆100g，加水适量，与鸡蛋3个共煮，煮熟后食蛋喝汤，日1剂。（《陕西中草药》）

治乳汁稀少：鲜泽漆30g，黄酒适量，炖服。（《福建药物志》）

泽漆汤：治石水。四肢瘦，腹肿不喘，脉沉者。（《三因极一病证方论》卷十四）

泽漆丸：治食症癖气，脾胃虚弱，头面及四肢浮肿，欲变成水病者。（《太平圣惠方》卷四十九）

【中成药应用例证】

贞芪利咽颗粒：养阴益气，化痰祛瘀。用于慢性咽炎属气阴两虚兼有痰瘀证，症见咽部不适，或干燥，或咽痒，或有异物感，或咽灼热感，清嗓作咳，神倦乏力等。

【现代临床应用】

治疗急、慢性支气管炎；防治流行性腮腺炎；治疗结核性瘘管；治疗细菌性痢疾；治疗无黄疸型传染性肝炎；治疗食管癌。

飞扬草

Euphorbia hirta L.

大戟科（Euphorbiaceae）大戟属一年生草本。

茎自中部向上分枝或不分枝，被褐色或黄褐色粗硬毛。叶对生，披针状长圆形，中上部有细齿，中下部较少或全缘，两面被柔毛。花序多数，于叶腋处密集成头状，无梗或具极短梗，被柔毛；总苞钟状。蒴果三棱状。花果期6～12月。

大别山各县市均有分布，生于路旁、草丛、灌丛及山坡，多见于砂质土。

含白色乳汁，故有以"乳""乳汁""奶"为名者。其叶对生，以形喻之，则有神仙对坐草之名。草匍匐状茎被粗毛，故喻之为过路蜈蚣。因另有含白乳而叶小之小飞扬，相对而名，称大飞扬草。

大飞扬草出自《岭南采药录》。飞扬草又名飞相草、乳籽草、大飞扬。

【入药部位及性味功效】

大飞扬草，又称大飞扬、飞扬、神仙对坐草、节节花、大号乳仔草、蚝刈草、猫仔癀、大乳草、木本奶草、金花草、蜻蜓草、白乳草、过路蜈蚣、蚂蚁草、天泡草、大乳汁草、奶子草、九歪草、假奶子草、癣药草、脚癣草、毛飞扬、大本乳仔草、乳仔草、红骨大本乳子草、催乳草、大奶浆草，为植物飞扬草的带根全草。

夏、秋间采收，晒干。味辛、酸，性凉，有小毒。归肺、膀胱、大肠经。清热解毒，利湿止痒，通乳。主治肺痈，乳痈，痢疾，泄泻，热淋，血尿，湿疹，脚癣，皮肤瘙痒，疔疮肿毒，牙疳，产后少乳。

【经方验方应用例证】

治乳痈：大飞扬全草60g和豆腐120g炖服；另取鲜草一握，加食盐少许，捣烂加热水外敷。(《福建民间草药》)

治肺痈：鲜大飞扬全草一握，捣烂，绞汁半盏，开水冲服。(《福建民间草药》)

治小便不通、淋血：鲜大飞扬30～60g，酌加水煎服，日服2次。(《福建民间草药》)

煮化脓性疱疹、瘙痒性皮炎：飞扬草、马兰各30g，小檗6g，甘草3g，共研细末，调茶油涂患处。(《福建药物志》)

治带状疱疹：鲜飞扬全草捣烂取汁，加雄黄末1.5g，调匀，涂抹患处。(《福建中草药》)

治睑腺炎：鲜飞扬草折断，取乳汁涂患处。(《福建中草药》)

【中成药应用例证】

灵源万应茶：疏风解表，调胃健脾，祛痰利湿。用于感冒发热、中暑、痢疾、腹痛吐泻。

【现代临床应用】

临床治疗急性细菌性痢疾；治疗慢性支气管炎。

地锦草

Euphorbia humifusa Willd.

大戟科（Euphorbiaceae）大戟属一年生草本。

根纤细，茎匍匐无毛，自基部以上多分枝。叶对生，先端钝圆，基部偏斜。花序单生叶腋，总苞陀螺状，腺体4，具白或淡红色肾形附属物。蒴果三棱状卵球形，长约2mm。花果期5～10月。

大别山各县市均有分布，生于原野荒地、路旁、田间、沙丘、海滩、山坡等。

李时珍曰："赤茎布地，故曰地锦。""专治血病，故俗称为血竭、血见愁。马蚁、雀儿喜聚之，故有马蚁、雀单之名。酱瓣、猢狲头，象花叶形也。"扑地锦者，铺地锦也。《植物名实图考》云："断之有白汁，同鲢鱼煮服，通乳有效……今俗方治血病不甚采用，而通乳则里妪皆识，故标奶花之名，以著其功用云。"

地锦草之名见于宋《嘉祐本草》，载："生近道，田野，出滁州者尤良；茎叶细弱，蔓延于地，茎赤，叶青紫色，夏中茂盛，六月开红花，结细实。"《救荒本草》云："小虫儿卧单，一名铁线草。生田野中。苗塌地生，叶似苜蓿叶而极小，又似鸡眼草叶，亦小。其茎色红。开小红花。"《本草纲目》："赤茎布地，故曰地锦。""田野寺院及阶砌间皆有之小草也。就地而生，赤茎，黄花，黑实……断茎有汁。"《植物名实图考》载："奶花草……形状似小虫儿卧单，而茎赤，叶稍大，断之有白汁。"

【入药部位及性味功效】

地锦草，又称草血竭、血见愁草、血见愁、小虫儿卧单、铁线草、普瓣草、血风草、马蚁草、雀儿卧单、猢狲头草、扑地锦、奶花草、奶草、奶汁草、铺地锦、铺地红、红莲草、斑鸠窝、三月黄花、地蓬草、铁线马齿苋、蜈蚣草、奶疳草、红茎草、红斑鸠窝、地马桑、红沙草、凉帽草、小苍蝇翅草、红丝草、小红筋草、仙桃草、莲子草、软骨莲子草、九龙吐珠草、地瓣草、粪脚草、粪触脚、花被单、铺地草被单草、星星草、斑雀草、多叶果、凤凰窝、龙头狮子草，为植物地锦草及斑叶地锦的全草。10月采收全株，洗净，晒干或鲜用。味辛，性平。归肝、大肠经。清热解毒，凉血止血，利湿退黄。主治痢疾，泄泻，黄疸，咯血，吐血，尿血，便血，崩漏，乳汁不下，跌打肿痛，热毒疮疡。

【经方验方应用例证】

地锦汤：主治肠风下血。（《鸡峰》卷十七）

复方地锦片：清热解毒，利水。主治细菌性痢疾、肠炎。（《中药制剂手册》）

治胃肠炎：鲜地锦草一至二两，水煎服。（《福建中草药》）

治感冒咳嗽：鲜地锦草一两，水煎服。（《福建中草药》）

治咳血、吐血、便血、崩漏：鲜地锦草一两，水煎或调蜂蜜服。（《福建中草药》）

治小便血淋：血风草，井水擂服。（《刘长春经验方》）

治妇女血崩：草血竭嫩者蒸熟，以油、盐、姜腌食之，饮酒一、二杯送下，或阴干为末，姜、酒调服一、二钱。（《世医得效方》）

治金疮出血不止：血见愁草研烂涂之。（《世医得效方》）

治牙齿出血：鲜地锦草，洗净，煎汤漱口。（《泉州本草》）

治妇人乳汁不通：鲜地锦草全草30～45g（干的24～36g）和瘦猪肉120～180g，酌加红酒或开水，炖2小时后服。（《福建民间草药》）

治咽喉发炎肿痛：鲜地锦草15g，咸酸甜草15g。捣烂绞汁，调蜜泡服。日服3次。（《泉州本草》）

治风疮疥癣：血见愁草同满江红草捣末敷。（《本草纲目》引《乾坤秘韫》）

治缠腰蛇（带状疱疹）：鲜地锦草捣烂。加醋搅匀，取汁涂患处。（《福建中草药》）

治臁疮烂疮：斑鸠窝为末外搽。（《贵阳民间药草》）

治火眼：斑鸠窝熬水洗，或蒸猪肝食。（《贵阳民间药草》）

治趾间鸡眼：将鸡眼割破出血，以血见愁草捣敷之。（《本草纲目》引《乾坤秘韫》）

【中成药应用例证】

四香祛湿丸：清热安神，舒筋活络。用于白脉病，半身不遂，风湿，类风湿，肌筋萎缩，神经麻痹，肾损脉伤，瘟疫热病，久治不愈等症。

珍珠活络二十九味丸：清热除湿，活血通络。用于风湿热邪、痹阻经络所致关节红肿热痛以及中风偏瘫，肢体麻木。

复方地锦糖浆：清热，利湿。用于细菌性痢疾、肠炎。

地锦草片（血见愁片）：清热解毒，凉血止血。用于痢疾，肠炎，咳血，尿血，便血，崩漏，痈肿疮疔。

环心丹：活血化瘀，通络止痛。用于气滞血瘀型心绞痛。

小儿泻速停颗粒：清热利湿，健脾止泻，缓急止痛。用于小儿湿热壅遏大肠所致的泄泻，症见大便稀薄如水样、腹痛、纳差；小儿秋季腹泻及迁延性、慢性腹泻见上述证候者。

肠炎宁片：清热利湿，行气。用于大肠湿热所致的泄泻、痢疾，症见大便泄泻，或大便脓血、里急后重、腹痛腹胀；急慢性胃肠炎、腹泻、细菌性痢疾、小儿消化不良见上述证候者。

【现代临床应用】

地锦草治疗细菌性痢疾；治疗小儿腹泻；治疗"粪毒"（钩蚴性皮炎）。

通奶草

Euphorbia hypericifolia L.

大戟科（Euphorbiaceae）大戟属一年生草本。

根纤细。茎直立，自基部分枝或不分枝，无毛或被少许短柔毛。叶对生，狭长圆形或倒卵形，先端钝或圆，基部圆形，常偏斜不对称，边缘全缘或基部以上具细锯齿，两面被稀疏的柔毛；托叶三角形。苞叶2枚，与茎生叶同形。蒴果三棱状。花果期8～12月。

大别山各县市均有分布，生于旷野荒地、路旁、灌丛及田间。

【入药部位及性味功效】

大地锦，又名通奶草、大地戟、光叶小飞扬、小飞扬、蚂蝗草，为植物通奶草的全草。春、夏季采收，鲜用或晒干。味辛、微苦，性平。通乳，利尿，清热解毒。主治妇人乳汁不通，水肿，泄泻，痢疾，皮炎，湿疹，烧烫伤。

斑地锦草

Euphorbia maculata L.

大戟科（Euphorbiaceae）大戟属一年生草本。

茎匍匐，被柔毛。叶对生，纸质；叶面绿色，中部常具有一个长圆形的紫色斑点。花序单生叶腋；总苞具腺体4，边缘具白色附属物。蒴果三角状卵形，长约2mm，成熟时易分裂为3个分果爿。花果期4～9月。

大别山各县市均有分布，生于海拔较低地区平原以及低山坡的路旁。

【入药部位及性味功效】

参见地锦草。

【经方验方应用例证】

参见地锦草。

【中成药应用例证】

参见地锦草。

【现代临床应用】

参见地锦草。

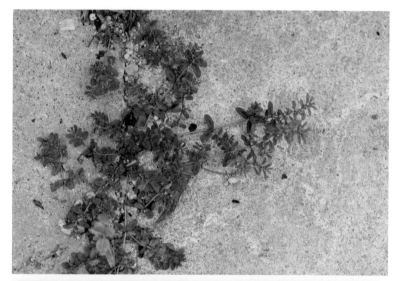

蓖麻

Ricinus communis L.

大戟科（Euphorbiaceae）蓖麻属一年生粗壮草本或草质灌木。

叶互生，近圆形，掌状7～11裂，裂片具锯齿；叶柄粗，中空，盾状着生，顶端具2盘状腺体，基部具腺体，托叶长三角形，早落。花雌雄同株，无花瓣，无花盘；总状或圆锥花序，雄花生于花序下部，雌花生于上部。蒴果卵球形或近球形，具软刺或平滑。花期6～9月。

大别山各县市均有栽培。

《新修本草》："叶似大麻叶而甚大，其子如蜱，又名萆麻。"则大麻子之义亦在其中。李时珍云："蓖亦作蜱。蜱，牛虱也。其子有麻点，故曰蓖麻。"

蓖麻子以"萆麻子"始载于《雷公炮炙论》，至《新修本草》始称"蓖麻子"，云："今胡中来者，茎赤，树高丈余，子大如皂荚核，用之益良"。《蜀本草》："树生，叶似大麻大数倍，子壳有刺，实大于巴豆，青黄色斑，夏用大，茎赤有节如味甘蔗，高丈许。秋生细花，随便结实，壳上有刺，实类巴豆，青黄斑褐，形如牛蜱，故名。"

蓖麻子、蓖麻油、蓖麻叶出自《新修本草》，蓖麻根出自《民间常用草药汇编》。蓖麻又名萆麻、牛篦子草、红蓖麻、勒菜、杜麻、草麻。

【入药部位及性味功效】

蓖麻子，又称萆麻子、蓖麻仁、大麻子、红大麻子，为植物蓖麻的种子。当年 8 ～ 11 月蒴果呈棕色，未开裂时，选晴天，分批剪下果序，摊晒，脱粒，扬净。味甘、辛，性平，有小毒。归大肠、肺、脾、肝经。消肿拔毒，泻下导滞，通络利窍。主治痈疽肿毒，瘰疬，乳痈，喉痹，疥癞癣疮，烫伤，水肿胀满，大便燥结，口眼歪斜，跌打损伤。

蓖麻油，为植物蓖麻的种子所榨取的脂肪油。味甘、辛，性平，有毒。归大肠经。滑肠，润肤。主治肠内积滞，腹胀，便秘，疥癞癣疮，烫伤。

蓖麻叶，为植物蓖麻的叶。夏、秋季采摘，鲜用或晒干。味苦、辛，性平，有小毒。祛风除湿，拔毒消肿。主治脚气，风湿痹痛，痈疮肿毒，疥癣瘙痒，子宫下垂，脱肛，咳嗽痰喘。

蓖麻根，为植物蓖麻的根。春、秋季采挖，晒干或鲜用。味辛，性平，有小毒。祛风解痉，活血消肿。主治破伤风，癫痫，风湿痹痛，痈肿瘰疬，跌打损伤，脱肛，子宫脱垂。

【经方验方应用例证】

治猥退风半身不遂，失音不语：蓖麻子脂一升，酒一斗，铜钵盛，脂著酒中一日，煮之令熟，服之。（《千金要方》）

治面上雀子斑：蓖麻子、密陀僧、硫黄各二钱。上用羊髓和匀，临睡敷上，次早洗去。（《体仁汇编》）

治汤火伤：蓖麻子、蛤粉等分。末，研膏。汤损用油调涂，火疮用水调涂。（《养生必用方》）

治手足皲裂：夏天将蓖麻叶放手掌中搓烂，外搽。（《宁夏中草药手册》）

治阴道滴虫：鲜蓖麻叶 2 ～ 3 片，加水 1000mL，煮沸后坐浴。（《安徽中草药》）

治关节风湿痛，肌肤麻痹：蓖麻茎叶水煎，趁热蒸洗患处。（《宁夏中草药手册》）

治外伤出血：蓖麻根研末，撒布患处。（《云南中草药》）

治瘰疬：白茎蓖麻根 30g，冰糖 30g，豆腐一块。开水炖服，渣捣烂敷患处。（《福建中草药》）

治风湿痹痛，跌打损伤：蓖麻根 9 ～ 12g，水煎服。（《陕味甘宁青中草药选》）

治风湿性关节炎，风瘫，四肢酸痛，癫痫：蓖麻根 15 ～ 30g，水煎服。（广州空军《常用

中草药手册》）

治小儿惊风：红蓖麻鲜根60～90g，水煎服。（《云南中草药》）

蓖麻膏：蓖麻子（去壳），研烂。左歪涂右，右歪涂左。一经改正，即速洗去。（《仙拈集》卷一）

蓖麻丸：蓖麻100颗（去皮），大枣15枚（去皮核），上熟捣，丸如杏仁大。主治耳聋。（方出《千金》卷六，名见《圣济总录》卷一一四）

蓖麻子膏：蓖麻子一两，去皮捣泥。摊布光上，贴面跳动处，或掺于大肥皂内贴之亦可。祛风活络，消肿拔毒。主治手臂风疾及痈疽肿毒。（《慈禧光绪医方选议》）

【中成药应用例证】

七生静片：益气宁心，活血化瘀。用于气虚血瘀所致失眠、健忘、乏力等症。

关节镇痛巴布膏：祛风除湿，活血止痛。用于风寒湿痹，关节、肌肉酸痛及扭伤。

麝香壮骨巴布膏：祛风散寒，活血止痛。用于风湿痛、关节痛。

棘豆消痒洗剂：清热解毒，护肤止痒。用于皮肤瘙痒症。

肤螨灵软膏：清热解毒，杀虫止痒。用于虫毒蕴肤所致的酒渣鼻。

拔毒膏：清热解毒，活血消肿。用于热毒瘀滞肌肤所致的疮疡，症见肌肤红、肿、热、痛，或已成脓。

阿魏化痞膏：化痞消积。用于气滞血凝，癥瘕痞块，脘腹疼痛，胸胁胀满。

全鸡拔毒膏：消肿止痛，祛腐生肌。用于痈疽、疔毒恶疮、无名肿痛等症。

【现代临床应用】

蓖麻子临床上治疗胃下垂，总有效率75.4%；治疗颜面神经麻痹。

蓖麻根临床上治疗癫痫；治疗新生儿破伤风。

叶下珠

Phyllanthus urinaria L.

叶下珠科（Phyllanthaceae）叶下珠属一年生草本。

枝具翅状纵棱。叶纸质，长圆形或倒卵形，下面灰绿色，近边缘有1～3列短粗毛；叶柄极短，托叶卵状披针形。花雌雄同株；雄花2～4朵簇生叶腋，常仅上面1朵开花；基部具苞片1～2枚；萼片6，倒卵形；雄蕊3，花丝合生成柱；花盘腺体6，分离。雌花单生于小枝中下部叶腋；萼片6，卵状披针形；花盘圆盘状，全缘。蒴果圆球状。花期4～6月，果期7～11月。

大别山各县市均有分布，生于海拔500m以下旷野平地、旱田、山地路旁或林缘。

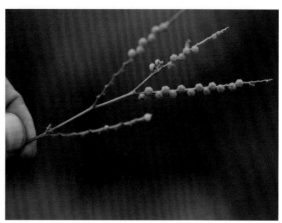

《本草纲目拾遗》载有真珠草，云："此草叶背有小珠，昼开夜闭，高三四寸，生人家墙角下，处处有之。"故名珍珠草、叶后珠、夜合草、日开夜闭。可治夜盲、疳积，故名疳积草、夜盲草。

叶下珠出自《植物名实图考》，云："叶下珠，江西、湖南砌下墙阴多有之。高四五寸，宛如初出夜合树芽，叶亦昼开夜合。叶下顺茎结子如粟，生黄熟紫。俚医云性凉，能除瘴气。"

【入药部位及性味功效】

叶下珠，又称日开夜闭、珍珠草、阴阳草、假油柑、真珠草、鲫鱼草、胡羞羞、老鸦珠、落地油柑、山皂角、油柑草、粟杨梅、杨梅珠草、疳积草、夜盲草、叶下珍珠、叶后珠、夜合草、夜合珍珠，为植物叶下珠的带根全草。夏秋季采收，去杂质，鲜用或晒干。味微苦，性凉。归肝、脾、肾经。清热解毒，利水消肿，明目，消积。主治痢疾，泄泻，黄疸，水肿，石淋，目赤，夜盲，疳积，痈肿，毒蛇咬伤。

【经方验方应用例证】

治黄疸：鲜叶下珠60g，鲜马鞭草90g，鲜半边莲60g，水煎服。（江西《草药手册》）

治肝炎：鲜叶下珠、鲜黄胆草各60g，母螺7粒，鸭肝1个，冰糖60g，水炖服。（《福建药物志》）

治夜盲症：鲜叶下珠30～60g，动物肝脏120g，苍术9g，水炖服。（《福建药物志》）

治青竹蛇咬伤：叶下珠鲜叶洗净捣烂敷伤处。（江西《草药手册》）

治痢疾、肠炎腹泻：叶下珠、铁苋菜各30g，煎汤，加糖适量冲服，或配老鹳草水煎服。（南药《中草药学》）

【中成药应用例证】

叶下珠片：清热解毒，祛湿退黄。用于肝胆湿热所致的胁痛、腹胀、纳差、恶心、便溏、黄疸，急、慢性乙型肝炎见上述证候者。

乙肝舒康胶囊：清热解毒，活血化瘀。用于湿热瘀阻所致的急、慢性乙型肝炎，见有乏力、肝病、纳差、脘胀等症。

肥儿宝颗粒：利湿消积，驱虫助食，健脾益气。用于小儿疳积，暑热腹泻，纳呆自汗，烦躁失眠。

蜜甘草

Phyllanthus ussuriensis Rupr. et Maxim.

叶下珠科（Phyllanthaceae）叶下珠属一年生草本。

全株无毛。叶纸质，椭圆形，基部近圆，下面白绿色；叶柄极短或几无柄，托叶卵状披针形。花雌雄同株，单生或数朵簇生叶腋。花梗丝状，基部有数枚苞片；雄花萼片4，宽卵形；花盘腺体4，分离；雄蕊2，花丝分离。雌花萼片6，长椭圆形，果时反折；花盘腺体6，长圆形。蒴果扁球状，平滑；果柄短。花期4～7月，果期7～10月。

大别山各县市均有分布，生于山坡或路边草地。

【入药部位及性味功效】

蜜甘草，又称夜关门、地莲子、鱼鳞草、鱼眼草、泻胆草，为植物蜜甘草的全草。夏、秋季采收，鲜用或晒干备用。味苦，性寒。清热利湿，清肝明目。主治黄疸，痢疾，泄泻，水肿，淋证，小儿疳积，目赤肿痛，痔疮，毒蛇咬伤。

【经方验方应用例证】

治黄疸型肝炎：鱼眼草30g，茵陈60g，水煎服。（《陕西中草药》）

治痢疾、肠炎：蜜甘草30g，水煎服。（《湖北中草药志》）

治尿路感染、淋沥涩痛：蜜甘草、车前草、滑石各15g，水煎服。（《湖北中草药志》）

治夜盲：蜜甘草30g，猪肝60g。蜜甘草煎水，去渣，掺猪肝吃。（《湖北中草药志》）

治外痔：地莲子捣绒，敷患处。（《贵州草药》）

凤仙花

Impatiens balsamina L.

凤仙花科（Balsaminaceae）凤仙花属一年生草本。

茎粗壮，肉质。叶披针形、狭椭圆形或倒披针形，互生。花梗短，单生或数朵簇生叶腋，密生短柔毛。花红色或杂色，单瓣或重瓣。蒴果纺锤形。花果期7～10月。

大别山各县市均有栽培，为常见观赏花卉。

其蒴果成熟时，触之即迸裂，性颇急速，故有急性子之名。凤仙花，《本草纲目》谓："其花头翅尾足，俱翘翘然如凤状，故以名之。""女人多采其花及叶包染指甲。"故名指甲花。其叶狭长似桃叶，其花淡红似桃花，其实状如小桃，故名小桃红。《本草纲目》："宋光宗李后讳凤，宫中呼为好女儿花。"

急性子始见于《救荒本草》，名"小桃红"，云："人家园圃多种，今处处有之。苗高二尺许，叶似桃叶而旁边有细锯齿。开红花，结实形类桃样，极小，有子似萝卜子，取之易迸散，俗称急性子。"《本草纲目》云："凤仙，人家多种之，极易生。二月下子，五月可再种。苗高二三尺，茎有红白二色，其大如指，中空而脆。叶长而尖，似桃柳叶而有锯齿。桠间开花，或黄、或白、或红、或紫、或碧、或杂色，亦自变易，状如飞禽，自夏初至秋尽，开谢相续。结实累然，大如樱桃，其形微长，色如毛桃，生青熟黄，犯之即自裂，皮卷如拳。苞中有子，似萝卜子而小，褐色。"

《本草正》云："（凤仙花）善透骨通窍，故又名透骨草。"《本草纲目拾遗》谓："凤仙花，一名透骨草，以其性利，能软坚，故有此名。"又于透骨草条下记载：

【入药部位及性味功效】

急性子，又称金凤花子、凤仙子，为植物凤仙花的种子。8～9月当蒴果由绿转黄时，要及时分批采摘，否则果实过熟就会将种子弹射出去，造成损失。将蒴果脱粒，筛去果皮杂质，即得药材急性子。味辛、苦，性温，有小毒。归肝、脾经。行瘀降气，软坚散结。主治经闭，痛经，产难，产后胞衣不下，噎膈，痞块，骨鲠，龋齿，疮疡肿毒。

凤仙花，又称金凤花、灯盏花、好女儿花、指甲花、海莲花、指甲桃花、金童花、竹盏花，为植物凤仙花的花。夏、秋季开花时采收，鲜用或阴干、烘干。味甘、苦，性微温。祛风除湿，活血止痛，解毒杀虫。主治风湿肢体痿废，腰胁疼痛，妇女经闭腹痛，产后瘀血未尽，跌打损伤，骨折，痈疽疮毒，毒蛇咬伤，白带，鹅掌风，灰指甲。

凤仙透骨草，又称透骨草、凤仙梗、凤仙花梗、凤仙花秸、凤仙花秆，为植物凤仙花的茎。夏秋间植株生长茂盛时割取地上部分，除去叶及花果，洗净，晒干。味苦、辛，性温，有小毒。祛风湿，活血止痛，解毒。主治风湿痹痛，跌打肿痛，闭经，痛经，痈肿，丹毒，鹅掌风，蛇虫咬伤。

凤仙根，又称金凤花根，为植物凤仙花的根。秋季采挖根部，洗净，鲜用或晒干。味苦、辛，性平。活血止痛，利湿消肿。主治跌扑肿痛，风湿骨痛，白带，水肿。

【经方验方应用例证】

治经闭腹痛，产后瘀血未尽：①急性子9g，捣碎，煎水，加红糖适量服。（《安徽中草药》）②凤仙花3～6g，水煎服。（《山东中草药手册》）

治食管癌：急性子、黄药子、代赭石、半枝莲各30g，水煎服，日1剂。（《抗癌本草》）

治胃贲门癌：急性子、海浮石、煅花蕊石各9g，海螵蛸30g，代赭石6g，共研末，和水为丸，如绿豆大。每服6丸，早晚各1次。（《抗癌本草》）

治跌打损伤，阴囊入腹疼痛：急性子、沉香各1.5g，研末冲开水送下。（《闽东本草》）

治骨鲠：金凤花子，嚼烂噙化下。无子用根亦可，口中骨自下，便用温水灌漱，免损齿。鸡骨尤效。一方擂碎，水化服。（《世医得效方》）

治风湿关节痛：透骨草、木瓜各15g，威灵仙12g，桑枝30g，水煎服。（《湖北中草药志》）

治鹅掌风：①鲜凤仙花外擦。（《上海常用中草药》）②透骨草、一枝黄花各60g，蒸汤温浸患处，每次浸半小时，每日3～5次，连浸7～10天。（《浙江药用植物志》）

治百日咳、呕血、咯血：鲜凤仙花1～15朵，水煎服，或和冰糖少许炖服更佳。（《闽东本草》）

治灰指甲：①白凤仙花捣烂外敷。（《陕味甘宁青中草药选》）②先用小刀将患指指甲刮去一层，再用凤仙花捣烂敷患处，纱布包扎，每日换2～3次。（《安徽中草药》）

治肾囊烂尽，只留二睾丸：取凤仙花子和甘草为末，麻油调敷，即生肌。（《岭南采药录》）

治骨鲠喉：金凤花根，嚼烂噙下，骨自下。便用温水灌漱，免损齿，鸡骨尤效。（《世医得效方》）

急性子洗剂：主治鸡眼。（《中医皮肤病学简编》）

鹅掌风膏：主治鹅掌风，风癞，顽癣，死肌，麻痹。（《中国医学大辞典》引《济生》）

金箍膏：主治肿毒。（《疡科选粹》卷八）

【中成药应用例证】

风寒砂熨剂：祛风散寒，活血止痛。用于腰腿酸痛，四肢麻木，闪腰岔气，腹痛痞块，风湿性关节作痛。

骨泰酊：温经散寒，祛瘀止痛。用于风寒湿痹痛。

阳和解凝膏：温阳化湿，消肿散结。用于脾肾阳虚、痰瘀互结所致的阴疽、瘰疬未溃、寒湿痹痛，体表非急性感染、淋巴结结核、风湿性关节炎见上述证候者。此外，有报道，本品用于治疗乳腺增生症、急性乳肿、幼童乳房肿块、雷诺病、糖尿病合并背痈、心绞痛等。

关节解痛膏：祛风除湿，活血止痛。用于风寒湿痹，关节痛，神经痛，腰痛，肌肉酸痛，扭伤。

癣湿药水：祛风除湿，杀虫止痒。用于风湿虫毒所致的鹅掌风、脚湿气，症见皮肤丘疹、水疱、脱屑，伴有不同程度瘙痒。

消瘀定痛膏：行滞散瘀，消肿定痛。用于跌打损伤，挫闪扭伤，风寒湿痹及气滞血瘀所致的疼痛。

止痛透骨膏：祛风散寒，活血行滞，通络止痛。用于膝、腰椎部骨性关节炎属血瘀、风寒阻络证者，症见关节疼痛、肿胀、压痛或功能障碍、舌质暗或有瘀斑等。

中华跌打丸：消肿止痛，舒筋活络，止血生肌，活血祛瘀。用于挫伤筋骨，新旧瘀痛，创伤出血，风湿瘀痛。

散结乳癖膏：行气活血，散结消肿。用于气滞血瘀所致的乳癖，症见乳房内肿块，伴乳房疼痛，多为胀痛、窜痛或刺痛，胸胁胀满，随月经周期及情绪变化而增减，舌质暗红或瘀斑，脉弦或脉涩；乳腺囊性增生见上述证候者。

复方缬草牙痛酊：活血散瘀，消肿止痛。用于牙龈炎、龋齿引起的牙痛或牙龈肿痛。

牯岭凤仙花

Impatiens davidii Franchet

凤仙花科（Balsaminaceae）凤仙花属一年生草本。

茎粗壮，肉质，直立，分枝。叶互生，卵状矩圆形或卵状披针形，先端尾状渐尖，基部楔形，边缘有粗圆齿。花梗腋生，中上部有2枚近对生的披针形苞片；花单生，黄色或橙黄色。蒴果长椭圆形。花果期7～10月。

罗田、英山、麻城等县市均有分布。生在海拔300～700m的沟边草丛中或山谷阴湿处。

牯岭凤仙花出自《湖南省中药资源名录》。牯岭凤仙花又名野凤仙、黄凤仙花。

【入药部位及性味功效】

牯岭凤仙花，为植物牯岭凤仙花的全草或茎。夏、秋季采收，鲜用或晒干。味辛，性温。消积，止痛。主治小儿疳积，腹痛，牙龈溃烂。

田麻

Corchoropsis crenata Siebold & Zuccarini

锦葵科（Malvaceae）田麻属一年生草本。

茎被星状柔毛或平展柔毛。叶互生，叶卵形或狭卵形，长2.5～6cm，宽1～3cm，边缘有钝齿，两面均密生星状短柔毛。花有细柄；子房被短茸毛。蒴果角状圆筒形，长1.7～3cm，有星状柔毛。果期秋季。

大别山各县市均有分布，生于路旁、草地、旷地、山坡、林边、田埂。

【入药部位及性味功效】

田麻，又称黄花喉草、白喉草、野络麻，为植物田麻（又名毛果田麻）的全草。夏、秋季采收，切段，鲜用或晒干。味苦，性凉。清热利湿，解毒止血。主治痈疖肿毒，咽喉肿痛，疥疮，小儿疳积，白带过多，外伤出血。

【经方验方应用例证】

治疳积、痈疖肿毒：毛果田麻叶或全草9～15g，水煎服。（《浙江药用植物志》）

治外伤出血：毛果田麻鲜全草适量，捣烂外敷。（《浙江药用植物志》）

甜麻

Corchorus aestuans L.

锦葵科（Malvaceae）黄麻属一年生草本。茎红褐色，枝细长，披散。叶卵形或阔卵形，两面均有稀疏的长粗毛。花单生或数朵组成聚伞花序，生叶腋，花序梗及花梗均极短；萼片顶端具角，外面紫红色；花瓣5，黄色；子房被柔毛。蒴果长筒形，具6条纵棱，顶端有3～4条向外延伸的角，角2分叉，成熟时3～4瓣裂。花期夏季。

大别山各县市均有分布，生于路旁、草地、旷地、山坡、林边、田埂，为各地常见的杂草。

【入药部位及性味功效】

野黄麻，又称假麻区、水丁香、假黄麻、野木槿、雨伞草、长果山油麻、山黄麻、铁茵陈、藤连皂、土巨肾、野麻、络麻、针筒草，为植物甜麻的全草。9～10月选晴天挖取全株，洗去泥土，切段，晒干。味淡，性寒。清热解暑，消肿解毒。主治中暑发热，咽喉肿痛，痢疾，小儿疳积，麻疹，跌打损伤，疮疖疔肿。

【经方验方应用例证】

解暑热：甜麻嫩叶适量，作菜汤食。（《广州植物志》）

治疮毒：甜麻嫩叶适量，和黄糖捣烂敷患处。（《广州植物志》）

治流行性感冒，小儿腹痛，胃痛：野黄麻30g，水煎服。（《广西民族药简编》）

苘麻
Abutilon theophrasti Medicus

锦葵科（Malvaceae）苘麻属一年生亚灌木状直立草本。

茎有柔毛。叶互生，圆心形，两面密生星状柔毛；叶柄长3～12cm。花单生叶腋，花梗长1～3cm，近端处有节；花萼杯状，5裂；花黄色，花瓣倒卵形；心皮15～20，排列成轮状。蒴果半球形，直径2cm，分果爿15～20，有粗毛，顶端有2长芒。花果期6～10月。

大别山各县市均有分布，常见于路旁、荒地、田野。

苘麻以苘麻之名始载于《新修本草》，云："今人作布及索，苘麻也。实似大麻子。"李时珍曰："苘一作䔛，又作苘，种必连顷，故谓之苘也。"《本草纲目》云："苘麻今之白麻也。多生卑湿处，人亦种之。叶大如桐叶，团而有尖。六、七月开黄花。结实如半磨形，有齿，嫩青老黑。中子扁黑，状如黄葵子。其茎轻虚洁白，北人取皮作麻，以茎蘸硫黄作淬灯，引火甚速。其嫩子，小儿亦食之。"

【入药部位及性味功效】

苘麻，又称白麻、青麻、野棉花、叶生毛、磨盘单、车轮草、点圆子单、馒头姆、孔麻、磨仔盾、毛盾草、野火麻、野芝麻、紫青、绿箸、野苘、野麻、鬼馒头草、金盘银盏，为植物苘麻的全草或叶。夏季采收，鲜用或晒干。味苦，性平。清热利湿，解毒开窍。主治痢疾，中耳炎，耳鸣，耳聋，睾丸炎，化脓性扁桃体炎，痈疽肿毒。

苘麻子，又称苘实、野苎麻子、冬葵子、青麻子、苘麻种子、野锦才子、白麻子，为植物苘麻的种子。秋季果实成熟时采收，晒干后，打下种子，筛去果皮及杂质，再晒干。味苦，性平。清热利湿，解毒消痈，退翳明目。主治赤白痢疾，小便淋痛，痈疽肿毒，乳腺炎，目翳。

苘麻根，为植物苘麻的根。立冬后挖取，除去茎叶，洗净晒干。味苦，性平。利湿解毒。主治小便淋沥，痢疾，急性中耳炎，睾丸炎。

【经方验方应用例证】

治慢性中耳炎：苘麻鲜全草60g，猪耳适量，水煎服；或苘麻15g，糯米30g，毛蚶20粒，水煎服。（《福建药物志》）

治化脓性扁桃体炎：苘麻、一枝花各15g，天胡荽9g。水煎服或捣烂绞汁服。（《福建药物志》）

治痈疽肿毒：苘麻鲜叶和蜜捣敷。如漫肿无头者，取鲜叶和红糖捣敷，内服子实1枚，日服2次。（《福建民间草药》）

治急性中耳炎：苘麻根30g，夏枯草9g，小毛毡苔15g，水煎服。（《福建药物志》）

治睾丸炎：苘麻根、苦蘵根、苍耳根各15g，鸭蛋1个，酒水煎服。（《福建药物志》）

治尿道炎、小便涩痛：苘麻子15g，水煎服。（《长白山植物药志》）

治乳汁不通：苘麻子12g，王不留行15g，穿山甲6g，水煎服。（《长白山植物药志》）

加味八宝丹：主治乌须黑发。（《回春》卷五引李沧溪方）

【中成药应用例证】

珍珠活络二十九味丸：清热除湿，活血通络。用于风湿热邪痹阻经络所致关节红肿热痛以及中风偏瘫，肢体麻木。

排石颗粒：清热利水，通淋排石。用于下焦湿热所致的石淋，症见腰腹疼痛、排尿不畅或伴有血尿；泌尿系结石见上述证候者。

泌尿宁胶囊：清热通淋，利尿止痛，补肾固本。用于热淋，小便赤涩热痛及泌尿系统感染。

风湿二十五味丸：散瘀。用于游痛症、风湿、类风湿关节炎、颈椎病、肩周炎、脊椎炎、坐骨神经痛、痛风、骨关节炎等。

野葵

Malva verticillata L.

锦葵科（Malvaceae）锦葵属二年生直立草本。

叶圆肾形或圆形，掌状分裂，裂片三角形。花白色至淡粉色，直径5～15mm，3至多朵簇生于叶腋，近无梗；花瓣5，淡白色至淡红色。果扁球形，种子肾形，紫褐色。花期3～11月。

红安、罗田、英山等县市均有分布，生于山坡、林缘、草地、路旁。

冬葵子始载于《神农本草经》，冬葵叶出自《名医别录》，冬葵根出自《本草经集注》。陶弘景曰："以秋种葵，覆养经冬，至春作子者，谓之冬葵。"其子入药，故名冬葵子。古人常以葵的苗叶作菜，故有葵菜之称。药用种子，故称葵菜子。《广雅疏证》云："葵叶为菜性滑，故名滑菜。"《名医别录》云："生少室山，十二月采。"《救荒本草》云："冬葵菜，苗高二三尺，茎及花叶似蜀葵而差小。"《本草纲目》云："葵菜，古人种为常食。今人种者颇鲜。有紫茎、白茎二种，以白茎为胜。大叶小花，花紫黄色，其最小者名鸭脚葵。其实大如指顶，皮薄而扁，实内子轻虚如榆荚仁，四、五月种者可留子。六、七月种者为秋葵，八、九月种者为冬葵，经年采收。正月复种者为春葵，然宿根至春亦生。"《植物名实图考》云："冬葵，为白菜之主，江西、湖南皆种之。湖南亦呼葵菜，亦呼冬寒菜，江西呼蕲菜。""颇似葵而小，叶状如藜有毛，沟啖之滑……菟葵即野葵，比家葵瘦小耳，武昌谓之棋盘菜。"

【入药部位及性味功效】

冬葵子，又称葵子、葵菜子，为植物野葵和冬葵的果实。春季种子成熟时采收。味甘，性寒。归大肠、小肠、膀胱经。利水通淋，滑肠通便，下乳。主治淋证，水肿，大便不通，乳汁不行。

冬葵叶，又称冬葵苗叶、薯葵叶、冬苋菜、芪菜巴巴叶、棋盘叶，为植物野葵及冬葵的嫩苗或叶。夏、秋季采收，鲜用。味甘，性寒。归肺、大肠、小肠经。清热，利湿，滑肠，通乳。主治肺热咳嗽，咽喉肿痛，热毒下痢，湿热黄疸，二便不通，乳汁不下，疮疖痈肿，丹毒。

　　冬葵根，又称葵根、土黄耆，为植物野葵及冬葵的根。夏、秋季采挖，洗净，鲜用或晒干。味甘，性寒。清热利水，解毒。主治水肿，热淋，带下，乳痈，疳疮，蛇虫咬伤。

【经方验方应用例证】

　　治尿路感染、小便涩痛：冬葵子、车前子、萹蓄、蒲黄各12g，水煎服。(《宁夏中草药手册》)

　　治时行黄病：用葵叶煮汁饮之。(《卫生易简方》)

　　治小儿发斑、散恶毒气：用葵菜叶绞取汁，少少与服之。(《普济方》)

　　治疮疖、扭伤、乳腺炎：用冬葵叶鲜叶适量捣烂外敷患处。(《云南中草药选》)

　　治蛇蝎螫：熟捣葵取汁服。(《千金要方》)

　　治乳汁少：葵根60g，煨猪肉吃。(《昆明民间常用草药》)

　　治小儿褥疮：烧葵根末敷之。(《子母秘录》)

　　冬葵草薢散：清热利湿。主治血丝虫乳糜尿。(《千家妙方》上册引梁济荣方)

　　冬葵根汤：主治妊娠大小便不通，七八日以上，腹胀督闷。(《圣济总录》卷一五七)

　　冬葵散：主治小儿心脏热，或烦躁不安，小便赤涩不通。(方出《圣惠》卷九十二，名见《普济方》卷五八八)

　　冬葵子散：主治小儿小便不通，脐腹急痛。(《圣济总录》卷一七九)

　　冬葵子汤：主治妊娠大小便不通。(《圣济总录》卷一五七)

　　加味葵子茯苓散：利水通淋。治石淋，水道涩痛。(《张氏医通》卷十四)

　　葵子汤：主治妊娠数日不产。(《圣济总录》卷一五七)

【中成药应用例证】

　　补血催生丸：补气养血。用于血亏气虚，临产无力。

　　排石膏：利水，通淋，排石。用于肾脏结石、输尿管结石、膀胱结石等泌尿系统结石症。

　　净石灵胶囊：补肾，利尿，排石。用于治疗肾结石、输尿管结石、膀胱结石以及由结石引起的肾盂积水、尿路感染等。

七星莲

Viola diffusa Ging.

菫菜科（Violaceae）菫菜属一年生草本。

根状茎短。匍匐枝先端具莲座状叶丛。叶基生，莲座状，或互生于匍匐枝上；叶卵形或卵状长圆形，先端钝或稍尖，基部宽楔形或平截，边缘具钝齿及缘毛，幼叶两面密被白色柔毛；叶柄具翅，有毛，托叶基部与叶柄合生，线状披针形。花较小，淡紫或浅黄色；花梗纤细，中部有1对小苞片；萼片披针形；距极短。蒴果长圆形。花期3～5月，果期5～8月。

大别山各县市均有分布，生于山地林下、林缘、草坡、溪谷旁或岩缝中。

本品茎叶被白柔毛，故以白、毛为其名。《植物名实图考》："（其草）一丛居中，六丛环外。根既别植，蔓仍牵带，故有七星之名。"

地白草始载于《天宝本草》。《植物名实图考》载："七星莲生长沙山石上。铺地引蔓，与石吊兰相似，而叶阔薄面有白脉。本细，末团圆，齿乱，根如短发。又从叶下生蔓，四面傍引，从蔓上生叶，叶下复生根、须，一丛居中，六丛环外。"

【入药部位及性味功效】

地白草，又称七星莲、天芥菜草、白菜仔、鸡疴粘草、黄瓜草、白地黄瓜、狗

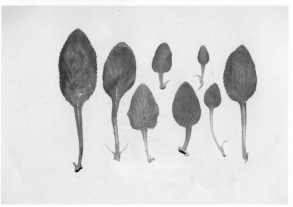

儿草、黄瓜菜、细通草、毛毛藤、黄瓜香、野白菜、冷毒草、匍伏堇、小黄瓜香、提脓草、地白菜、王瓜香、银茶匙、石菜、雪里青、抽脓拔、茶匙黄，为植物七星莲的全草。夏、秋季挖取全草，洗净，除去杂质，晒干或鲜用。味苦、辛，性寒。归肺、肝经。清热解毒，散瘀消肿，止咳。主治疮疡肿毒，眼结膜炎，肺热咳嗽，百日咳，黄疸型肝炎，带状疱疹，水火烫伤，跌打损伤，骨折，毒蛇咬伤。

【经方验方应用例证】

治急性结膜炎、睑缘炎：黄瓜香15g（鲜草30g），水煎服，并用鲜草适量，捣烂敷患侧太阳穴，每日换2次。（《陕味甘宁青中草药选》）

治肺脓疡：匍伏堇、筋骨草各30g，水煎服。（《浙江药用植物志》）

治百日咳：匍伏堇40g，麻雀肉3只，冰糖少许，水炖，食肉喝汤。（《浙江药用植物志》）

治小儿久咳音嘶：匍伏堇15g，加冰糖炖服。（《浙江民间常用草药》）

治急性黄疸型肝炎：匍伏堇、茵陈、岩柏、大青叶各30g，鸭跖草、海金沙各15g，水煎服。（《福建药物志》）

治急性肾炎：匍伏堇30～60g，捣烂煎蛋，半吃半敷脐部，每日1次，连治3次。（福建晋江《中草药手册》）

治烫伤：匍伏堇、连钱草，共捣烂，加鸡蛋清调敷。（《湖南药物志》）

三色堇

Viola tricolor L.

堇菜科（Violaceae）堇菜属一、二年生或多年生草本。

地上茎伸长，具开展而互生的叶。基生叶长卵形或披针形，具长柄；茎生叶卵形，长圆状卵形或长圆状披针形，疏生圆齿或钝锯齿，上部叶叶柄较长，下部者较短，托叶叶状，羽状深裂。花径3.5～6cm，每花有紫、白、黄三色；花梗稍粗，上部有2枚对生小苞片。蒴果椭圆形。花期4～7月，果期5～8月。

各地公园有栽培，为早春观赏花卉。

三色堇出自《中国药用植物图鉴》，又名三色堇菜。

【入药部位及性味功效】

三色堇，又称蝴蝶花、游蝶花，为植物三色堇的全草。5～7月当果实成熟期，采收全草，去净泥土，晒干。味苦，性寒。清热解毒，止咳。主治疮疡肿毒，小儿湿疹，小儿瘰疬，咳嗽。

丁香蓼

Ludwigia prostrata Roxb.

柳叶菜科（Onagraceae）丁香蓼属一年生草本。

茎近直立或下部斜升，具较多分枝，有纵棱，略带红紫色，无毛或疏被短毛。叶互生，全缘，披针形或矩圆状披针形，近无毛。花两性，单生叶腋，黄色，无柄，基部有2个小苞片；萼筒与子房合生，裂片4；花瓣4，稍短于花萼裂片；雄蕊4；子房下位，花柱短蒴。蒴果圆柱形，略具4棱。

罗田、英山等县市均有分布，生于田间、水边及沼泽地。

丁香蓼出自《中国药用植物志》。本品喜生水田、水边，花及子房形态与丁香相近，全草类蓼，蒴果颇似胡麻，胡麻又称油麻，因而有水丁香、丁香蓼、田蓼草、水油麻诸名。

【入药部位及性味功效】

丁香蓼，又称丁子蓼、红豇豆、喇叭草、水冬瓜、水丁香、水苴仔、水黄麻、水杨柳、田蓼草、红麻草、银仙草、田痞草、水蓬砂、水油麻、山鼠瓜、水硼砂，为植物丁香蓼的全草。秋季结果时采收，切段，鲜用或晒干。味苦，性寒。清热解毒，利尿通淋，化瘀止血。主治肺热咳嗽，咽喉肿痛，目赤肿痛，湿热泻痢，黄痘，淋痛，水肿，带下，吐血，尿血，肠风便血，疔肿，疥疮，跌打伤肿，外伤出血，蛇虫、狂犬咬伤。

丁香蓼根，为植物丁香蓼的根。秋季挖根，洗净，晒干或鲜用。味苦，性凉。清热利尿，消肿生肌。主治急性肾炎，刀伤。

【经方验方应用例证】

治火咳：银仙草12g，水白菊花9g，煨水服。（《贵州草药》）

治急性喉炎：鲜丁香蓼60g，水煎后取汤2份，1份调冰糖服，1份调醋含漱。（《福建药物志》）

治急性肾炎：①丁香蓼、地胆草各30～60g，水煎服。（《福建药物志》）②丁香蓼根、星宿菜各等量，每用15g，打入鸭蛋1个，拌匀，茶油炒食。（《湖南药物志》）

治妇女带下赤白，或色黄秽臭，头晕目眩，肢软足酸：鲜丁香蓼全草45g，白鸡冠花30g。加水2碗半，煎成1碗，去渣取汁和猪小肚炖服。服药期间，勿食富含蛋白质食物，如豆干、豆腐、鸡蛋、鸭蛋等；禁食辛酸物，如辣椒、酒、醋等。（《泉州本草》）

【中成药应用例证】

抗菌痢灵片：为丁香蓼制成的片。清热，利湿，解毒。用于急、慢性细菌性痢疾。

结肠宁：活血化瘀，清肠止泻。用于慢性结肠炎性腹泻（慢性细菌性痢疾、慢性结肠炎、溃疡性结肠炎）。

黄花月见草

Oenothera glazioviana Mich.

柳叶菜科（Onagraceae）月见草属二年生至多年生直立草本。

茎常密被曲柔毛与疏生伸展长毛。基生叶倒披针形；茎生叶窄椭圆形或披针形。穗状花序，生茎枝顶；苞片卵形或披针形；萼片窄披针形，毛被较密；花瓣黄色，宽倒卵形。蒴果锥状圆柱形，具纵棱与红色的槽，被曲柔毛与腺毛。花期5～10月，果期8～12月。

各地常见栽培，并已野化，常生于开旷荒地、田园或路边。

传说在数千年前的古印第安人，常用一种由夜色供给世间的灵药，来解除人类的痛，这种灵药是来自一种只会在夜间开出美丽的黄花，但于日出月隐后便凋谢的植物种子提炼出来的成分。这种植物因此被命名为月见草，又名晚樱花。

黄花月见草的花大美丽，花期长，可栽培观赏。种子可榨油，或是食用，当作药材使用，它可用于治疗胸痹疼痛、胁痛、手足麻木、肢体瘫痪等，是比较实用的药材原料。

人们把黄花月见草的油称为Evening Primrose Oil，意思是从月见草的种子提炼出来的油脂。月见草油的主要功效成分是被誉为"二十一世纪功能性药用食品主角"的γ-亚麻酸，它又被称为维生素F，被誉为生命之花，在欧洲被称为"皇室御药"或"国王药物"。

【入药部位及性味功效】

月见草油，为植物月见草、黄花月见草等种子的脂肪油。7～8月果实成熟时，晒干，压碎并筛去果壳，收集种子，用二氧化碳超临界萃取等方法取得月见草油。味苦、微辛、微甘，性平。活血通络，息风平肝，消肿敛疮。主治胸痹心痛，中风偏瘫，虚风内动，小儿多动，风湿麻痛，腹痛泄泻，痛经，狐惑，疮疡，湿疹。

【中成药应用例证】

月芝软胶囊：利湿化痰，补益气血。用于高脂血症。

羌月乳膏：祛风，除湿，止痒，消肿。适用于亚急性湿疹和慢性湿疹。

【现代临床应用】

临床上月见草油治疗高脂血症，月见草油胶囊是良好的降脂减肥药，服药至少3个月。

蛇床

Cnidium monnieri (L.) Cuss.

伞形科（Apiaceae）蛇床属一年生草本。

茎有分枝，中空，具深棱槽，被粗糙柔毛。叶片轮廓卵形至三角状卵形，2～3回三出式羽状全裂，羽片轮廓卵形，末回裂片线状披针形。总苞片具细睫毛；小总苞线形，边缘具细睫毛。花期5～7月，果期8～10月。

大别山各县市均有分布，生于田边、路旁、草地及河边湿地。

蛇床子形似粟米，《本草纲目》："蛇虺喜卧于下食其子，故有蛇床、蛇粟诸名。其叶似蘼芜，故曰墙蘼。"蛇米、蛇珠，义同蛇粟。双肾子之名，当缘于两分果腹平背隆如肾形。

蛇床子始载于《神农本草经》，列为上品。《本草图经》曰："三月生苗，高三二尺，叶青碎，作丛，似蒿枝，每枝上有花头百余，结同一窠，似马芹类。四五月开白花，又似散水（《本草纲目》作伞状）。子黄褐色，如黍米，至轻虚，五月采实，阴干。"《本草纲目》载："其花如碎米攒簇，其子两片合成，似莳萝子而细，亦有细棱。"

【入药部位及性味功效】

蛇床子，又称蛇米、蛇珠、蛇粟、蛇床仁、蛇床实、气果、双肾子、癞头花子、野茴香，为植物蛇床的果实。夏、秋两季果实成熟时采收。摘下果实晒干，或割取地上部分晒干，打落果实，筛净或簸去杂质。味辛、苦，性温。归脾、肾经。温肾壮阳，燥湿杀虫，祛风止痒。

主治男子阳痿，阴囊湿痒，女子宫寒不孕，寒湿带下，阴痒肿痛，风湿痹痛，湿疮疥癣。

【经方验方应用例证】

温肾丸：温肾助阳，益精种子。主治卵巢排卵功能不良之属于肾阳不足者。(《妇科玉尺》)

苦参汤：清热燥湿止痒。主治疥癞，风癞，疮疡。(《中医大辞典》)

补筋丸：补肾壮筋，益气养血，活络止痛。主治跌仆伤筋，血脉壅滞，青紫肿痛者。(《医宗金鉴》)

白屑风酊：清热燥湿，祛风止痒。治湿热蕴郁，肌肤失养之白屑风。(《中医外科临床手册》)

比天保贞膏：滋阴补气，暖肾散寒。主治男子气虚肾寒，阳事不兴，久无子嗣。妇女气虚血亏，行经腹痛，久不孕育。(《北京市中药成方选集》)

补肾益精汤：补肾填精。主治肾精亏虚。(《广西中医药》)

地肤子煎剂：主治毛囊炎。(《中医皮肤病学简编》)

防风黄芪汤：主治脚气。(方出《奇效良方》卷三十九，名见《医统》卷五十九)

【中成药应用例证】

锁仙补肾口服液：补肾助阳。用于肾阳不足所致的阳痿遗精，腰膝酸软，头晕耳鸣等。

百仙妇炎清栓：清热解毒，杀虫止痒，去瘀收敛。用于霉菌性、细菌性、滴虫性阴道炎和宫颈糜烂。

复方黄松洗液：清热利湿，祛风止痒。用于湿热下注证，症见阴部瘙痒，或灼热痛，带下量多，色黄如脓或赤白相间，或呈黄色泡沫状；霉菌性、滴虫性、非特异性阴道炎及外阴炎见以上证候者。

新肤螨软膏：杀螨止痒。用于治疗痤疮。

乌蛇止痒丸：养血祛风，燥湿止痒。用于风湿热邪蕴于肌肤所致的瘾疹、风瘙痒，症见皮肤风团色红、时隐时现、瘙痒难忍，或皮肤瘙痒不止、皮肤干燥、无原发皮疹；慢性荨麻疹、皮肤瘙痒症见上述证候者。

癣湿药水：祛风除湿，杀虫止痒。用于风湿虫毒所致的鹅掌风、脚湿气，症见皮肤丘疹、水疱、脱屑，伴有不同程度瘙痒。

妇必舒阴道泡腾片：清热燥湿，杀虫止痒。主要用于妇女湿热下注证所致的白带增多、阴部瘙痒。

【现代临床应用】

蛇床子治疗成人疥疮，有效率96.9%；治疗滴虫性阴道炎，多数经1个疗程即可治愈；治疗急性渗出性皮肤病；治疗哮喘。

野胡萝卜

Daucus carota L.

伞形科（Apiaceae）胡萝卜属二年生草本。

全体有粗硬毛；根肉质，小圆锥形，近白色。基生叶矩圆形，二至三回羽状全裂，最终裂片条形至披针形。复伞形花序顶生；总苞片多数，叶状，羽状分裂，裂片条形，反折；伞幅多数；小总苞片5～7，条形，不裂或羽状分裂；花梗多数；花白色或淡红色。双悬果矩圆形，长3～4mm，4棱有翅，翅上具短钩刺。花期6～7月，果期7～8月。

大别山各县市均有分布，生于路旁、原野、田间。

《救荒本草》载："野胡萝卜，生荒野中。苗叶似家胡萝卜，俱细小，叶间攒生茎叉，梢头开小白花，众花攒开如伞盖状，比蛇床子花头又大，结子比蛇床亦大。其根比家胡萝卜尤细小。"

【入药部位及性味功效】

南鹤虱，又称野胡萝卜子、窃衣子、鹤虱，为植物野胡萝卜的成熟果实。春季播种的于夏季采收，秋季播种的于冬季采收，果实成熟时割取果枝，晒干，打下果实，除去杂质。味苦、辛，性平，有小毒。归脾、胃、大肠经。杀虫，消积，止痒。主治蛔虫，蛲虫，绦虫，钩虫，虫积腹痛，小儿疳积，阴痒。

鹤虱风，又称野萝卜、山萝卜，为植物野胡萝卜的地上部分。6～7月开花时采收挖，去根，除去泥土杂质，洗净，鲜用或晒干。味苦、微甘，性寒，有小毒。杀虫健脾，利湿解毒。主治虫积，疳积，脘腹胀满，水肿，黄疸，烟毒，疮疹湿痒，斑秃。

野胡萝卜根，又称鹤虱风根，为植物野胡萝卜的根。春季未开花前采挖，去其茎叶，洗净，晒干或鲜用。味甘、微辛，性凉。归脾、胃、肝经。健脾化滞，凉肝止血，清热解毒。主治脾虚食少，腹泻，惊风，逆血，血淋，咽喉肿痛。

【经方验方应用例证】

治蛔虫病、蛲虫病、绦虫病：鹤虱6g，研末水调服。(《湖北中草药志》)

治阴痒：鹤虱6g，煎水熏洗阴部。(《湖北中草药志》)

治湿疹：鹤虱风、马桑叶、千里光各适量，煎水外洗患处。(《万县中草药》)

治斑秃：鹤虱风45g，生姜150g，生半夏90g，蜘蛛香15g，共捣如泥，用白粉调敷患处。(《万县中草药》)

治腹泻：野胡萝卜根30g，煎水服。(《贵州草药》)

治妇女疳病：鹤虱风根125g，炖鸡服。(《重庆常用草药手册》)

小窃衣

Torilis japonica (Houtt.) DC.

伞形科（Apiaceae）窃衣属一年或二年生草本。

全体有贴生短硬毛；茎单生，向上有分枝。叶窄卵形，一至二回羽状分裂，小叶披针形至矩圆形，边缘有整齐条裂状齿牙至缺刻或分裂。复伞形花序；总花梗长2～20cm；总苞片4～10，条形；伞幅4～10，近等长；小总苞片数个，钻形；花小，白色。双悬果卵形。花果期4～10月。

大别山各县市均有分布，生于海拔150m以上的山坡、路旁、荒地。

窃衣出自《福建药物志》。小窃衣又名破子草、小叶芹、大叶山胡萝卜、假芹菜、鹤虱、细虱妈头。

【入药部位及性味功效】

窃衣，又称华南鹤虱、水防风，为植物窃衣和小窃衣的果实或全草。夏末秋初采收，晒干或鲜用。味苦、辛，性平。归脾、大肠经。杀虫止泻，收湿止痒。主治虫积腹痛，泻痢，疮疡溃烂，阴痒带下，风湿疹。

【经方验方应用例证】

治皮肤瘙痒：破子草鲜叶，捣烂绞汁涂患处。（《福建药物志》）

治痈疮溃烂久不收口，阴道滴虫：窃衣果实适量，水煎冲洗或坐浴。（《广西本草选编》）

治慢性腹泻：窃衣果实6～9g，水煎服。（《广西本草选编》）

治腹痛：鲜破子草30g，水煎，去渣，调冬蜜30g服。（《福建药物志》）

治蛔虫病：窃衣果6～9g，水煎服。（《湖南药物志》）

窃衣

Torilis scabra (Thunb.) DC.

伞形科（Apiaceae）窃衣属一年或多年生草本。

全体有贴生短硬毛；茎单生，向上有分枝。叶卵形，二回羽状分裂，小叶狭披针形至卵形，顶端渐尖，边缘有整齐缺刻或分裂。复伞形花序；总花梗长 1 ～ 8cm；无总苞片或有1 ～ 2 片，条形；伞幅 2 ～ 4，长 1 ～ 4cm，近等长；小总苞片数个，钻形；花梗 4 ～ 10。双悬果矩圆形。花果期 4 ～ 11 月。

大别山各县市均有分布，生于山坡、路旁、荒地。

【入药部位及性味功效】

参见小窃衣。

【经方验方应用例证】

参见小窃衣。

泽珍珠菜

Lysimachia candida Lindl.

报春花科（Primulaceae）珍珠菜属一年生或二年生草本。

全株无毛。基生叶匙形或倒披针形；茎叶互生，稀对生，近无柄；叶倒卵形、倒披针形或线形，两面有深色腺点。总状花序顶生，初时花密集呈宽圆锥形；苞片线形；花梗长约为苞片2倍；花萼裂片披针形，背面有黑色腺条；花冠白色，裂片长圆形。蒴果。花期5～6月，果期7月。

大别山各县市均有分布，生于海拔100～1700m田边、溪边、山坡或路边湿地。

单条草出自《植物名实图考》。《救荒本草》云："星宿菜生田野中，作小科苗，生叶似石竹子叶而细小，又似米布袋，叶微长，梢上开五瓣小尖白花，苗叶味甜。"吴其浚按："此草江西俚医呼为单条草以洗外肾红肿。"

【入药部位及性味功效】

单条草，又称星宿菜、灵疾草、金鸡胆、白水花、水硼砂、节节黄，为植物泽珍珠菜的全草或根。4～6月采收，鲜用或晒干。味苦，性凉。清热解毒，活血止痛，利湿消肿。主治咽喉肿痛，痈肿疮毒，乳痈，毒蛇咬伤，跌打骨折，风湿痹痛，脚气水肿，稻田性皮炎。

【经方验方应用例证】

治咽喉肿痛：星宿菜根15g，喉咙草30g，煎服或煎水频频漱咽。（《安徽中草药》）

治无名肿毒：泽珍珠菜鲜全草捣烂，或用全草研粉，加酒糟炒热外敷。（《广西本草选编》）

治乳腺炎：鲜星宿菜、鲜蒲公英各30g，加白酒15mL炒至酒干。水煎服，药渣趁热敷患处。（《安徽中草药》）

治脚气水肿（维生素B_1缺乏症）：星宿菜根30g，炒苍术6g，米泔水煎服。（《安徽中草药》）

治稻田皮炎：泽珍珠菜鲜全草加酸醋外洗。（《广西本草选编》）

獐牙菜

Swertia bimaculata (Sieb. et Zucc.) Hook. f. et Thoms. ex C. B. Clark

龙胆科（Gentianaceae）獐牙菜属一年生草本。

茎直伸，中部以上分枝。茎生叶椭圆至卵状披针形，叶脉3～5，弧形，在背面凸起，最上部叶苞叶状。圆锥状复聚伞花序疏散；花5数；花萼绿色；花冠黄色，每瓣具多数紫色小斑点及2个黄绿色半圆形大腺斑。花期8～9月。

大别山各县市均有分布，生于河滩、山坡草地、林下、灌丛中、沼泽地。

【入药部位及性味功效】

獐牙菜，又称方茎牙痛草、凉荞、绿茎牙痛草、双斑獐牙菜、大车前、水红菜、翳子草、黑节苦草、黑药黄、走胆草、紫花青叶胆，为植物獐牙菜的全草。夏、秋季采收，切碎，晾干。味苦、辛，性寒。清热解毒，利湿，疏肝利胆。主治急、慢性肝炎，胆囊炎，感冒发热，咽喉肿痛，牙龈肿痛，尿路感染，肠胃炎，痢疾，火眼，小儿口疮。

【经方验方应用例证】

治感冒：獐牙菜30g，水煎服。(《湖北中草药志》)

治消化不良、肾炎：獐牙菜研末，日服2次，每次1.5g，温开水送服。(《湖北中草药志》)

治黄疸：獐牙菜9g，水煎服。(《湖北中草药志》)

治腹痛：獐牙菜全草15g，水煎服。(《湖南药物志》)

治马鞍鼻：獐牙菜15g，海金沙10g，用醋煎汁，文火煎，边煎边熏鼻子。(《湖南药物志》)

柔弱斑种草

Bothriospermum zeylanicum (J. Jacquin) Druce

紫草科（Boraginaceae）斑种草属一年生草本。

茎被向上贴伏的伏毛。叶先端钝，具小尖。苞片椭圆形或狭卵形。花序柔弱，细长；花冠蓝色或淡蓝色。小坚果肾形，腹面具纵椭圆形的环状凹陷。花果期2～10月。

大别山各县市均有分布，生于山坡路边、田间草丛、山坡草地及溪边阴湿处。

【入药部位及性味功效】

鬼点灯，又称小马耳朵、细叠子草、雀灵草，为植物柔弱斑种草的全草。夏、秋季采收，拣净，晒干。味微苦、涩，性平，有小毒。止咳，止血。主治咳嗽，吐血。

田紫草

Lithospermum arvense L.

紫草科（Boraginaceae）紫草属一年生草本。

茎有糙伏毛，自基部或上部分枝。叶无柄或近无柄，倒披针形、条状倒披针形或条状披针形，两面有短糙伏毛。花序有密糙伏毛；苞片条状披针形；花有短梗；花萼5裂近基部，裂片披针状条形；花冠白色，5裂。小坚果有疣状凸起。花果期4～8月。

大别山各县市均有分布，生于丘陵、低山草坡或田边。

【入药部位及性味功效】

田紫草，又称羊蹄牙、毛女子菜、地仙桃、大紫草、麦家公，为植物田紫草的果实。6～8月果实成熟时采收，晒干。味甘、辛，性温。温中行气，消肿止痛。主治胃寒胀痛，吐酸，跌打肿痛，骨折。

【经方验方应用例证】

治胃痛，胃胀：田紫草3～6g，研末，生姜水或温水冲服。（《沙漠地区药用植物》）

治骨折：田紫草15g，桑白皮30g，白杨树皮、柳树皮各30～60g，共捣烂，用酒炒后，敷贴患处。（《沙漠地区药用植物》）

盾果草
Thyrocarpus sampsonii Hance

紫草科（Boraginaceae）盾果草属一年生草本。

茎1至数条，有长硬毛和短糙毛。基生叶丛生，匙形，全缘或有疏锯齿，两面被长硬毛和短糙毛；茎生叶较小。花序狭长；花生于苞腋或腋外；花萼长约3mm，裂片背面和边缘有开展的长硬毛；花冠淡蓝色或白色，裂片开展；雄蕊着生在花冠筒中部。小坚果4。花果期5～7月。

大别山各县市均有分布，生于海拔600m以下的山坡草丛或灌丛下。

【入药部位及性味功效】

盾果草，又称黑骨风、铺墙草、盾形草、野生地、猫条干，为植物盾果草的全草。4～6月采收，鲜用或晒干。味苦，性凉。清热解毒，消肿。主治痈肿，疔疮，咽喉疼痛，泄泻，痢疾。

【经方验方应用例证】

治疗疮疖肿：鲜盾果草30g，水煎服，每日1剂，药渣外敷患部，或用鲜全草捣烂外敷患部。（《全国中草药汇编》）

治咽喉痛、口渴：盾果草鲜草捣烂取汁，每次服2匙，每日数次。或干品9g煎水服，亦可配铁马鞭、青木香等。（《湖南药物志》）

治痢疾、肠炎：盾果草15g，每日2次煎服。（《全国中草药汇编》）

附地菜

Trigonotis peduncularis (Trev.) Benth.ex Baker et Moore

　　紫草科（Boraginaceae）附地菜属一年生或二年生草本。

　　茎通常多条丛生。基生叶呈莲座状，茎上部叶长圆形或椭圆形。花序生茎顶，只在基部具2～3个叶状苞片；花冠淡蓝色或粉色，喉部附属物白色或带黄色。小坚果4，斜三棱锥状四面体形。早春开花，花期甚长。

　　大别山各县市均有分布，生于平原、丘陵草地、林缘、田间及荒地。

　　可作野菜，不过味道有点苦、辛，类似于胡椒，故也被称作"地胡椒"。

　　附地菜出自《植物名实图考》，云："附地菜生广饶田野，湖南园圃亦有之。丛生软茎，叶如枸杞，梢头夏间开小碧花，瓣如粟米，小叶绿苞，相间开放。"《本草纲目》载："鸡肠，生下湿地，三月生苗，叶似鹅肠而色微深，茎带紫，中不空，无缕，四月有小茎，开五出小紫花，结小实，中有细子，其苗作蔬，不如鹅肠。苏恭不识，疑为一物，误矣。生嚼涎滑，故可掇蝉。鹅肠生嚼无涎，亦自可辨。又石胡荽亦名鸡肠草，与此不同"。

【入药部位及性味功效】

　　附地菜，又称鸡肠、鸡肠草、地胡椒、搓不死、豆瓣子棵、伏地菜、伏地草、山苦菜、地瓜香，为植物附地菜的全草。初夏采收，鲜用或晒干。味辛、苦，性平。行气止痛，解毒消肿。主治胃痛吐酸，痢疾，热毒痈肿，手脚麻木。

【经方验方应用例证】

　　治胃痛吐酸吐血：附地菜3～6g，煎服；研粉冲服0.9～1.5g。（《全国中草药汇编》）

　　治风热牙痛，浮肿发歇，元脏气虚，小儿疳积：鸡肠草、旱莲草、细辛等分，为末，每日擦3次。（《普济方》去痛散）

　　治手脚麻木：地胡椒60g，泡酒服。（《贵州草药》）

　　治胸肋骨痛：地胡椒30g，煎水服。（《贵州草药》）

打碗花

Calystegia hederacea Wall.

旋花科（Convolvulaceae）打碗花属一年生草本。

全株无毛。茎平卧，具细棱。茎基部叶长圆形，先端圆，基部戟形；茎上部叶三角状戟形，侧裂片常2裂，中裂片披针状或卵状三角形。花单生叶腋，花梗长2.5～5.5cm；苞片2，卵圆形，包被花萼，宿存；萼片长圆形；花冠漏斗状，粉红色。蒴果卵圆形。

大别山各县市均有分布，为农田、荒地、路旁常见的杂草。

面根藤出自《分类草药性》，以葍子根之名始载于《救荒本草》，云："生平泽，今处处有之。延蔓而生，叶似山药叶而狭小。开花状似牵牛花，微短而圆，粉红色。其根甚多，大者如小筋粗，长一二尺，色白。味甘，性温。"

【入药部位及性味功效】

面根藤，又称葍子根，兔儿苗、狗儿秧、秧子根、打破碗、蒲（铺）地参、奶浆藤、面根草、狗儿完、小旋花、南面根、常春藤叶天剑、狗儿蔓、盘肠参、燕覆子、米线草、兔儿草、富苗秧、扶秧、走丝牡丹、钩耳藤、喇叭花、狗耳苗、扶苗、扶子苗、旋花苦蔓、老母猪草，为植物打碗花的全草或根。夏、秋季采收，洗净，鲜用或晒干。味甘、微苦，性平。健脾，利湿，调经。主治脾胃虚弱，消化不良，小儿吐乳，疳积，五淋，带下，月经不调。

【经方验方应用例证】

治小儿脾弱气虚：面根藤根，鸡矢藤，做糕服。（《重庆草药》）

治肾虚耳聋：鲜面根藤根、响铃草各120g，炖猪耳朵服。（《重庆草药》）

菟丝子
Cuscuta chinensis Lam.

旋花科（Convolvulaceae）菟丝子属一年生寄生草本。

茎细，缠绕，黄色，无叶。花多数，簇生，花梗粗壮；苞片2，有小苞片；花萼杯状，5裂，裂片卵圆形或矩圆形；花冠白色，壶状或钟状，长为花萼的2倍，顶端5裂，裂片向外反曲；雄蕊5，花丝短，与花冠裂片互生；鳞片5，近矩圆形，边缘流苏状；子房2室，花柱2，直立，柱头球形，宿存。蒴果近球形，稍扁。

大别山各县市均有分布，生于田边、山坡阳处、路边灌丛，常寄生于豆科、菊科、藜科等多种植物上。

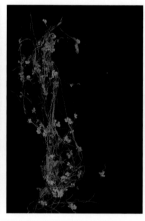

菟丝子茎细柔如线，为寄生性植物。其得名之由或如《抱朴子》所云："菟丝之草，下有伏兔之根，无此兔在下则丝不得生于上。"又《太平御览》谓"（菟丝）初生之根，其形似兔。"所云"伏兔"，有以为指茯苓，茯苓一名伏兔。然茯苓之上，不见有菟丝寄生，则此处伏兔，亦非指茯苓，可能指菟丝寄生之植物的根如蹲伏的兔形尔。由此得名兔丝，兔从艹为菟，而名菟丝。"缕"与"丝"意近，故亦称菟缕。菟芦、菟萝、菟累，芦、萝、累、缕，并一声之转耳。《本草经考注》："菟萝则音转假借，亦芦菔作萝卜之例也。"兔丘亦菟丝之音转，《尔雅义疏》："古读丘如欺，与丝叠韵。"蒙，《诗传名物集览》："女萝（松萝）之生，依乎于松，故谓之蒙。蒙，蔽也。"本品与之相似，故亦有此名。唐者，名义不详。本品与松萝相类，古人不辨，其形亦较粗大，《养新录》云："女萝（即松萝）之大者名王女。"狐丝、野狐丝等，因本品茎细长色黄，生长奇特，遂附会具有神异色彩的动物"狐"命名，言像其毛也。赤网、金线、黄丝等，皆以形色命名。

菟丝子始载于《神农本草经》，列为上品。《名医别录》云："生朝鲜川泽田野，蔓延草本之上，色黄而细为赤网，色浅而大为菟累。九月采实，暴干。"陶弘景云："田野墟落中甚多，皆浮生蓝、纻麻、蒿上。"《日华子》曰："苗茎似黄麻线，无根株，多附田中，草被缠死，或生一丛如席阔，开花结子不分明，如碎黍米粒。"《本草图经》："夏生苗如丝综，蔓延草木之上，或云无根，假气而生，六、七月结实，极细如蚕子，土黄色，九月收采暴干。"《本草纲目》载："多生荒园古道，其子入地，初生有根，及长延草物，其根自断。无叶有花，白色微红，香亦袭人，结实如秕豆而细，色黄，生于梗上尤佳，惟怀孟林中多有之，入药更良。"《品汇精要》载："用坚实细者为好。"

【入药部位及性味功效】

菟丝子，又称菟丝实、吐丝子、无娘藤米米、黄藤子、龙须子、萝丝子、黄网子、黄萝子、豆须子、缠龙子、黄丝子，为植物菟丝子、南方菟丝子、金灯藤等的种子。菟丝子种子在9～10月收获，采收成熟果实，晒干，打出种子，簸去果壳、杂质。味辛、甘，性平。归肝、肾、脾经。补肾益精，养肝明目，固胎止泄。主治腰膝酸痛，遗精，阳痿，早泄，不育，消渴，淋浊，遗尿，目昏耳鸣，胎动不安，流产，泄泻。

菟丝，又称唐、蒙、王女、菟芦、复实、赤网、兔丘、菟缕、菟累、野狐浆草、火焰草、金线草、野狐丝、黄丝草、金丝草、无根金丝草、缠豆藤、豆马黄、吐血丝、莫娘藤、兔儿须、黄腊须、盘死豆、黄乱丝、麻棱丝、缠丝蔓，为植物菟丝子、南方菟丝子、金灯藤的全草。秋季采收全草，晒干或鲜用。味甘、苦，性平。清热解毒，凉血止血，健脾利湿。主治吐血，衄血，便血，血崩，淋浊，带下，痢疾，黄疸，便溏，目赤肿痛，咽喉肿痛，痈疽肿毒，痱子。

【经方验方应用例证】

治面上粉刺：捣菟丝子，绞汁涂之。（《肘后方》）

治白癜风：菟丝子9g，浸入95%乙醇60g内，2～3天后取汁，外涂，每日2～3次。（《青岛中草药手册》）

治阳痿遗精，腰膝酸痛，小便淋漓，大便溏泄，妇女白带：金灯藤全草9～12g，水煎，冲黄酒、红糖服。（《浙江民间常用草药》）

加味圣愈汤：补气养血，安胎。主治产后血虚，劳倦盗汗，多困少力，咳嗽有痰。（《医宗金鉴》）

归肾丸：滋阴养血，填精益髓。主治肾水不足，腰酸脚软，精亏血少，头晕耳鸣；肾阴不足，精衰血少，腰酸脚软，形容憔悴，阳痿遗精。（《景岳全书》）

壮筋续骨丹：补肝肾，强筋骨。主治骨折、脱臼、伤筋等复位之后。（《伤科大成》）

五子衍宗丸：补肾益精。主治肾虚精亏所致的阳痿不育、遗精早泄、腰痛、尿后余沥。（《医学入门》）

斑龙脑珠丸：主治虚劳精血不足，形羸困乏，白浊遗精，心神不宁，盗汗倦怠。（《杏苑》

卷五）

【中成药应用例证】

生精胶囊：补肾益精，滋阴壮阳。用于肾阳不足所致腰膝酸软，头晕耳鸣，神疲乏力，男子无精、少精、弱精、精液不液化等症。

复方肾炎片：活血化瘀，利尿消肿。用于湿热蕴结所致急、慢性肾炎水肿，血尿，蛋白尿。

补肾填精口服液：温肾壮阳。用于肾阳亏虚，腰膝痿软或冷痛，手足不温，阳事不举，精冷，精神萎靡或乏力等。

三七脂肝丸：健脾化浊，祛痰软坚。用于脂肪肝、高脂血症属肝郁脾虚证者。

解毒维康片：清热解毒，补益肝肾。用于白血病热毒壅盛、肝肾不足证及放疗和化疗引起的血细胞减少等症。

抗衰灵口服液：滋补肝肾，健脾养血，宁心安神，润肠通便。用于头晕眼花，精力衰竭，失眠健忘，各种原因引起的身体虚弱。

养血补肾丸：补肝肾，生精血。用于肝肾两亏，腰膝不利，头昏目眩，须发早白。

木瓜壮骨丸：补肝肾，强筋骨。用于肝肾两虚，筋骨无力，腰膝酸痛。

调经祛斑胶囊：养血调经，祛瘀消斑。用于营血不足，气滞血瘀，月经过多，黄褐斑。

养肝还睛丸：平肝息风，养肝明目。用于阴虚肝旺所致视物模糊，畏光流泪，瞳仁散大。

复方决明片：养肝益气，开窍明目。用于气阴两虚证的青少年假性近视。

调经活血胶囊：养血活血，行气止痛。用于气滞血瘀兼血虚所致月经不调、痛经，症见经行错后、经水量少，行经小腹胀痛。

十一味参芪片：补脾益气。用于脾气虚所致的体弱、四肢无力。

金灯藤
Cuscuta japonica Choisy

旋花科（Convolvulaceae）菟丝子属一年生寄生缠绕草本。

茎较粗壮，常带紫红色瘤状斑点，无叶。穗状花序，基部常多分枝；花冠钟状，淡红色或绿白色，裂片卵状三角形，钝，直立或稍反折，短于花冠筒 2～2.5 倍；花柱细长，合生为 1，柱头 2 裂。蒴果卵圆形。花期 8 月，果期 9 月。

大别山各县市均有分布，生于田边、山坡阳处、路边灌丛，常寄生于豆科、菊科、藜科等多种植物上。

> 《名医别录》云："菟丝子，生朝鲜川泽田野，蔓延草本之上，色黄而细为赤网，色浅而大为菟累。九月采实，暴干。"

【入药部位及性味功效】

参见菟丝子。

【经方验方应用例证】

参见菟丝子。

【中成药应用例证】

参见菟丝子。

番薯

Ipomoea batatas (L.) Lamarck

旋花科（Convolvulaceae）虎掌藤属一年生草本。

茎生不定根，匍匐地面。叶宽卵形或卵状心形，全缘或具缺裂。聚伞花序具1，3，7花组成伞状；苞片披针形，先端芒尖或骤尖；萼片长圆形，先端骤芒尖；花冠粉红、白、淡紫或紫色，钟状或漏斗状。蒴果卵形或扁圆形。

大别山各县市普遍栽培。

番薯出自《本草纲目拾遗》，在《闽书》中已有记载，云："番薯，万历中闽人得之外国。瘠土砂砾之地，皆可以种。其茎叶蔓生，如瓜蒌、黄精、山药、山蓣之属，而润泽可食。中国人截取其蔓咫许，剪插种之。"《农政全书》："薯有二种，其一名山薯，闽、广故有之；其一名番薯，则土人传云，近年有人在海外得此种，因此分种移植，略通闽、广之境也。两种茎叶多相类。但山薯植援附树乃生，番薯蔓地生；山薯形魁垒，番薯形圆而长；其叶则番薯甚味甘，山薯为劣耳。盖中土诸书所言薯者，皆山薯也。今番薯扑地传生，枝叶极盛，若于高仰沙土，深耕厚壅，大旱则汲水灌之，无患不熟。"

【入药部位及性味功效】

番薯，又称朱薯、山芋、味甘薯、

红山药、红薯、金薯、番茄、土瓜、地瓜、玉枕薯、红苕、白薯、甜薯，为植物番薯的块根。秋、冬季采挖，洗净，切片，晒干。亦可窖藏。味甘，性平。归脾、肾经。补中和血，益气生津，宽肠胃，通便秘。主治脾虚水肿，便泄，疮疡肿毒，大便秘结。

【经方验方应用例证】

治乳疮：白番薯捣烂敷患处，见热即换，连敷数天。(《岭南草药志》)

治疮毒发炎：生番薯洗净磨烂，敷患处，有消炎去毒生肌之效。(《岭南草药志》)

治酒湿入脾，因而飧泄者：番薯煨熟食。《金薯传习录》

治湿热黄疸：番薯煮食，其黄自退。(《金薯传习录》)

治妇人乳少：番薯叶六两，和猪腩肉煎汤尽量饮之。(《岭南采药录》)

【中成药应用例证】

金薯叶止血合剂：健脾益气，凉血止血。用于脾虚气弱兼有血热证的原发性血小板减少性紫癜和放、化疗引起的血小板减少的辅助治疗，症见乏力、气短、纳差、皮肤紫癜等。

【现代临床应用】

番薯临床治疗子宫收缩痛。

牵牛

Ipomoea nil (Linnaeus) Roth

旋花科（Convolvulaceae）虎掌藤属一年生草本。

各部被开展微硬毛或硬毛。茎缠绕。叶宽卵形或近圆形，先端渐尖，基部心形；叶柄长。花序腋生，具1至少花；苞片线形或丝状，小苞片线形；萼片披针状线形，内2片较窄，密被开展刚毛；花冠蓝紫或紫红色，筒部色淡，无毛；雄蓝及花柱内藏；子房3室。蒴果近球形。种子卵状三棱形。

大别山各县市均有分布，生于山坡灌丛、干燥河谷路边、园边宅旁、山地路边。

牵牛子出自《雷公炮炙论》。《本草经集注》："此药始出田野人牵牛易药，故以名之。"种子有黑白二色。《本草纲目》云："近人隐其名（黑者）为黑丑，白者为白丑，盖以丑属牛也。金铃象子形，盆甑、狗耳象叶形。段成式《酉阳杂俎》云：'盆甑草蔓如薯蓣，结实后断之，状如盆甑'是也。"《植物名实图考》云："其花色蓝，以渍姜，色如丹。南方以作红姜，故又名姜花。"花日出即收，观赏须早起，故名勤娘子。喇叭花者，状其花形。

《雷公炮炙论》云："草金铃，牵牛子是也，凡使其药，秋末即有实，冬收之。"陶隐居云："作藤生，花状如扁豆，黄色，子作小房，实黑色，形如栟子核。"《新修本草》云："此花似旋蕾，花作碧色，又不黄，不似扁豆。"《本草图经》云："牵牛子旧不著所出州土，今处处有之，二月种子，三月生苗，作藤蔓绕篱墙，高者或三三丈，其叶青有三尖角，七月生花微红带碧色，似鼓子花而大，八月结实，外有白皮裹作毬，每毬内有子四五枚，如荞麦大，有三棱，有黑白二种，九月后收之。"《本草纲目》载："牵牛有黑白二种，黑者处处，野生尤多。其蔓有白毛，断之有白汁。叶有三尖，如枫叶。花不作瓣，如旋花而大。其实有蒂裹之，生青枯白。其核与棠梂子核一样，但色深黑尔。白者人多种之，其蔓微红，无毛有柔刺，断之有浓汁。叶团有斜尖，并如山药茎叶。其花小于黑牵牛花，浅碧带红色。其实蒂长寸许，生青枯白。其核白色，稍粗。"

【入药部位及性味功效】

牵牛子，又称草金铃、金铃、黑牵牛、白牵牛、黑丑、白丑、丑牛子、二丑，为植物牵牛、圆叶牵牛的种子。秋季果实成熟未开裂时将藤割下，晒干，种子自然脱落，除去果壳杂质。味苦、辛，性寒，有毒。归肺、肾、大肠经。利水通便，祛痰逐饮，消积杀虫。主治水肿，腹水，脚气，痰壅喘咳，大便秘结，食滞虫积，腰痛，阴囊肿胀，痈疽肿毒，痔漏便毒等。

【经方验方应用例证】

复元通气散：理气活血止痛。主治一切气不宣通，瘀血凝滞，周身走痛，并跌坠损伤，或负重挫闪，气滞血分作痛，气疝作痛。（《医学入门》）

消积丸：宽利膈脘，思饮食。主治积滞。（《圣济总录》）

白牵牛散：主治膀胱蕴热，风热相乘，小儿阴囊肿兼四肢肿，二便不利者。（《医宗金鉴》卷十六）

保胃安脾汤：主治黄疸。因内积郁闷之气，客于脾胃，使脾胃之气不得自知，久之其脾胃虚衰，其败坏之色先染脾胃脏腑，久之随血络液络将其黄色散布于周身，甚者其面目黄如橘色，饮食俱懒入口。（《医学探骊集》卷五）

必胜散：主治大麻风，血热秘结，脏腑不通。（《外科正宗》卷四）

草果丸：主治小儿疳浮，脾胃虚弱。（《普济方》卷三八〇引《傅氏活婴方》）

承气转精丸：主治脚气冲心痛。（《魏氏家藏方》卷八）

除湿丹：治诸湿客搏，腰膝重痛，足胫浮肿，筋脉拘急，津液凝涩，便溺不利，目赤瘾疹，疥癣走注，脚气。（《奇效良方》）

大黄牵牛散：主治大便秘结。(《素问·病机气宜保命集》卷中)

【中成药应用例证】

复方肾炎片：活血化瘀，利尿消肿。用于湿热蕴结所致急、慢性肾炎水肿，血尿，蛋白尿。

小儿消积驱虫散：消积杀虫。用于小儿消化不良，食积停滞，腹胀腹痛及驱蛔虫。

宽中老蔻丸：舒气开胃，化瘀止痛。用于寒凝气滞所致的胸脘胀闷、胃痛、腹痛。

化核膏药：软坚散结，化痰消肿。用于寒痰凝结，瘰疬结核。

开胸顺气丸：消积化滞，行气止痛。用于气郁食滞所致的胸胁胀满、胃脘疼痛、嗳气呕恶、食少纳呆。

复方牛黄清胃丸：清热泻火，解毒通便。用于胃肠实热所致的口舌生疮、牙龈肿痛、咽膈不利、大便秘结、小便短赤。

小儿化食口服液：消食化滞，泻火通便。用于食滞化热所致的积滞，症见厌食、烦躁、恶心呕吐、口渴、脘腹胀满、大便干燥。

清热导滞散：清热镇惊，导滞通便。用于小儿食积腹胀，大便秘结，五心烦热，睡眠不宁。

【现代临床应用】

治疗癫痫；治疗蛔虫病；治疗淋巴结核。

圆叶牵牛

Ipomoea purpurea Lam.

旋花科（Convolvulaceae）虎掌藤属一年生缠绕草本。

茎上被倒向的短柔毛杂有倒向或开展的长硬毛。叶圆心形或宽卵状心形，基部圆，心形，顶端锐尖、骤尖或渐尖，通常全缘，偶有3裂，两面疏或密被刚伏毛；叶柄长。花腋生，单一或2～5朵着生于花序梗顶端成伞形聚伞花序；苞片线形；萼片近等长；花冠漏斗状，紫红色、红色或白色。蒴果近球形。

大别山各县市均有分布，生于田边、路边、宅旁或山谷林内，栽培或沦为野生。

【入药部位及性味功效】

参见牵牛。

【经方验方应用例证】

参见牵牛。

【中成药应用例证】

参见牵牛。

【现代临床应用】

参见牵牛。

金疮小草

Ajuga decumbens Thunb.

唇形科（Labiatae）筋骨草属一年生或二年生草本。

平卧或上升，具匍匐茎，被白色长柔毛或绵状长柔毛。下部苞叶与茎叶同形，匙形，上部者呈苞片状，披针形。花期3～7月，果期5～11月。

大别山各县市均有分布，生于溪边、路旁及湿润的草坡上。

本品夏季枯萎，全株被白色柔毛，故名白毛夏枯草。以其善治金疮，亦称金疮小草。早春尚有雪时即已抽苗出土，故有雪里青之名。散血草、散血丹等名，源于化瘀止血之功；筋骨草，则因其可治跌打也。

以金疮小草之名始载于《本草拾遗》，云："生江南，落田野间下湿地，高一二寸许，如荠叶短，春夏间有浅紫花，长一粳米也。"白毛夏枯草之名首见于《本草纲目拾遗》，谓："产丹阳县（今江苏境内）者佳，叶梗同夏枯草，惟叶上有白毛，今杭城西湖凤凰山甚多。""三月起茎，花白成穗，如夏枯草，有毛者，名雪里青。"《植物名实图考》称此为"见血青"，云："见血青，生江西建昌平野，亦名白头翁，初生铺地，叶如白菜，长三四寸，深齿肉嫩，光润无皱，中抽数葶，逐节开白花，颇似益母草，花蒂有毛茸茸，又顶梢花白，故有白头翁之名，俚医捣敷疮毒。"

【入药部位及性味功效】

白毛夏枯草，又称雪里青、见血青、白头翁、退血草、散血草、白夏枯草、散血丹、白毛串、白喉草、四季春草、大叶刀燅草、白调羹、朋花、雪里开花、青石藤、一盏灯、野鹿衔花、天青地红、叶下红、爬爬草、活血草、地龙胆、筋骨草、苦草、苦胆草、四服春、大本四时春、七层宝塔、小将军、透滑消、蚊毒草、大叶退燅草，为植物金疮小草的全草。第1年9～10月收获1次。但第2、3年，则在5～6月和9～10月各收获1次。齐地割起全草，拣净杂质，鲜用或晒干。味苦、甘，性寒。归肺、肝经。清热解毒，化痰止咳，凉血散血。主治咽喉肿痛，肺热咳嗽，肺痈，目赤肿痛，痢疾，痈肿疔疮，毒蛇咬伤，跌打损伤。

【经方验方应用例证】

治肺痨：金疮小草全草6～9g，晒干研末服，每日3次。(《湖南药物志》)

治黄疸：筋骨草15～30g，鲜萝卜根120g，水煎服。(《福建药物志》)

治痔：雪里青汤洗之。(《本草纲目拾遗》)

治痢疾：鲜筋骨草90g，捣烂绞汁，调蜜炖温服。(《福建中草药》)

【中成药应用例证】

筋骨草片（白毛夏枯草片）：清热解毒，止咳，祛痰，平喘。用于急、慢性支气管炎，肺脓疡。

【现代临床应用】

治疗老年性慢性支气管炎；治疗上呼吸道感染、急性支气管炎、急性肺炎、急性扁桃体炎、急性咽炎等呼吸道急性炎症；治疗胆道疾患继发感染及阑尾脓肿；治疗高血压病；治疗疮疡；治疗耳疖、单纯性中耳炎、外耳道炎等耳部感染。

香薷

Elsholtzia ciliata (Thunb.) Hyland.

唇形科（Labiatae）香薷属一年生直立草本。

茎常呈麦秆黄色，老时变紫褐色。茎上部疏被柔毛，下部近无毛。叶卵形或椭圆状披针形。穗状花序长2～7cm，偏向一侧；苞片先端具芒状突尖，尖头长达2mm；花冠淡紫色，雄蕊4，前对较长，外伸。花期7～10月，果期10月至次年1月。

大别山各县市均有分布，生于路旁、山坡、荒地、林内、河岸等。

《名医别录》始载香薷，《中华本草》记载古代较早药用的香薷品种应为本种，以后香薷的药用品种逐渐演变。直到目前，香薷的正品来源主要为江香薷和华荠苧（石香薷），本种已被视为"土香薷"。

【入药部位及性味功效】

土香薷，又称香草头、土薄荷、土薷香、野紫苏、鱼香草、水芳花、山苏子、边枝花、酒饼叶、排香草、蜜蜂草，为植物香薷的全草。夏、秋季采收，切段，晒干，或鲜用。味辛，性微温。归肺、胃经。发汗解暑，化湿利尿。主治夏季感冒，中暑，泄泻，小便不利，水肿，湿疹，痈疮。

【经方验方应用例证】

治发热身痛：香薷6g，算盘子树6g，紫苏9g，五谷草6g，食盐少许。水煎服。（《湖南药物志》）

治暑热口臭：香薷鲜全草30g，水煎服。或香薷全草、佩兰、藿香各3g，水煎服。（《浙江民间常用草药》）

治偏头痛：香薷全草30g，水煎，趁热熏痛侧头部。（《广西本草选编》）

治口腔炎、口臭：香薷全草9～15g，水煎含漱。（《广西本草选编》）

治湿疹、皮肤瘙痒：香薷鲜全草适量，水煎外洗。（《广西本草选编》）

宝盖草

Lamium amplexicaule L.

唇形科（Labiatae）野芝麻属一年生或二年生草本。

茎下部叶具长柄，柄与叶片等长或超过之，上部叶无柄，叶片均圆形或肾形，半抱茎。花冠紫红或粉红色，冠檐二唇形，上唇直伸，长圆形，先端微弯，下唇稍长，3裂，中裂片倒心形，侧裂片浅圆裂片状。花期3～5月，果期7～8月。

大别山各县市均有分布，生于路旁、林缘、沼泽草地及宅旁等地，或为田间杂草。

宝盖草出自《植物名实图考》，云："宝盖草，生江西南昌阴湿地，一名珍珠莲，春初即生，方茎色紫，叶如婆婆纳叶微大，对生抱茎，圆齿深纹，逐层生长，就叶中团团开小粉紫花。"

【入药部位及性味功效】

宝盖草，又称接骨草、莲台夏枯草、毛叶夏枯、灯笼草、珍珠莲、佛座、风盏、连钱草、大铜钱七、蜡烛扦草，为植物宝盖草的全草。夏季采收全草，洗净，晒干或鲜用。味辛、苦，性微温。活血通络，解毒消肿。主治跌打损伤，筋骨疼痛，四肢麻木，半身不遂，面瘫，黄疸，鼻渊，瘰疬，肿毒，黄水疮。

【经方验方应用例证】

治跌打损伤，足伤，红肿不能履地：接骨草、苎麻根、大蓟、鸡蛋清、蜂蜜共捣烂敷患处，一宿一换，若日久肿疼，加生姜、葱头三颗，再包。（《滇南本草》）

治女子两腿生核，形如桃李，红肿结硬：接骨草三钱，引点水酒服，五服后痊愈。至二年又发，加威灵仙、防风、虎掌草，三服即愈。（《滇南本草》）

治口歪眼斜，半身不遂：接骨草、防风、钩藤、胆南星。引点水酒、烧酒服。（《滇南本草》）

治高血压、小儿肝热：接骨草6g，山土瓜6g，苞谷须1.5g，水煎服。（《昆明民间常用草药》）

治跌伤骨折：宝盖草、园麻根、续断各60g，捣烂加白酒少许，敷患处。（《湖南药物志》）

治黄疸型肝炎：宝盖草9g，夏枯草9g，木贼9g，龙胆草9g，水煎服。（《湖南药物志》）

治无名肿毒：宝盖草15g，水煎服，每日3次，药渣敷患处。（《西宁中草药》）

益母草

Leonurus japonicus Houttuyn

唇形科（Labiatae）益母草属一年生或二年生草本。

轮伞花序腋生，轮廓为圆球形；小苞片刺状，比萼筒短。花萼齿5，前2齿靠合，后3齿较短。花冠粉红至淡紫红色，冠檐上唇内凹，下唇略短于上唇，3裂，中裂片倒心形，先端微缺，边缘薄膜质，基部收缩。花期通常在6～9月，果期9～10月。

大别山各县市均有分布，生于多种生境，以阳坡为多。

《本草纲目》云："此草及子皆充盛密蔚，故名茺蔚。"《尔雅义疏》云："此草气近臭恶，故蒙臭秽之名。"《说文解字》段注云："臭秽即茺蔚也。按臭茺双声，秽蔚叠韵。"故"臭秽"乃因其草之特性而得名，应为本名。茺蔚则臭秽之音转。又臭秽合音乃为萑、藬。郁臭草，《本草经考注》："郁臭，即臭秽之倒语。"茺蔚音转则为贞蔚。因善治妇科诸疾，故有"益母"之名。女为坤，故又隐名坤草，益母草音讹为月母草。《本草经考注》云："白字（《神农本草经》）绝无治产妇之功，只云明目益精。因考益母亦益明之音转。此物专走血分，故黑字（《名医别录》）云疗血逆。陆玑《诗疏》及韩诗《三苍说》悉云益母，故曾子见益母而感，是因治产妇之言而遂为此话柄也。不知益母即益明，益母之名专行而益明之名遂废不用。"《本草纲目》云："其茎方类麻，故谓之野天麻，俗呼为猪麻，猪喜食之也。夏至后即枯，故亦有夏枯之名。《近效方》谓之土质汗，林忆云：质汗出西番……治金创折伤，益母亦可作煎治折伤，故名为土质汗也。"枯草乃夏枯草之省，又讹为苦草。小暑草亦夏枯草之音转，言小暑后即渐枯之义也。又云："（子）药肆往往以作巨胜子货之。"故又名田芝麻棵、野油麻。其叶似艾，花淡红或紫红，故又得红花艾、红花益母草之名。其茎方，植株不高，故又名四棱草、地落艾、陀螺艾。

益母草始载于《神农本草经》，列为上品。益母草花出自《本草纲目》。《名医别录》云："叶如荏（指白苏），方茎，子形细长，具三棱。"《本草图经》："也似荏，方茎，白花，花生节间……节节生花，实似鸡冠子，黑色，茎作四方棱，五月采。"《本草纲目》云："茺蔚

近水湿处甚繁。春初生苗如嫩蒿，入夏长三四尺，茎方如黄麻茎。其叶如艾叶而背青，一梗三叶，叶有尖歧。寸许一节，节节生穗，丛簇抱茎。四五月间，穗内开小花，红紫色，亦有微白色者。每萼内有细子四粒，粒大如同蒿子，有三棱，褐色。"

【 入药部位及性味功效 】

益母草，又称萑、蓷、益母、茺蔚、益明、大札、臭秽、贞蔚、苦低草、郁臭草、土质汗、夏枯草、野天麻、火炊、负担、辣母藤、郁臭苗、猪麻、益母艾、扒骨风、红花艾、坤草、枯草、苦草、田芝麻棵、小暑草、益母蒿、地落艾、陀螺艾、红花益母草、月母草、旋风草、油耙菜、野油麻、四棱草、铁麻干、红梗玉米膏、地母草，为植物益母草和细叶益母草的全草。全草在每株开花2/3时收获，选取晴天齐地割下，随即摊放，晒干后打成捆。味辛、苦，性微寒。归肝、肾、心包经。活血调经，利尿消肿，清热解毒。主治月经不调，经闭，胎漏难产，胞衣不下，产后血晕，瘀血腹痛，跌打损伤，小便不利，水肿，痈肿疮疡。

益母草花，又称茺蔚花，为植物益母草和细叶益母草的花。夏季初开时采收，去净杂质，晒干。味甘、微苦，性凉。养血，活血，利水。主治贫血，疮疡肿毒，血滞经闭，痛经，产后瘀阻腹痛，恶露不下。

茺蔚子，又称益母子、冲玉子、益母草子、小胡麻，为植物益母草和细叶益母草的果实。夏、秋季在全株花谢、果实成熟时割取全株，晒干，打下果实，除去叶片、杂质。味甘、辛，性微寒，有小毒。归肝经。活血调经，清肝明目。主治月经不调，痛经，闭经，产后瘀滞腹痛，肝热头痛，头晕，目赤肿痛，目生翳障。

【 经方验方应用例证 】

治痛经：益母草30g，香附9g，水煎，冲酒服。(《福建药物志》)

治急性肾炎浮肿：①鲜益母草180 ～ 240g（干品120 ～ 140g，均用全草），加水700mL，文火煎至300mL，分2次服，每日1剂。(《全国中草药汇编》)②益母草60g，茅根30g，金银花15g，车前子、红花各9g，水煎服。(《青岛中草药手册》)

治小儿疳痢、痔疾：益母草叶煮粥食之，取汁饮之亦妙。(《食医心鉴》)

治子宫脱垂：茺蔚子15g，枳壳12g，水煎服。(《湖南药物志》)

治高血压：茺蔚子、黄芩各9g，夏枯草、生杜仲、桑寄生各15g，水煎服。(《青岛中草药手册》)

治乳痈恶痛：用茺蔚子捣敷及取汁服。(《普济方》)

益肾调经汤：温肾调经。主治妇女肾虚，经来色淡而多，经后腹痛腰酸，肢软无力，脉沉弦无力。(《中医妇科治疗学》)

散结定痛汤：养血，化瘀，止痛。主治产后瘀血，小腹硬痛，兼见恶露不下或不畅。(《傅青主女科》)

安胎煎：安胎，催生。主闪跌小产，死胎不下及产后诸症。(《仙拈集》卷三)

补肾明目丸：滋补肝肾。主治诸内障，欲变五风，变化视物不明。(《银海精微》)

茺蔚老姜汤：活血调经，温经止痛。主治经行腹痛。(《蒲辅周医疗经验》)

茺蔚散：主治眼生风粟疼痛，时有泪出。（《圣惠》卷三十二）

茺蔚浴汤：主治身痒风瘙，或生瘾疹。（《外台》卷十五引《延年秘录》）

茺蔚子丸：主治时气后，眼暗及有翳膜。（《圣济总录》卷一〇八）

【中成药应用例证】

肾元胶囊：活血化瘀，利水消肿。用于水肿属于瘀血内阻、水湿阻滞证者，以及慢性肾炎所引起的水肿、腰痛、蛋白尿、头昏、乏力等。

乳癖安消胶囊：活血化瘀，软坚散结。用于气滞血瘀所致乳癖，乳腺小叶增生，卵巢囊肿，子宫肌瘤见上述证候者。

回生口服液：消癥化瘀。用于原发性肝癌、肺癌。

降糖通脉胶囊：益气养阴，活血化瘀，通经活络。用于气阴不足、瘀血阻络所致消渴，症见多饮、多食、多尿、消瘦、乏力，以及2型糖尿病见上述证候者。

清浊祛毒丸：清热解毒，利湿去浊。用于湿热下注所致尿频、尿急、尿痛等。

补血益母颗粒：补益气血，祛瘀生新。用于气血两虚兼血瘀证产后腹痛。

慈航片：逐瘀生新。用于妇女经血不调，癥瘕痞块，产后血晕，恶露不尽。

抗宫炎颗粒：清热，祛湿，化瘀，止带。用于湿热下注所致的带下病，症见赤白带下、量多臭味；宫颈糜烂见上述证候者。

益母草流浸膏：子宫收缩药。用于调经及产后子宫出血、子宫复原不全等。

肾康宁胶囊：补脾温肾，渗湿活血。用于脾肾阳虚、血瘀湿阻所致的水肿，症见浮肿、乏力、腰膝冷痛；慢性肾炎见上述证候者。

降压颗粒：清热泻火，平肝明目。用于高血压病肝火旺盛所致的头痛、眩晕、目胀牙痛等症。

止血祛瘀明目片：化瘀止血，滋阴清肝，明目。用于阴虚肝旺、热伤络脉所致的眼底出血。

定坤丹：滋补气血，调经舒郁。用于气血两虚、气滞血瘀所致的月经不调、行经腹痛、崩漏下血、赤白带下、血晕血脱、产后诸虚、骨蒸潮热。

脂脉康胶囊：消食，降脂，通血脉，益气血。用于瘀浊内阻、气血不足所致的动脉硬化症、高脂血症。

痛经丸：温经活血，调经止痛。用于下焦寒凝血瘀所致的痛经、月经不调，症见经行错后、经量少有血块、行经小腹冷痛、喜暖。

【现代临床应用】

临床上益母草治疗急性肾小球肾炎，治疗冠心病，总有效率54%；治疗血瘀高黏血症；治疗妇产科出血性疾病，总有效率96%。

茺蔚子治疗高血压，对一期高血压疗效较好，而二期和三期疗效次之。服食大量的茺蔚子后可发生中毒。一般服食20～30g后即可于4～10小时发病；但亦有人在10天内连续服至500g而始发病的。临床中毒症状为突然全身无力，下肢不能活动呈瘫痪状态，但神志、言语清楚，苔脉多正常，经中西医综合治疗均获恢复。

石香薷
Mosla chinensis Maxim.

唇形科（Labiatae）石荠苧属一年生草本。

茎基部多分枝或不分枝，被白色柔毛。叶线状长圆形或线状披针形，先端渐尖或尖，基部楔形，疏生浅齿，两面疏被短柔毛及褐色腺点叶。总状花序头状；苞片覆瓦状排列，全缘，两面被柔毛；花萼被白色绵毛及腺体；花冠紫红、淡红或白色。小坚果球形。花期6～9月，果期7～11月。

大别山各县市均有分布，生于海拔1400m以下草坡或林下。

石香薷，又名华荠苧。《本草纲目》："薷，本作菜。《玉篇》云'菜，（香菜）菜，苏之类'是也。其气香，其叶柔，故以名之。草初生曰葺，孟诜《食疗》作戎者，非是。俗呼蜜蜂草，象其花房也。"香戎，或为香葺音近之讹。而葺与菜为双声，香葺为香菜之音转。又云："中州人三月种之，呼为香菜，以充蔬品。"并在石香菜条云："香薷、石香薷一物也，但随所生而名尔。生平地者叶大，崖石者叶细，可通用之。"以此，石香薷之名，当因生境得名。

香薷始载于《名医别录》。《本草经集注》云："家家有此，惟供生食，十月中取干之，霍乱煮饮，无不差，作煎，除水肿尤良。"

【入药部位及性味功效】

香薷，又称香菜、香戎、石香菜、石香薷、香葺、紫花香菜、蜜蜂草、香薷草、细叶香薷、小香薷、小叶香薷、香草、满山香、青香薷、香茹草、土香薷、土香草、石艾、七星剑，为植物江香薷或石香薷（华荠苧）的带根全草或地上部分。夏、秋季茎叶茂盛，花初开时采割，阴干或晒干，捆成小把。味辛，性微温。归肺、胃经。发汗解暑，和中化湿，行水消肿。主治夏月外感风寒，内伤于湿，恶寒发热，头痛无汗，脘腹疼痛，呕吐腹泻，小便不利，水肿。

【经方验方应用例证】

治口臭：香薷一把，以水一斗煮，取三升，稍稍含之。（《千金要方》）

治多发性疖肿、痱子：鲜华荠苧适量，捣烂外敷。（江西《草药手册》）

治皮肤瘙痒、阴部湿疹：华荠苧全草适量，水煎外洗。（《浙江药用植物志》）

新加香薷饮：香薷6g，金银花9g，鲜扁豆花9g，厚朴6g，连翘6g。水1L，煮取400mL，先服200mL，得汗止后服，不汗再服，服尽不汗，再作服。祛暑解表，清热化湿。主治暑温初起，夏感寒邪，恶寒发热，身重酸痛，面赤口渴，胸闷不舒，汗不出，舌苔白腻，脉浮而数者。（《温病条辨》卷一）

加味香薷饮：香薷，山楂肉，枳实，猪苓，陈皮，甘草，白扁豆（炒），厚朴（炒），水煎服。主治中暑，兼腹痛，恶心，泄泻，有食者。（《幼科直言》卷四）

【中成药应用例证】

外感平安颗粒：清热解表，化湿消滞。用于四时感冒，恶寒发热，周身骨痛，头重乏力，感冒挟湿，胸闷食滞等症。

藿香万应散：解表散寒，理气化湿，和胃止痛。用于外感风寒、内伤湿滞所致的头痛鼻塞、恶心呕吐、胃脘胀痛等症。

香苏调胃片：解表和中，健胃化滞。用于胃肠积滞、外感时邪所致的身热体倦、饮食少进、呕吐乳食、腹胀便泻、小便不利。

四正丸：祛暑解表，化湿止泻。用于内伤湿滞，外感风寒，头晕身重，恶寒发热，恶心呕吐，饮食无味，腹胀泄泻。

肠炎宁糖浆：清热利湿，行气。用于大肠湿热所致的泄泻、痢疾，症见大便泄泻，或大便脓血、里急后重、腹痛腹胀；急慢性胃肠炎、腹泻、细菌性痢疾、小儿消化不良见上述证候者。

石荠苧

Mosla scabra (Thunb.) C. Y. Wu et H. W. Li

唇形科（Labiatae）石荠苧属一年生草本。

苞片卵形，长2.7～3.5mm，先端尾状渐尖；花梗与序轴密被灰白色小疏柔毛。花萼上唇3齿，卵状披针形，先端渐尖，下唇2齿，线形，先端锐尖。花冠粉红色。花期5～11月，果期9～11月。

大别山各县市均有分布，生于海拔1000m以下的山坡、路旁或灌丛下。

本品与荠苧相似，《本草拾遗》云："生山石上。"故名石荠苧。《草药方》："鬼香油，细叶者名天香油，连根叶捣汁，其味如香油，故名。"香草、五香草名义同。《植物名实图考》云："滇南呼为小鱼仙草，或以其似苏而小，因苏字从鱼而为隐语耶？"功能解表祛湿，与香薷、荆芥相近，而称香茹草、野香茹、野荆芥、土荆芥。痱子草、热痱草者，亦以功用为名。

石荠苧始载于《本草拾遗》，谓："生山石上，紫花细叶，高一二尺。"《植物名实图考》载："石荠苧，《本草拾遗》始著录。方茎对节，正似水苏，高仅尺余，叶大如指甲，有小毛，滇南呼为小鱼仙草。"

【入药部位及性味功效】

石荠苧，又称鬼香油、小鱼仙草、香茹草、痱子草、野荆芥、土荆共、热痱草、白鹤草、天香油、五香草、土茵陈、紫花草、野藿香、干汗草、蜻蜓花、月斑草，为植物石荠苧的全草。7～8月采收全草，晒干或鲜用。味辛、苦，性凉。疏风解表，清暑除湿，解毒止痒。主治感冒头痛，咳嗽，中暑，风疹，肠炎，痢疾，痔血，血崩，热痱，湿疹，肢癣，蛇虫咬伤。

【经方验方应用例证】

治暑热：石荠苧60g，黄花蒿30g，竹叶心15g，白糖适量，水煎服。（南京部队《常用中草药》）

治霍乱呕吐：干石荠苧15～24g，浓煎汤，顿服。（《泉州本草》）

治疟疾：紫花草捻烂塞鼻孔，并煎汤与疟发前洗脸。（《江苏药材志》）

治慢性气管炎：鲜石荠苧90g，提取挥发油后加入鲜虎杖根、鲜鸭跖草根各45g，水煎，浓缩，加入淀粉及挥发油制成冲剂（1日量），分2次用开水冲服，10天为1个疗程，每疗程间隔2天。（《浙江药用植物志》）

治湿疹、脚癣：石荠苧全草一握，煎汤浴洗。（《福建民间草药》）

治痱子：石荠苧全草，煎水洗，或嫩叶搓烂，揉擦患处。（南京部队《常用中草药》）

治跌打损伤：石荠苧适量，洗净，和红糖共捣烂，取汁内服，药渣敷患处。（《全国中草药汇编》）

【现代临床应用】

临床上，石荠苧治疗慢性气管炎，总有效率79.2%。

紫苏

Perilla frutescens (L.) Britt.

唇形科（Labiatae）紫苏属一年生草本。

茎绿色或紫色，密被长柔毛。叶阔卵形或圆形，边缘在基部以上有粗锯齿，绿色或紫色，或仅下面紫色。花萼结果时增大，长至1.1cm。花冠白色至紫红色，长3～4mm。花期8～11月，果期8～12月。

大别山各县市均有分布，生于路旁、山坡、林下及草地。

紫苏又名桂荏、赤苏、红苏、黑苏、白紫苏、香苏、臭苏、苏麻。

紫苏，"紫"言茎叶之色，"苏"言其气香舒畅。《尔雅义疏》云："苏之为言舒也。《方言》云：'舒，苏也。楚通语也。'然则舒有散义，苏气香而性散。"《本草纲目》："苏性舒畅，行气和血，故谓之苏。"赤苏、红苏、黑苏，皆由茎叶色有所偏命名。名桂荏者，《尔雅》邢昺疏："苏，荏类之草也。以其味辛似荏，故一名桂荏。"紫苏，气辛如桂，甚于白苏（荏）。《本草纲目》："苏乃荏类，而味更辛如桂，故《尔雅》谓之桂荏。"

据《中华本草》记载，白苏拉丁名为*Perilla frutescens* (L.) Britt.，紫苏 [*P. frutescens* (L.) Britt. var. arguta (Benth.) Hand.-Mazz.] 和野紫苏 [*P. frutescens* (L.) Britt. var. purpurascens (Hayata) H. W. Li] 均为白苏变种。

紫苏原名"苏"，入药始载于《名医别录》，列为中品。《本草经集注》云："叶下紫色，而气甚香，其无紫色、不香似荏者，多野苏，不堪用。"《本草图经》载："苏，紫苏也。旧不著所出州土，今处处有之。叶下紫色，而气甚香，夏采茎、叶，秋采实。"《本草纲目》云："紫苏、白苏，皆以二三月下种，或宿子在地自生。其茎方，其叶圆而有尖，四围有巨齿，肥地者面背皆紫，瘠地者面青背紫，其面背皆白者，即白苏，乃荏也。紫苏嫩采叶，和蔬茹之，或盐及梅卤作菹食，甚香，夏月作熟汤饮之。五六月连根采收，以火煨其根，阴干，则经久叶不落。八月开细紫花，成穗作房，如荆芥穗。九月半枯时收子，子细如芥子而色黄赤，亦可取油如荏油。"《植物名实图考》谓："今处处有之，有面背俱紫、面紫背青二种，湖南以为常茹，谓之紫菜，以烹鱼尤美。"

《本草纲目》又云："今有一种花紫苏，其叶细齿密纽，如剪成之状，香、色、茎、子并无异者，人称回回苏云。"

部分地区有用回回苏的果实作为"紫苏子"、叶作"紫苏叶"、茎作"紫苏梗"入药。

《本草纲目》："苏子与叶同功，发散风气宜用叶，清利上下则宜用子也。"

白苏子出自《饮片新参》。《本草经集注》："荏，状如苏，高大白色，不甚香。其子研之，杂米作糜，甚肥美，下气，补益。笮其子作油，日煎之，即今油帛及漆所用者。服食断谷，亦用之，名为重油。"《本草拾遗》："江东以荏子为油，北土以大麻为油，此二油俱堪油物。若其和漆，荏者为强尔。"《本草图经》："白苏方茎，圆叶不紫，亦甚香，实亦入药。"《救荒本草》："荏子，所在有之，生园圃中。苗高一二尺，茎方。叶似薄荷叶，极肥大。开淡紫花，结穗似紫苏穗，其子如黍粒，其枝茎对节生。采嫩苗叶煠熟，油盐调食。子可炒食，又研杂米作粥，甚肥美。亦可笮油用。"白苏子油出自《宝庆本草折衷》："破气，补中，通血脉，填精髓。""敷发则黑润，远胜麻油。"

【入药部位及性味功效】

白苏子，又称荏子、玉竹子，为植物白苏（紫苏）的果实。秋季果实成熟时，割取地上部分，打下果实，除去杂质，晒干。味辛，性温。归肺、脾、大肠经。降气祛痰，润肠通便。主治咳逆痰喘，气滞便秘。

白苏叶，又称荏叶，为植物白苏（紫苏）的叶。夏、秋季采收，置通风处阴干。或连嫩茎采收，切成小段，晾干。味辛，性温。归肺、脾经。疏风宣肺，理气消食，解鱼蟹毒。主治感冒风寒，咳嗽气喘，脘腹胀闷，食积不化，吐泻，冷痢，中鱼蟹毒，男子阴肿，脚气肿毒，蛇虫咬伤。

白苏梗，为植物白苏（紫苏）的茎。秋季果实成熟时，割取老茎，除去果实及枝叶，晒干。味辛，性温。顺气消食，止痛，安胎。主治食滞不化，脘腹胀痛，感冒，胎动不安。

白苏子油，为植物白苏（紫苏）果实压榨出的脂肪油。味辛，性温。润肠，乌发。主治肠燥便秘，头发枯燥。

紫苏叶，又称苏、苏叶、紫菜，为植物紫苏和野紫苏的叶或带叶小软枝。南方7～8月，北方8～9月，枝叶茂盛时收割，摊在地上或悬于通风处阴干，干后将叶摘下即可。味辛，性温。归肺、脾、胃经。散寒解表，宣肺化痰，行气和中，安胎，解鱼蟹毒。主治风寒表证，咳嗽痰多，胸脘胀满，恶心呕吐，腹痛吐泻，胎气不和，妊娠恶阻，食鱼蟹中毒。

紫苏梗，又称紫苏茎、苏梗、紫苏枝茎、苏茎、紫苏秆、紫苏草，为植物紫苏或野紫苏的茎。9～11月采收，割取地上部分，除去小枝、叶片、果实，晒干。味辛，性温。归脾、胃、肺经。理气宽中，安胎，和血。主治脾胃气滞，脘腹痞满，胎气不和，水肿脚气，咯血吐衄。

紫苏子，又称苏子、黑苏子、铁苏子、任子，为植物紫苏和野紫苏的果实。秋季果实成熟时采收，除去杂质，晒干。味辛，性温。归肺、大肠经。降气，消痰，平喘，润肠。主治痰壅气逆，咳嗽气喘，肠燥便秘。

紫苏苞，为植物紫苏和野紫苏等的宿萼。秋季将成熟果实打下，留取宿存果萼，晒干。味微辛，性平。归肺经。解表。主治血虚感冒。

苏头，又称紫苏兜、紫苏头、紫苏根，为植物紫苏、野紫苏和白苏的根及近根的老茎。秋季采收，将紫苏或白苏拔起，切取根头，抖净泥沙，晒干。味辛，性温。归肺、脾经。疏风散寒，降气祛痰，和中安胎。主治头晕，身痛，鼻塞流涕，咳逆上气，胸膈痰饮，胸闷肋痛，腹痛泄泻，妊娠呕吐，胎动不安。

【经方验方应用例证】

治痰饮咳嗽：白苏子9～15g，橘皮9～15g，水煎服。(《福建药物志》)

防治流感：白苏子6g，青蒿、马兰、连钱草各9g，水煎服。(《福建药物志》)

治寒湿腹胀痛、鱼蟹中毒：干白苏全草21g，生姜9g，水煎，用炒食盐少许冲服。(《福建中草药》)

治脚气肿胀：鲜白苏茎叶3g，牡荆叶21g，丝瓜络、老大蒜梗15g，冬瓜皮21g，橘皮9g，生姜9g，水煎，熏洗患处。(江西《草药手册》)

白鹿洞方：主治大麻风，眉毛脱落，手足拳挛，皮肉溃烂，唇翻眼锭，口歪身麻，肉不痛痒，面生红紫斑。(《洞天奥旨》卷十六)

清金化癣汤：滋阴清热，化痰利咽。治虚火上炎，咽喉燥痒，微痛，红丝点粒缠绕，久则失音。(《喉科家训》卷二)

治跌扑伤损：紫苏捣敷之，疮口自合。(《谈野翁试验方》)

治吐乳：紫苏、甘草、滑石等分，水煎服。(《慎斋遗书》)

治食蟹中毒：紫苏子捣汁饮之。(《金匮要略》)

治凉寒入肺，久咳不止：紫苏头250g，炖猪心肺服。(《重庆常用草药手册》)

治胸闷、肋痛、腹痛、腹泻、妊娠呕吐、胎动不安：紫苏根9～15g，水煎服。(《文山中草药》)

【中成药应用例证】

清肺化痰丸：降气化痰，止咳平喘。用于肺热咳嗽，痰多作喘，痰涎壅盛，肺气不畅。

【现代临床应用】

临床上，紫苏叶用于治疗慢性气管炎、宫颈出血；紫苏子治疗顽固性咳嗽、肠道蛔虫病等。

夏枯草

Prunella vulgaris L.

唇形科（Labiatae）夏枯草属一年生草本。

根茎匍匐，在节上生须根。茎自基部多分枝，紫红色。每一轮伞花序下承以苞片；苞片先端具长 1～2mm 的骤尖头。花冠紫、蓝紫或红紫色，略超出于萼；冠檐下唇中裂片先端边缘具流苏状小裂片，侧裂片长圆形，垂向下方。花期 4～6 月，果期 7～10 月。

大别山各县市均有分布，生于荒坡、草地、溪边及路旁等湿润地上。

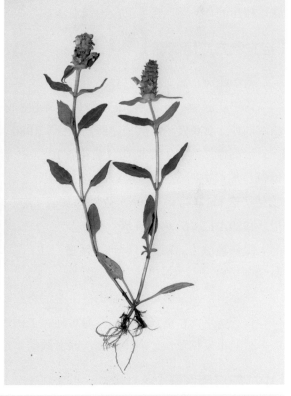

夏枯草乃由其植株入夏渐枯而得名。夕句、乃东，《本草经考注》谓："夕句即句可之误，乃东亦句车之误，句可、句车并夏枯之音变转者，非有异义。"按：上古音，句为见纽侯部，可为溪纽歌部，车为见纽鱼部，夏为匣纽鱼部，枯为昌纽鱼部。夏与句，匣、见旁纽，鱼、侯旁转；枯与可，鱼歌通转；枯与车，是为叠韵。句可、句车或为夏枯之音转。

夏枯草始载于《神农本草经》，列为下品。《新修本草》注云："此草生平泽，叶似旋覆，首春即生，四月穗出，其花紫白，似丹参花，五月便枯，处处有之。"《本草图经》云："夏枯草，生蜀郡川谷，今河东淮浙州郡亦有之，冬至后生叶似旋覆，三月、四月开花作穗，紫白色，似丹参花，结子亦作穗，至五月枯，四月采。"结合其"滁州夏枯草"图，可知为本种或长冠夏枯草。《本草纲目》："原野间甚多，苗高一二尺，其茎微方，叶对节生，似旋覆叶而长大，有细齿，背白多纹，茎端作穗，长一二寸，穗中开淡紫色小花，一穗有细子四粒。"

【入药部位及性味功效】

夏枯草，又称夕句、乃东、燕面、麦夏枯、铁色草、棒柱头花、灯笼头、棒槌草、锣锤草、牛牯草、广谷草、棒头柱、六月干、夏枯头、大头花、灯笼草、古牛草、牛佤头、丝线吊铜钟，为植物夏枯草或长冠夏枯草的果穗。夏枯草在每年5～6月，当花穗变成棕褐色时，选晴天，割起全草，捆成小把，或剪下花穗，晒干或鲜用。味苦、辛，性寒。归肝、胆经。清肝明目，散结解毒。主治目赤羞明，目珠疼痛，头痛眩晕，耳鸣，瘰疬，瘿瘤，乳痈，疟腮，痈疖肿毒，急、慢性肝炎，高血压病。

【经方验方应用例证】

治羊痫风、高血压病：夏枯草鲜三两，冬蜜一两，开水冲服。(《闽东本草》)

治甲状腺瘤：夏枯草30g，鲫鱼大者1尾或小者数尾，去鳞，清除内脏后洗净，加水与夏枯草同炖。食鱼及汤。[《福建医药杂志》1980（2）：55]

治高血压病：①夏枯草、菊花各10g，决明子、钩藤各15g，水煎，每日1剂。服药1周，再每日加服决明子30g，水煎，分2次服，2周后停药。[《中西医结合杂志》1983（3）：176]②夏枯草30g，豨莶草30g，益母草30g，决明子35g，石决明30g。煎服。[《北京中医学院学报》1989，12（6）：41三草二明汤]

眼珠灌脓方：泻火，解毒，活血。主治眼病凝脂翳属三焦火盛、阳明腑实者。(《中医眼科学讲义》)

祛毒散：清热解毒，凉血止血。主治毒蛇咬伤之火毒证。(《经验方》)

银花解毒汤：清热解毒，养血止痛。主治风火温热所致的痈疽疗毒。(《疡科心得集》)

板蓝根夏枯草饮：清热解毒，凉血散结。适用于腮腺炎肿痛发热有硬块者。(《经验方》)

【中成药应用例证】

滑膜炎胶囊：清热利湿，活血通络。用于急、慢性滑膜炎及膝关节术后的患者。

通舒口爽胶囊：清热除湿，化浊通便。用于大肠湿热所致的便秘、口臭、牙龈肿痛。

丹珍头痛胶囊：平肝息风，散瘀通络，解痉止痛。用于肝阳上亢、瘀血阻络所致的头痛、背痛颈酸、烦躁易怒。

复方夏枯草降压糖浆：平肝降火，止眩。用于肝火上炎，眩晕头痛，失眠多梦，心烦口苦。

降压颗粒：清热泻火，平肝明目。用于高血压病肝火旺盛所致的头痛、眩晕、目胀牙痛等症。

消乳散结胶囊：疏肝解郁，化痰散结，活血止痛。用于肝郁气滞、痰瘀凝聚所致的乳腺增生、乳房胀痛。

乳癖清胶囊：理气活血，软坚散结。用于乳腺增生、经期乳腺胀痛等疾病。

止血祛瘀明目片：化瘀止血，滋阴清肝，明目。用于阴虚肝旺、热伤络脉所致的眼底出血。

山菊降压片（山楂降压片）：平肝潜阳。用于阴虚阳亢所致的头痛眩晕、耳鸣健忘、腰膝酸软、五心烦热、心悸失眠；高血压病见上述证候者。

消瘰夏枯草膏：清火化痰，调气散结。用于瘰疬、瘿瘤。

白毛夏枯草片：清热解毒，止咳，祛痰，平喘。用于急、慢性支气管炎，肺脓疡。

心脑静片：平肝潜阳，清心安神。用于肝阳上亢所致的眩晕及中风，症见头晕目眩、烦躁不宁、言语不清、手足不遂。也可用于高血压肝阳上亢证。

夏枯草口服液：清火，散结，消肿。用于火热内蕴所致的头痛、眩晕、瘰疬、瘿瘤、乳痈肿痛；甲状腺肿大、淋巴结核、乳腺增生症见上述证候者。

银蒲解毒片：清热解毒。用于风热型急性咽炎，症见咽痛、充血，咽干或具灼热感，舌苔薄黄；湿热型肾盂肾炎，症见尿频短急，灼热疼痛，头身疼痛，小腹坠胀，肾区叩击痛。

清脑降压胶囊：平肝潜阳。用于肝阳上亢所致的眩晕，症见头晕、头痛、项强、血压偏高。

夏枯草膏：清火，散结，消肿。用于火热内蕴所致的头痛、眩晕、瘿瘤、乳痈肿痛；甲状腺肿大、淋巴结核、乳腺增生症见上述证候者。

鼻咽清毒颗粒（鼻咽清毒剂）：清热解毒，化痰散结。用于痰热毒瘀蕴结所致的鼻咽部慢性炎症，鼻咽癌放射治疗后分泌物增多。

【现代临床应用】

临床上，夏枯草治疗急性黄疸型肝炎；治疗肺结核，有效率91.3%。

华鼠尾草

Salvia chinensis Benth.

唇形科（Labiatae）鼠尾草属一年生草本。

茎直立或基部平卧，被短柔毛或长柔毛。单叶卵形或卵状椭圆形，圆齿或钝锯齿，两面近无毛；茎下部具3小叶复叶。轮伞花序具6花；苞片披针形；花萼钟形，紫色；花冠蓝紫或紫色。小坚果椭圆状卵球形。花期8～10月。

大别山各县市均有分布，生于海拔120～500m的山坡或平地的林荫处或草丛中。

石见穿之名始见于《本草纲目》。《植物名实图考》云："叶似丹参而小，花亦如丹参，色淡红，一层五蓇，攒茎并翘。"该书又引唐代钱起《紫参歌序》云："紫参五蓇连萼，状飞鸟羽举，俗名五凤花，按形即此。"

【入药部位及性味功效】

石见穿，又称紫参、五凤花、小丹参、月下红、乌沙草、黑面风、大发汗、石打穿、石大川、山缝拿、紫丹花、红根参、半枝莲、田芹菜、活血草，为植物华鼠尾草的全草。开花期采割全草，鲜用或晒干。味辛、苦，性微寒。归肝、脾经。活血化瘀，清热利湿，散结消肿。主治月经不调，痛经，经闭，崩漏，便血，湿热黄疸，热毒血痢，淋痛，带下，风湿骨痛，瘰疬，疮肿，乳痈，带状疱疹，麻风，跌打伤肿。

【经方验方应用例证】

治带状疱疹：紫参鲜叶捣汁，加烧酒外搽。(《浙江民间常用草药》)

治疮疖肿毒、急性乳腺炎：紫参鲜茎叶适量，捣烂外敷。(《湖南药物志》)

治肝炎：紫参全草60～120g，红糖60g，水煎服；或紫参全草60～120g，茵陈60g，糯稻根60g，水煎，分两次服。(《庐山中草药》)

治子宫出血、肠出血：紫参全草30g，水煎服。(《浙江民间常用草药》)

治白带、痛经：紫参根15g，香附9g，水煎服。(《湖南药物志》)

治痛经：紫参全草60～120g，红糖适量，煎服；或全草15g，生姜2片，红糖适量，煎服。(《庐山中草药》)

治月经不调：紫参全草30～60g，水煎，冲黄酒服；或加龙芽草、益母草各30g，水煎，冲红糖、黄酒服。(《浙江民间常用草药》)

【中成药应用例证】

宫瘤宁片：软坚散结，活血化瘀，扶正固本。用于子宫肌瘤（肌壁间、浆膜下）气滞血瘀证，症见经期延长，经量过多，经色紫暗有块，小腹或乳房胀痛等。

克痹骨泰片：清热化湿，祛风通络，活血止痛。用于风湿热痹，瘀血痹痛，类风湿关节炎。

复方紫参颗粒：疏肝理气，活血散结。用于晚期血吸虫病引起的肝脾肿大。

荔枝草

Salvia plebeia R. Br.

唇形科（Labiatae）鼠尾草属一年生或二年生草本。

茎粗壮，多分枝，被向下的灰白色疏柔毛。在枝、茎顶端组成总状或总状圆锥花序，花长约4.5mm，上唇先端微凹，两侧折合。花期4～5月，果期6～7月。

大别山各县市均有分布，生于海拔2800m以下山坡、路旁、沟边、田野潮湿的土壤上。

荔枝草之名见于《本草纲目》草部有名未用类。《本草纲目拾遗》云："荔枝草，冬尽发苗，经霜雪不枯，三月抽茎，高近尺许，开花细紫成穗，五月枯，茎方中空，叶尖长，面有麻累，边有锯齿，三月采。"赵学敏谓其："叶深青，映日有光，边有锯齿，叶背淡白色，丝筋纹缀，绽露麻累，凹凸最分明，凌冬不枯，皆独瓣，一丛数十叶，点缀砌草间，亦雅观也。"

【入药部位及性味功效】

荔枝草，又称水羊耳、过冬青、天明精、凤眼草、赖师草、隔冬青、雪里青、皱皮葱、癞子草、野芝麻、癞客蚂草、野卜荷、蛤蟆草、膨胀草、沟香薷、麻麻草、青蛙草、野猪菜、雪见草，为植物荔枝草的全草。6～7月割取地上部分，除去泥土，扎成小把，晒干或鲜用。味苦、辛，性凉。归肺、胃经。清热解毒，凉血散瘀，利水消

肿。主治感冒发热，咽喉肿痛，肺热咳嗽，咳血，吐血，尿血，崩漏，痔疮出血，肾炎水肿，白浊，痢疾，痈肿疮毒，湿疹瘙痒，跌打损伤，蛇虫咬伤。

【经方验方应用例证】

治小儿高热：荔枝草15g，鸭跖草30g，水煎服。(《浙江药用植物志》)

治急性乳腺炎：荔枝草60g，鸭蛋2只，水煮，服汁食蛋。或鲜全草适量，捣烂，塞入患侧鼻孔，每日2次，每次20～30分钟。(《浙江药用植物志》)

治耳心痛、耳心灌脓：癞子草捣汁滴耳。(《重庆医药》)

治血小板减少性紫癜：荔枝草15～30g，水煎服。(《全国中草药汇编》)

治慢性肾炎、尿潴留：鲜荔枝草适量，加食盐捣烂敷脐部，同时取鲜车前草、苎麻根各60g，水煎服。(《浙江药用植物志》)

治湿疹、皮炎：鲜蛤蟆草适量，以65%乙醇浸泡2天，取酒涂患处。(《青岛中草药手册》)

治高血压病：荔枝草、棕榈子、爵床各30g，海州常山叶15g，水煎服。(《浙江药用植物志》)

草膏：荔枝草煎浓汁，去滓，再熬成膏。主治瘰疬。(《旭后方》)

搽痔散：主治痔漏，肿痛难忍。(《仙拈集》卷四)

洗痔枳壳汤：缩痔消肿。治痔疮肿痛，肛门下坠。(《外科正宗》卷三)

【现代临床应用】

治疗急性扁桃体炎；治疗慢性气管炎；治疗阴道炎、宫颈糜烂。

母草

Lindernia crustacea (L.)F. Muell

母草科（Linderniaceae）陌上菜属一年生矮小草本。

茎多分枝，披散，四方形。叶有短柄；叶片卵形至卵圆状三角形，顶端钝或短尖，基部宽楔形至平截形。花单生于叶腋，在茎顶端集成少花的总状花序；苞片和叶逐渐过渡；花萼坛状，膜质，长裂片齿状；花冠紫色，上唇直立，2浅裂，下唇3裂。蒴果椭圆形。花期7～8月。

大别山各县市均有分布，生于稻田、草丛阴湿地。

母草始载于《植物名实图考》公草母草条，云："公草、母草产湖南田野间。高五六寸，绿茎细弱，似鹅儿肠而不引蔓。公草叶尖，长半寸许，附茎三叶攒生，叶间梢头，复发细长茎，开小绿黄花，大如黍米，落落清疏。母草叶短，微宽，两叶对生，叶间抽短茎（指花梗），一茎一花。俚医以治跌打，并入妇科，通经络。二草齐用，单用不验。"

【入药部位及性味功效】

母草，又称四方拳草、蛇通管、气痛草、四方草、小叶蛇针草、铺地莲、开怀草、水辣椒、齿叶母草、蝴蝶翼、毛毯草、细牛毒，为植物母草的全草。夏、秋季采收，鲜用或晒干。味微苦、淡，性凉。清热利湿，活血止痛。主治风热感冒，湿热泻痢，肾炎水肿，白带，月经不调，痈疖肿毒，毒蛇咬伤，跌打损伤。

【经方验方应用例证】

治风热感冒、急性肝炎、急性肾炎：母草全草30～60g，水煎服。（《湖南药物志》）

治慢性肾炎：母草60g，鲜马齿苋1500g，酒1000g，浸3天后启用，每服15mL，日服3次。（江西《草药手册》）

治月经不调：开怀草15g，研末蒸鸡蛋2个吃。（《贵州草药》）

治劳伤咳嗽：开怀草30g，煨水服。（《贵州草药》）

治疖肿：母草和食盐少许（溃疡加白糖少许），捣烂敷患处。（《庐山中草药》）

通泉草

Mazus pumilus (N. L. Burman) Steenis

通泉草科（Mazaceae）通泉草属一年生草本。

无毛或疏生短柔毛。本种在体态上变化幅度很大，茎1～5支或有时更多，少不分枝。基生叶少到多数，有时呈莲座状或早落，倒卵状匙形至卵状倒披针形，膜质至薄纸质，顶端全缘或有不明显的疏齿，基部楔形，下延成带翅的叶柄，边缘具不规则的粗齿或基部有1～2片浅羽裂；茎生叶对生或互生，少数，与基生叶相似或几乎等大。总状花序生于茎、枝顶端，常在近基部即生花，伸长或上部成束状，通常3～20朵，花稀疏；花萼钟状，萼片与萼筒近等长，卵形；花冠白色、紫色或蓝色，上唇裂片卵状三角形，下唇中裂片较小，稍突出，倒卵圆形。蒴果球形。花果期4～10月。

大别山各县市均有分布，生于海拔1700m以下的湿润的草坡、沟边、路旁及林缘。

绿兰花出自《重庆草药》，通泉草又名虎仔草、石淋草。

【入药部位及性味功效】

绿兰花，又称脓疱药、汤湿草、猪胡椒、野田菜、鹅肠草、五瓣梅、猫脚迹、尖板、猫儿草、五角星、五星草、野紫菜、田边草、倒地金钟、白花草、花公药，为植物通泉草的全草。春、夏、秋三季均可采收，洗净，鲜用或晒干。味苦、微甘，性凉。清热解毒，利湿通淋，健脾消积。主治热毒痈肿，脓疱疮，疔疮，烧烫伤，尿路感染，腹水，黄疸型肝炎，消化不良，小儿疳积。

【经方验方应用例证】

治痈疽疮肿：干（通泉草）全草，研细末，冷水调服患处，每日1换。（《泉州本草》）

治脓疱疮：脓疱药适量，研末，调菜油搽患处。（《贵州草药》）

治尿路感染：通泉草、车前草各30g，金银花15g，瞿麦、萹蓄各12g，煎服。（《安徽中草药》）

治消化不良、疳积：通泉草、葎草各15g，煎服。（《安徽中草药》）

治黄疸型肝炎：鲜通泉草、茵陈、蒲公英各30g，赤小豆、败酱草各15g，煎服。（《安徽中草药》）

治腹水、心脏性水肿：鲜通泉草适量，陈萝卜子捣烂，加皮硝拌匀，包敷肚脐上。（《浙江药用植物志》）

野菰

Aeginetia indica L.

列当科（Orobanchaceae）野菰属一年生寄生草本。

根稍肉质。叶肉红色，卵状披针形或披针形。花常单生茎端，稍俯垂；花梗粗，常直立，常具紫红色条纹；花萼先端骤尖或渐尖，紫红、黄或黄白色，具紫红色条纹；花冠筒状钟形，常与花萼同色，或下部白色，上部带紫色，不明显二唇形，全缘。蒴果圆锥形或长卵状球形。花期4～8月，果期8～10月。

英山、罗田、麻城、红安等县市均有分布，生于海拔200～1800m林下，常寄生于禾本科芒属根部。

野菰出自《质问本草》："野菰，生树荫，七、八月开花，土名野菰，不堪入药。"野菰是没有绿叶的奇特植物，无法进行光合作用来获得养分，为了维生，只好寄生于其它的植物，因此，有人称它为"植物中的吸血鬼"。花萼肉质，呈佛焰苞状，花冠则呈管状，正好与花梗相互垂直，形状正如同烟斗，因此又被称为"烟斗花"。

【入药部位及性味功效】

野菰，又称土灵芝草、蔗寄生、金锁匙、僧帽花、土地公拐、灌草菰、蛇箭草、白茅花、赤膊花、烧不死、烟管头草、黄寄生、蛇头子药、广寄生、苏

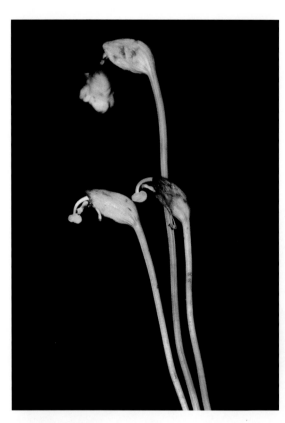

花、杆母花、管精花、酒壶嘴、马口含珠、鸭脚板、烟斗花，为植物野菰的肉质茎、花或全草。春、夏季采收，鲜用或晒干。味苦，性凉，有小毒。清热解毒。主治咽喉肿痛，咳嗽，小儿高热，尿路感染，骨髓炎，毒蛇咬伤，疔疮。

【经方验方应用例证】

治疗疮：①鲜野菰花适量，麻油少许，捣烂外敷。(《江西草药》)②鲜野菰、蜂蜜各适量，捣烂敷患处。(《福建药物志》)

治毒蛇咬伤：野菰花30g，晒干，麝香0.3g，蜈蚣7条。同浸于麻油内，用时取麻油外搽。(《江西草药》)

治哮喘：野菰15g，黄酒酌量，水煎服。(《福建药物志》)

治甲状腺肿：灌草菰110g，炖猪小肠服。(《福建药物志》)

治骨髓炎：①野菰根或花捣烂外敷；或用甘草作引子，煎水内服。(《南京民间药草》)②野菰根、花适量捣敷，并用野菰茎、花3～9g，和以等量甘草煎服。(《庐山中草药》)

山罗花

Melampyrum roseum Maxim.

列当科（Orobanchaceae）山罗花属一年生直立草本。

全株疏被鳞片状短毛。叶对生，叶片披针形至卵状披针形，先端渐尖，基部圆钝或楔形。苞叶绿色，边缘有刺毛状长齿；花萼常被糙毛；花冠紫红色。蒴果卵状。花期夏秋季。

大别山各县市均有分布，生于山坡草丛中或沟边阴处。

【入药部位及性味功效】

山罗花，又称球锈草，为植物山罗花的全草或根。7～8月采收，鲜用或晾干。味苦，性凉。清热解毒。主治痈疮肿毒，肺痈，肠痈。

【经方验方应用例证】

治疮毒：山罗花全草、白英各30g，千里光15g，水煎服。（《浙江药用植物志》）

阴行草

Siphonostegia chinensis Benth.

列当科（Orobanchaceae）阴行草属一年生草本。

全株密被锈色短毛。叶二回羽状全裂。二唇花冠上唇紫红，下唇黄色。花期6～8月。

大别山各县市均有分布，各山坡路旁普遍分布。生于山坡草丛中。

茎叶似蒿，有利湿退黄之功，故以"茵陈"名之。花冠管状唇形，黄色，故曰"金钟"。"铃、角、罐、吊钟、壶瓶"等名义皆同此。《植物名实图考》云："阴行，茵陈，南言无别，宋《图经》谓茵陈有数种，此又其一也。"山芝麻、野油麻等，亦以植株、种子与脂麻相类似得名。

金钟茵陈之名见载于《滇南本草》，《植物名实图考》名阴行草，载其"丛生，茎硬有节，褐黑色，有微刺；细叶；花苞似小罂，上有歧，瓣如金樱子形而深绿；开小黄花，略似豆花……滇南谓之金钟茵陈，既肖其实行，亦闻名易晓。"

【入药部位及性味功效】

金钟茵陈，又称黄花茵陈、吊钟草、灵茵陈、吹风草、五毒草、徐毒草、鬼麻油、刘寄奴、铃茵陈、土茵陈、角茵陈、罐儿茶、山茵陈、金花屏、黑茵陈、铁杆茵陈、山芝麻、罐子草、北刘寄奴、节节瓶、草茵陈、壶瓶草、野油麻、山芝麻秧、山油麻、黄头翁、锁草、蜈蚣草、八角茵陈、芝麻蒿，为植物阴行草的全草。8～9月割取全草，鲜用或晒干。味苦，性凉。清热利湿，凉血止血，祛瘀止痛。主治湿热黄疸，肠炎痢疾，小便淋浊，痈疽丹毒，尿血，便血，外伤出血，痛经，瘀血经闭，跌打损伤，关节炎。

【经方验方应用例证】

治急性黄疸型肝炎：阴行草30g，煎服。(《安徽中草药》)

治肠炎、痢疾：阴行草30g，委陵菜15g。煎服。(《安徽中草药》)

治淋浊：刘寄奴15g，白茯苓12g，水煎。(《吉林中草药》)

治热闭、小便不利：阴行草30～45g，水煎，调冬蜜服。日服1～2次。(《福建民间草药》)

治白带：阴行草30g，水煎，冲黄酒，红糖服。(《浙江民间常用草药》)

治感冒、咳嗽：阴行草9～15g，水煎服。(《浙江民间常用草药》)

治脚癣：鲜阴行草适量，水煎洗患处。(《福建药物志》)

治烧烫伤肿疱流水、局部皮肤灼焦：刘寄奴、生地榆、大黄各等分，共研末，香油调敷患处。(《吉林中草药》)

壮筋续骨丹：补肝肾，强筋骨。主治骨折、脱臼、伤筋等复位之后。(《伤科大成》)

【中成药应用例证】

烧伤净喷雾剂：解毒止痛，利湿消肿。用于各种Ⅱ度以内的烧烫伤属湿毒凝聚肌肤证者。

小儿治哮灵片：止哮、平喘、镇咳、化痰、强肺、脱敏。用于小儿哮、咳、喘等症，支气管哮喘，哮喘性支气管炎。

通痹片：祛风胜湿，活血通络，散寒止痛，调补气血。用于寒湿闭阻、瘀血阻络、气血两虚所致的痹病，症见关节冷痛、屈伸不利；风湿性关节炎、类风湿关节炎见上述证候者。

跌打丸：活血散瘀，消肿止痛。用于跌打损伤，筋断骨折，瘀血肿痛，闪腰岔气。

延寄参胶囊：活血益气，温补心肾，通脉止痛。用于心血瘀阻兼心肾气虚的劳累性冠心病心绞痛，症见胸痛、胸闷、心悸气短、乏力、腰膝酸软等。

烟草

Nicotiana tabacum L.

茄科（Solanaceae）烟草属一年生或有限多年生草本。

叶长圆状披针形、披针形、长圆形或卵形，基部渐窄成耳状半抱茎。花序圆锥状，顶生；花萼筒状或筒状钟形；花冠漏斗状，淡黄、淡绿、红或粉红色，基部带黄色。蒴果卵圆形或椭圆形。花果期夏秋季。

原产南美洲。大别山各县市偶有栽培。

烟草出自《滇南本草》，为明代中后期传入我国的植物。《本草正》记载："此物自古未闻也，近自我明万历时出于闽广之间。"《本草纲目拾遗》引方以智《物理小识》云："烟草，明万历末年，有携至漳泉者……崇祯时，严禁之不止。其本似春不老而叶大于菜。"赵学敏引方氏所记名称有淡把姑、担不归、淡肉果；又引《粤志》记："其种得自大西洋，一名淡巴菰。"这几个名称与本种的种加词*tabacum*同出一源，且为音译。

【入药部位及性味功效】

烟草，又称野烟、淡把姑、担不归、金丝烟、相思草、返魂烟、仁草、八角草、烟酒、金毕醾、淡肉果、淡巴菰、鼻烟、水烟、菸草、贪极草、延命草、穿墙草、土烟草、金鸡脚下红、烟叶、土烟，为植物烟草的叶。常于7月间，当烟叶由深绿变成淡黄，叶尖下垂时，可按叶的成熟先后，分数次采摘。采后晒干或烘干，再经回潮、发酵、干燥后即可。亦可鲜用。味辛，性温，有毒。行气止痛，燥湿，消肿，解毒杀虫。主治食滞饱胀，气结疼痛，关节痹痛，痈疽，疔疮，疥癣，湿疹，毒蛇咬伤，扭挫伤。

【经方验方应用例证】

治项疽、背痈：烟丝（焙燥，研细末）3g，樟脑1.5g，以蜂蜜调如糊状，贴于患处。(《全国中草药汇编》)

治头癣、白癣、秃疮：烟叶或全草煎水涂拭患部，每日2～3次；或取旱烟筒中的烟油涂患部每日1次。(《全国中草药汇编》)

治四肢及胸部软组织扭伤：烟丝与酒糟各等量，捣烂敷患处。(《浙江药用植物志》)

家方黄膏：主治阴疮、臁疮，或因梅毒而致头面部腐烂。(《梅疮证治秘鉴》卷下)

苦蘵

Physalis angulata L.

茄科（Solanaceae）灯笼果属一年生草本。

全体近无毛或仅生稀疏的柔毛。叶基部歪斜，楔形或宽楔形。花较小，花冠黄色，喉部常具紫色斑纹，花药紫色或黄色。果熟时宿萼卵球状，直径 1.5～2.5cm，薄纸质；浆果直径约 1.2cm。花期 5～7 月，果期 7～12 月。

大别山各县市均有分布，生于路边、田野、草丛中。

《尔雅》："蘵，黄蒢。"本品与酸浆极相类，有些名称皆互用。《尔雅义疏》："葴（酸浆），耽、蘵、蒢又俱一声之转。"黄蒢者，因花色命名。"苦蘵"者，因根叶之味而名之。本品植株和果实均小于酸浆，故称小苦耽。灯笼、天泡等皆因膨大宿萼之形而得名。宿萼拍破有声响，故又有爆竹草、劈拍草之称。

苦蘵药用始见于《本草拾遗》，陈藏器在"苦菜"条下云："叶极似龙葵，但龙葵子无壳，苦蘵子有壳。"所云"子有壳"是指果实有宿萼而言。

【入药部位及性味功效】

苦蘵，又称蘵、黄蒢、蘵草、小苦耽、灯笼草、鬼灯笼、天泡草、爆竹草、劈拍草、响铃草、响泡子，为植物苦蘵的全草。夏、秋季采全草，鲜用或晒干。味苦、酸，性寒。清热，利尿，解毒，消肿。主治感冒，肺热咳嗽，咽喉肿痛，牙龈肿痛，湿热黄疸，痢疾，水肿，热淋，天疱疮，疔疮。

苦蘵根，为植物苦蘵的根。夏、秋季采挖，洗净，鲜用或晒干。味苦，性寒。利水通淋。主治水肿腹胀，黄疸，热淋。

苦蘵果实，又称苦蘵果，为植物苦蘵的果实。秋季果实成熟时采收，鲜用或晒干。味酸，性平。解毒，利湿。主治牙痛，天疱疮，疔疮。

【经方验方应用例证】

治百日咳：苦蘵15g，水煎，加适量白糖调服。（《江西民间草药验方》）

治湿热黄疸，咽喉红肿疼痛，肺热咳嗽，热淋：苦蘵15～24g，水煎服。（《江西民间草药》）

治睾丸炎：鲜苦蘵、截叶铁扫帚各15g，水煎服。（《福建药物志》）

治天疱疮：①苦蘵茎叶90～120g，煎水洗，每日2次，鲜草更好。②苦蘵果放瓷碗内杵烂，纱布包卷，绞取汁，搽患处，每日3～4次。（《江西民间草药》）

治急性气管炎：苦蘵果9g，甘草3g，牛蒡子、胖大海各15g，水煎服。（《福建药物志》）

治黄疸（阳黄）：鲜苦蘵根约60g，捣烂绞取自然汁，用开水冲服。（《江西民间草药验方》）

龙葵

Solanum nigrum L.

茄科（Solanaceae）茄属一年生直立草本。

无刺。叶卵形。腋外生短蝎尾状花序，花冠白色，花柱中部以下有白色绒毛。浆果球形，熟时黑色。花期5～8月，果期7～11月。

大别山各县市均有分布，生于山坡、路边、山沟、草丛。

龙，为神异之称，以其果实成熟时，色黑如龙之目珠。《本草纲目》："龙葵，言其性滑如葵也。苦以菜味名，茄以叶形名。天泡、老鸦眼睛，皆以子形名也。与酸浆相类，故加'老鸦'以别之。"浆果成熟时色红或黑，故有诸"红"或"黑"之名。又如耳坠，俗名耳坠草。救儿草，以其善治小儿风邪得名。又善治疔疮而称乌疔草。山海椒、野辣椒等，皆因其叶相似也。

龙葵始载于《药性论》。龙葵根出自《本草图经》。《新修本草》云："即关河间谓之苦菜者。叶圆，花白，子若牛李子，生青熟黑。"《本草纲目》云："四月生苗，嫩时可食，柔滑，渐高二三尺，茎大如箸，似灯笼草而无毛。叶似茄叶而小。五月以后，开小白花，五出黄蕊，结子正圆，大如五味子，上有小蒂，数颗同缀，其味酸。中有细子，亦如茄子之子。但生青熟黑者为龙葵。"

【入药部位及性味功效】

龙葵，又称苦菜、苦葵、老鸦眼睛草、天茄子、天茄苗儿、天天茄、救儿草、后红子、水茄、天泡草、老鸦酸浆草、天泡果、七粒扣、乌疗草、野茄子、黑姑娘、乌归菜、野海椒、黑茄、地泡子、地葫草、山辣椒、山海椒、野茄菜、耳坠菜、野辣角、天茄菜、狗钮子、野辣椒、野葡萄、酸浆草、小苦菜、野伞子、飞天龙，为植物龙葵的全草。夏、秋季采收，鲜用或晒干。味苦，性寒。清热解毒，活血消肿。主治疔疮，痈肿，丹毒，跌打扭伤，慢性气管炎，肾炎水肿。

龙葵根，为植物龙葵的根。夏、秋季采挖，鲜用或晒干。味苦，性寒。清热利湿，活血解毒。主治痢疾，淋浊，尿路结石，白带，风火牙痛，跌打损伤，痈疽肿毒。

龙葵子，为植物龙葵的种子。秋季果产成熟时采收，鲜用或晒干。味苦，性寒。清热解毒，化痰止咳。主治咽喉肿痛，疔疮，咳嗽痰喘。

【经方验方应用例证】

治天疱湿疮：龙葵苗叶捣敷之。(《本草纲目》)

治急性肾炎，浮肿，小便少：鲜龙葵、鲜荒花各15g，木通6g，水煎服。(《河北中药手册》)

治癌症胸腹水：鲜龙葵500g（或干品120g），水煎服，每日1剂。(《全国中草药汇编》)

治白细胞减少症：龙葵茎叶、女贞子各60g，煎服。(《安徽中草药》)

治急性扁桃体炎：①龙葵子9g，煎汤含漱，吐出。(《河北中药手册》) ②龙葵果实9g，鲜荔枝草30g，煎水含漱。(《安徽中草药》)

治咳嗽痰喘：龙葵果实9g，煎水，加冰糖适量溶化服。(《安徽中草药》)

治慢性气管炎：龙葵果实250g，用白酒500mL，浸泡20～30天后取酒服用，每日3次，每次15mL，或果实18g，白芥子（炒）9g，附子6g，细辛3g，水煎浓缩制粒压片，分2次1天服完。(《浙江药用植物志》)

治痢疾，妇女白带，男子淋浊：鲜龙葵根24～30g（干品15～24g），和水煎成半小碗，饭前服，日服2次。(《福建民间草药》)

治泌尿系结石：龙葵根9～15g，加胡椒7粒（打碎），煮沸20～30分钟后内服。(《云南中草药选》)

治睾丸炎：龙葵鲜根、灯笼草各30g，青皮鸭蛋2枚，加水同煮熟，服汤食蛋。(《泉州本草》)

白英清喉汤：清热解毒。主治热毒壅盛。(裘渊英方)

揩齿龙骨散：揩齿壁净令白。主治齿垢口臭。(《普济方》卷七十)

灵仙龙草汤：软坚散结。主治无名肿毒，不痛不痒，痰核瘰疬，乳腺包块，喘咳痰鸣，呕吐痰涎，癥瘕积聚，坚硬难化，舌质晦暗，苔腻，脉滑。(《验方选编》)

龙葵根散：主治发背成疮。(《圣济总录》卷一三一)

【中成药应用例证】

欣力康颗粒：补气养血，化瘀解毒。用于癌症放化疗的辅助治疗。

金蒲胶囊：清热解毒，消肿止痛，益气化痰。用于晚期胃癌、食管癌患者痰湿瘀阻及气滞血瘀证。

紫龙金片：益气养血，清热解毒，理气化瘀。用于气血两虚证原发性肺癌化疗者，症见神疲乏力、少气懒言、头昏眼花、食欲不振、气短自汗、咳嗽、疼痛。

博尔宁胶囊：扶正祛邪，益气活血，软坚散结，消肿止痛。本品为癌症辅助治疗药物，可配合化疗使用，有一定减毒、增效作用。

复方天仙胶囊：清热解毒，活血化瘀，散结止痛。对食管癌、胃癌有一定抑制作用，配合化疗、放疗，可提高其疗效。

楼莲胶囊：行气化瘀，清热解毒。本品为原发性肝癌辅助治疗药，适用于原发性肝癌Ⅱ期气滞血瘀证患者，合并肝动脉插管化疗，可提高有效率和缓解腹胀、乏力等症状。

唐草片：益气养阴，活血解毒。用于病毒性心肌炎病程超过一个月的急性期轻型和恢复期、迁延期轻中型属气阴两虚兼有瘀热证，症见心悸、气短、胸闷或胸痛、乏力、失眠、多梦者。清热解毒，活血益气。用于艾滋病病毒感染者以及艾滋病患者，可改善乏力、脱发、食欲减退和腹泻等症状，改善活动功能状况。

【现代临床应用】

龙葵治疗妇女湿热带下证，总有效率93.6%；治疗慢性气管炎，总有效率87.5%；治疗恶性葡萄胎、纤维肉瘤，配合治疗子宫绒毛膜癌、卵巢癌肿、肝癌等癌病；用于止痒，其止痒作用属非特异性，与镇痛剂的作用相类似，只能起对症治疗作用，对于白天精神不佳、晚间失眠、皮损广泛、具有皮肤水肿且瘙痒的病例，疗效较好。

《新修本草》载其"食之解劳少睡"。现在临床上试用本品作为避倦防睡药，对治昏昏欲睡似有一定疗效。

曼陀罗

Datura stramonium L.

茄科（Solanaceae）曼陀罗属一年生直立草本。

叶宽卵形，不规则波状或齿状浅裂。花冠白色或淡紫色，基部绿色，漏斗状；花萼筒部呈5棱角。蒴果密被坚硬针刺，种子卵圆形，黑色。花期6月，果期7～11月。

原产墨西哥，现广泛园林栽培作药用或观赏植物。在大别山各县市逸为半野生。

洋金花俗名大闹杨花，果实异名闹羊花子，此二者应是羊食后骚乱而得名。故洋金花疑为羊惊花之讹。曼陀罗，为梵语"mandarava"之音译。《本草纲目》："曼陀罗，梵言杂色也。"此花有白、紫等色，故言曼陀罗花。诸"茄"名，《本草纲目》："茄乃因叶形尔。"相传汉北回回地方亦有此花，故称胡茄花，讹为虎茄花。花酿酒饮使人癫狂，而名风茄花，风言疯也。同理，又名颠茄。"天茄"即颠茄之音转。果实似桃，有麻醉之功，故称醉仙桃。表面有刺，又称芀仙桃。以葡萄状之则称醉葡萄。

洋金花出自《药物图考》，曼陀罗子出自《本草纲目》，曼陀罗根出自《陆川本草》。三国时期，即有华佗使用"麻沸散"进行外科手术的记载，有人认为其主药即为洋金花。《岭外代答》云："广西曼陀罗花，遍生原野，大叶白花，结实如茄子，而遍生小刺，乃药人草也。盗贼采，干而末之，以置人饮食，使之醉闷，则挈篋而趋。"《本草纲目》曰："曼陀罗生北土，人

家亦栽之。春生夏长，独茎直上，高四五尺，生不旁引，绿茎碧叶，叶如茄叶。八月开白花，凡六瓣，状如牵牛花而大。攒花中坼，骈叶外包，而朝开夜合。结实圆而有丁拐，中有小子。"

【入药部位及性味功效】

曼陀罗子，又称醉葡萄、天茄子、胡茄子、狗核桃、风茄果、笋仙桃、洋大麻子、山大麻子、伏茄子、醉仙桃，为植物曼陀罗、白曼陀罗、毛曼陀罗等的果实或种子。夏、秋季果实成熟时采收，亦可晒干后取出种子。味辛、苦，性温，有毒。归肝、脾经。平喘，祛风，止痛。主治喘咳，惊痫，风寒湿痹，脱肛，跌打损伤，疮疖。

曼陀罗根，为植物曼陀罗、白曼陀罗、毛曼陀罗等的根。夏、秋季挖取，洗净，鲜用或晒干。味辛、苦，性温，有毒。镇咳，止痛，拔脓。主治喘咳，风湿痹痛，疥癣，恶疮，狂犬咬伤。

洋金花，又称曼陀罗花、蔓陀罗花、千叶蔓陀罗花、层台蔓陀罗花、山茄花、押不芦、胡茄花、大闹杨花、马兰花、风茄花、佛花、天茄弥陀花、洋大麻子花、关东大麻子花、虎茄花、风麻花、酒醉花、羊惊花、枫茄花、广东闹羊花、大喇叭花，为植物曼陀罗、白曼陀罗、毛曼陀罗等的花。在7月下旬至8月下旬盛花期，于下午4～5时采摘，晒干，遇雨可用50～60℃烘4～6小时即干。味辛，性温，有毒。归肺、肝经。平喘止咳，麻醉止痛，解痉止搐。主治哮喘咳嗽，脘腹冷痛，风湿痹痛，癫痫，惊风。用于外科麻醉。

曼陀罗叶，为植物曼陀罗、白曼陀罗、毛曼陀罗等的叶。7～8月间采收，鲜用，亦可晒干或烘干。味苦、辛，性温，有毒。镇咳平喘，止痛拔脓。主治喘咳，痹痛，脚气，脱肛，痈疽疮疖。

【经方验方应用例证】

治风湿关节痛：①曼陀罗花30g，白酒500g，将花放酒内泡半个月，每次饮约5mL，每日2次。(《内蒙古中草药》)②曼陀罗花9g，水煎，烫洗患处。(《全国中草药汇编》)

治肌肉疼痛、麻木：洋金花6g，煎水外洗。(《广西本草选编》)

治化脓性骨髓炎：洋金花研粉，加适量面粉糊拌匀，制成2mm大药线，高压消毒备用。用时先清洁患处，然后将药线插入瘘管内，盖上纱布，每2～3天换药1次。(《广西本草选编》)

治胃肠及胆道绞痛：白花曼陀罗叶晒干研粉，每次1g，开水冲服。(《浙江药用植物志》)

治皮肤痒起水疱：曼陀罗鲜叶适量，捣汁涂患处。(《闽南民间草药》)

治银屑病：剥取曼陀罗根皮，晒干，研末，加醋及枯矾擦患处。(《广西中药志》)

治手掌心破痒流黄水：曼陀罗鲜根三钱，雄黄三钱，明矾三钱。水适量，煎数沸取起。令患者于适合温度时将患处浸于药水中，越久越好，日作一、二次。(《闽南民间草药》)

治筋骨疼痛：曼陀罗干根一两，浸酒半斤。十日后饮酒，每日一至二次，每次不超过一钱。(《南方主要有毒植物》)

立止哮喘烟：主治哮喘。(《外科十三方考》)

【中成药应用例证】

满金止咳片：止咳，祛痰，平喘。用于慢性支气管炎引起的咳痰、咳喘。

香冰祛痛气雾剂：活血散瘀，消肿止痛。用于跌打扭伤，软组织损伤。

恒古骨伤愈合剂：活血益气，补肝肾，接骨续筋，消肿止痛，促进骨折愈合。用于新鲜骨折及陈旧骨折、股骨头坏死、骨关节病、腰椎间盘突出症等。

止咳灵注射液：治疗病毒、细菌及其混合感染引起的呼吸道及全身性感染。

止喘灵注射液：宣肺平喘，祛痰止咳。用于痰浊阻肺、肺失宣降所致的哮喘、咳嗽、胸闷、痰多；支气管哮喘、喘息性支气管炎见上述证候者。

化痔栓：清热燥湿，收涩止血。用于大肠湿热所致的内外痔、混合痔。

壮骨伸筋胶囊：补益肝肾，强筋壮骨，活络止痛。用于肝肾两虚、寒湿阻络所致的神经根型颈椎病，症见肩臂疼痛、麻木、活动障碍。

癣宁搽剂：清热除湿，杀虫止痒，有较强的抗真菌作用。用于脚癣、手癣、体癣、股癣等皮肤癣症。

风茄平喘膏：止咳，祛痰，平喘。用于防止单纯性、喘息性慢性气管炎和支气管哮喘。

云胃宁胶囊：温中散寒，解痉止痛。用于寒凝血瘀所致胃及十二指肠溃疡、慢性胃炎、胃痉挛所致的胃脘痛。

复方曼陀罗药水：温中散寒止痛。用于脘腹冷痛，寒痹刺痛，跌打伤痛。

【现代临床应用】

临床上洋金花治疗慢性气管炎，总有效率88%；治疗强直性脊柱炎；用于眼科检查。

盒子草

Actinostemma tenerum Griff.

葫芦科（Cucurbitaceae）盒子草属一年生纤细攀援草本。

枝纤细，疏被长柔毛，后脱落无毛。叶心状戟形或披针状三角形，边缘微波状或疏生锯齿；叶柄细，被柔毛，卷须细，2叉，稀单一。花单性，雌雄同株，稀两性；雄花序总状或圆锥状，稀单生或双生；花萼辐状，筒部杯状，裂片线状披针形，花冠辐状，裂片披针形；雌花单生、双生或雌雄同序；雌花梗具关节，花萼和花冠同雄花。果卵形。花期7～9月，果期9～11月。

大别山各县市均有分布，生于水边草丛中。

本品原名合子草，始载于《本草拾遗》，云："蔓生岸旁，叶尖，花白，子中有两片如合子。"《本草纲目拾遗》藤部载有天毬草一条，云："天毬草，好生水岸道旁，苗高三四尺……花小有绒，五月结实为

毯，毯内生黑子二片，生时青，老则黑，每片浑如龟背，又名龟儿草。"又引《百草镜》云："叶尖长，有锯齿，生水涯，蔓生，秋时结实，状如荔枝，色青有刺，壳上中有断纹，两截相合，藏子二粒，色黑如木鳖而小。"

【入药部位及性味功效】

盒子草，又称合子草、鸳鸯木鳖、水荔枝、盒儿藤、天球草、龟儿草、无白草、葫篓棵子、黄丝藤、马瓜包儿、匍丝网草、打破碗子藤、野瓜藤、汤罐头草、野苦瓜、湿疹草，为植物盒子草的全草或种子。夏、秋两季采收全草，晒干。秋季采收成熟果实，收集种子，晒干。味苦，性寒。归肾、膀胱经。利水消肿，清热解毒。主治水肿，臌胀，疳积，湿疹，疮疡，毒蛇咬伤。

【经方验方应用例证】

治急性肾炎：盒子草全草、虫笋、大葫芦各30g，野薄荷15g，蚕虫花9g，水煎服；另以全草250g，煎汤熏洗，每日1次，连续3～4次。（《浙江药用植物志》）

治疳积初起：鸳鸯木鳖三钱，煎服愈。（《百草镜》）

治毒蛇咬伤：盒子草种子10粒，去壳吞服；同时取鲜叶适量，捣烂敷伤处。（《浙江药用植物志》）

治钉铁独伤手足，肿痛不可忍：用合子草细嚼，缚于伤处，一日三次，换帖即愈。（《普济方》）

冬瓜
Benincasa hispida (Thunb.) Cogn.

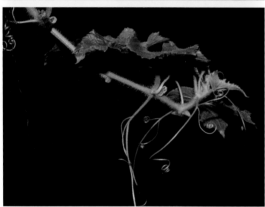

葫芦科（Cucurbitaceae）冬瓜属一年生蔓生草本。

全株密被硬毛。叶掌状5浅裂；叶柄无腺体，卷须2～3歧。花大型，黄色，通常雌雄同株，单生叶腋；雌花花萼和花冠同雄花；退化雄蕊3；子房卵球状。果长圆柱状或近球状，具糙硬毛及白霜。花果期夏季。

大别山各地作蔬菜广泛栽培。

冬瓜出自《本草经集注》，冬瓜瓤出自《本草图经》，冬瓜叶、冬瓜藤出自《日华子本草》，冬瓜皮出自《开宝本草》，冬瓜子出自《新修本草》。《本草纲目》云："冬瓜，以其冬熟也。又贾思勰曰：冬瓜正二、三月种之。若十月种者，结瓜肥好，乃胜春种。则冬瓜之名或又以此也。"冬瓜音转为东瓜。又《开宝本草》云："此物经霜后，皮上白如粉涂，故云白冬瓜也。"水芝者，《广雅疏证》云："盖以其瓤中多水，故得此名。"枕瓜者，谓其形如枕。《鸡林类事》："高丽方言谓鼓曰濮。"濮瓜似由此义引申，谓其瓜大如鼓也。冬瓜，《神农本草经》原名白瓜。《本草图经》云："今处处有之，皆园圃所莳。其实生苗蔓下，大者如斗而更长，皮厚而有毛，初生正青绿，经霜则白如涂粉。其中肉及子亦白，故谓之白瓜。"《本草纲目》曰："冬瓜三月生苗蔓，大叶团而有尖，茎叶皆有刺毛。六、七月开黄花，结实大者径尺余，长三四尺，嫩时绿色有毛，老则苍色有粉，其皮坚厚，其肉肥白。其瓤谓之瓜练，白虚如絮，可以浣练衣服。其子谓之瓜犀，在瓤中成列。"

【入药部位及性味功效】

冬瓜，又称白瓜、水芝、白冬瓜、地芝、濮瓜、东瓜、枕瓜，为植物冬瓜的果实。夏末秋初果实成熟时采摘。味甘、淡，性微寒。归肺、大小肠、膀胱经。利尿，清热，化痰，生津，解毒。主治水肿胀满，淋证，脚气，痰喘，暑热烦闷，消渴，痈肿，痔漏；并解丹石毒、鱼毒、酒毒。

冬瓜子，又称白瓜子、瓜子、瓜瓣、冬瓜仁、瓜犀，为植物冬瓜的种子。食用冬瓜时，收集成熟种子，洗净，晒干。味甘，性微寒。归肺、大肠经。清肺化痰，消痈排脓，利湿。主治痰热咳嗽，肺痈，肠痈，白浊，带下，脚气，水肿，淋证。

冬瓜瓤，又称冬瓜练，为植物冬瓜的果瓤。食用冬瓜时，收集瓜瓤鲜用。味甘，性平。归肺、膀胱经。清热止渴，利水消肿。主治热病烦渴，消渴，淋证，水肿，痈肿。

冬瓜叶，为植物冬瓜的叶。夏季采取，阴干或鲜用。味苦，性凉。归肺、大肠经。清热，利湿，解毒。主治消渴，暑湿泻痢，疟疾，疮毒，蜂蜇。

冬瓜皮，又称白瓜皮、白东瓜皮，为植物冬瓜的外层果皮。食用冬瓜时，收集削下的外果皮，晒干。味甘，性微寒。归肺、脾、小肠经。清热利水，消肿。主治水肿，小便不利，泄泻，疮肿。

冬瓜藤，为植物冬瓜的藤茎。夏、秋季采收，鲜用或晒干。味苦，性寒。归肺、肝经。清肺化痰，通经活络。主治肺热咳痰，关节不利，脱肛，疮疥。

【经方验方应用例证】

治水肿：鲤鱼一头重一斤以上，煮熟取汁，和冬瓜、葱白作羹食之。(《本草述》)

治痔疮肿痛：冬瓜煎汤洗之。(《袖珍方》)

治哮喘：未脱花蒂的小冬瓜一个，剖开填入适量冰糖，入蒸笼内蒸取水，饮服三四个即效。(《中医秘验方汇编》)

治食鱼中毒：饮冬瓜汁。(《小品方》)

治遗精白浊：冬瓜仁炒为末，空心米饮调下五钱许。(《普济方》)

治白带：冬瓜子100g，金银花80g，土茯苓80g，碎成细粉，过筛，混匀，备用。每日2～3次，每次3～5g，水煎服。(《实用蒙药学》)

治水肿烦渴，小便赤涩：冬瓜白瓤，不限多少。上以水煮令熟，和汁淡食之。(《圣惠方》)

治消渴热，或心神烦乱：冬瓜瓤一两。曝干捣碎，以水一中盏，煎至六分，去滓温服。(《圣惠方》)

治肾炎，小便不利，全身浮肿：冬瓜皮20g，西瓜皮20g，白茅根20g，玉蜀黍蕊15g，赤豆100g，水煎，每日3次分服。(《现代使用中药》)

治体虚浮肿：冬瓜皮30g，杜赤豆60g，红糖适量。煮烂，食豆服汤。(《浙江药用植物志》)

治咳嗽：冬瓜皮(经霜者)五钱，蜂蜜少许，水煎服。(《滇南本草》)

治妇人乳痈毒气不散：冬瓜皮研取汁，当归半两研细。上以冬瓜汁调涂之，以愈为度。

（《普济方》）

治手足冻疮：冬瓜皮、干茄根二味煎汤热洗，不过三次即效。（《医便》）

催乳：冬瓜皮30g，加鲜鲫鱼（洗净，去肠杂），同炖服。（《安徽中草药》）

治消渴不止：冬瓜苗嫩叶水煎代茶饮。（《泉州本草》）

治多年恶疮：用冬瓜叶阴干，瓦上焙，研细，掺疮湿处。（《急救良方》）

冬瓜赤豆粥：利小便，消水肿，解热毒，止消渴。适用于急性肾炎浮肿、尿少者。（《新中医》）

冬瓜洗面药：冬瓜1个（以竹刀子刮去青皮，切作片子），酒1升半，水1升，同煮烂，用竹绵擦去滓，再以布滤过，熬成膏，入蜜1斤，再熬稀稠得所，以新绵再滤过，于瓷器内盛。主治颜面不洁，苍黑无色。（《御药院方》卷十）

冬瓜粥：新鲜连皮冬瓜80～100g（或冬瓜子干的10～15g，新鲜的30g），粳米适量。先将冬瓜洗净，切成小块，同粳米适量一并煮为稀粥，随意服食。或用冬瓜子煎水，去渣，同米煮粥。利小便，消水肿，消热毒，止烦渴。主治水肿胀满，小便不利，包括急慢性肾炎，水肿，肝硬化腹水，脚气浮肿，肥胖症，暑热烦闷，口干作渴，肺热咳嗽，痰喘。（《药粥疗法》引《粥谱》）

鲫鱼冬瓜汤：鲫鱼250g，冬瓜500g。将鲫鱼洗净，去肠杂及鳃与冬瓜（去皮）同煎汤。清肺利尿，消肿。适用于小儿肾炎急性期。（《民间方》）

鲤鱼头煮冬瓜：鲤鱼头1个，冬瓜90g。将鱼头洗净去鳃，冬瓜去皮切成块，把炒锅放在文火上，倒入鲤鱼头、冬瓜，加水1000g煮沸，待鲤鱼头熟透即可。利水消肿，下气通乳。适用于脾虚型妊娠水肿。（《民间方》）

鲜冬瓜叶：鲜竹叶、鲜冬瓜叶各50g，鲜荷叶1张，冰糖适量。水煎代茶，给患儿频频喂饮。治小儿夏季热。（《食疗方》）

【中成药应用例证】

通淋胶囊：补肾健脾，解毒利湿。用于肾虚瘀阻证，症见尿频、尿急、尿涩痛、血尿。

肾炎消肿片：健脾渗湿，通阳利水。用于脾虚气滞、水湿内停所致的水肿，症见肢体浮肿、晨起面肿甚、按之凹陷，身体重倦、尿少、脘腹胀满、舌苔白腻、脉沉缓；急、慢性肾炎见上述证候者。

雅叫哈顿散：清热解毒，止痛止血。用于感冒发热，喉炎，胸腹胀痛，虚劳心悸，月经不调，产后流血。

醒脾开胃颗粒：醒脾调中，升发胃气。用于面黄乏力，食欲低下，腹胀腹痛，食少便多。

前列舒丸：扶正固本，益肾利尿。用于肾虚所致的淋证，症见尿频、尿急、排尿滴沥不尽；慢性前列腺炎及前列腺增生症见上述证候者。

【现代临床应用】

冬瓜皮临床上治疗糖尿病。

丝瓜

Luffa aegyptiaca Miller

葫芦科（Cucurbitaceae）丝瓜属一年生攀援藤本。

茎、枝粗糙，有棱沟，被微柔毛。叶片三角形或近圆形，通常掌状5～7裂，边缘有锯齿。雌雄同株。雄花：通常15～20朵花，生于总状花序上部，被柔毛；花萼筒宽钟形，被短柔毛；花冠黄色，辐状。雌花：单生；子房长圆柱状，有柔毛。果实圆柱状。花果期夏、秋季。

丝瓜出自《救荒本草》，丝瓜络出自《本草再新》，丝瓜子出自《食物本草》，丝瓜皮、丝瓜花、丝瓜叶、丝瓜根出自《滇南本草》，丝瓜蒂出自《本草求原》，丝瓜藤出自《本草纲目》，天罗水出自《本草纲目拾遗》。

《本草纲目》："此瓜老则筋丝罗织，故有丝、罗之名；昔人谓之鱼鰦，或云虞刺。始自南方来，故曰蛮瓜。""经霜乃枯，惟可藉靴履，涤釜器，故村人呼为洗锅罗瓜。"线、络、絮、布、缣等名亦因其老筋如织而得之。其瓜可为菜，水分多，故称菜瓜、水瓜。

《救荒本草》："丝瓜，人家园篱种之，延蔓而生，叶似栝楼叶，而花又大，每叶间出一丝藤，缠附草木上，茎叶间开五瓣大黄花。结瓜形如黄瓜而大，色青，嫩时可食，老则去皮，内有丝缕……"

【入药部位及性味功效】

丝瓜，又称天丝瓜、天罗、蛮瓜、绵瓜、布瓜、天罗瓜、鱼鰦、天吊瓜、纯阳瓜、天络丝、天罗布瓜、虞刺、洗锅罗瓜、天罗絮、纺线、天骷髅、菜瓜、水瓜、缣瓜、絮瓜、砌瓜、坭瓜，为植物丝瓜或粤丝瓜的鲜嫩果实，或霜后干枯的老熟果实（天骷髅）。嫩丝瓜于夏、秋间采摘，鲜用。老丝瓜（天骷髅）于秋后采收，晒干。味甘，性

凉。归肺、肝、胃、大肠经。清热化痰，凉血解毒。主治热病身热烦渴，痰喘咳嗽，肠风下血，痔疮出血，血淋，崩漏，痈疽疮疡，乳汁不通，无名肿毒，水肿。

丝瓜络，又称天萝筋、丝瓜网、丝瓜壳、瓜络、絮瓜瓤、天罗线、丝瓜筋、丝瓜瓤、千层楼、丝瓜布，为植物丝瓜或粤丝瓜成熟果实的维管束。秋季果实成熟，果皮变黄，内部干枯时采摘，搓去外皮及果肉，或用水浸泡至果皮和果肉腐烂，取出洗净，除去种子，晒干。味甘，性凉。归肺、肝、胃经。通经活络，解毒消肿。主治胸胁疼痛，风湿痹痛，经脉拘挛，乳汁不通，肺热咳嗽，痈肿疮毒，乳痈。

丝瓜子，又称乌牛子，为植物丝瓜和粤丝瓜的种子。秋季果实老熟后，在采制丝瓜络时，收集种子，晒干。味苦，性寒。清热，利水，通便，驱虫。主治水肿，石淋，肺热咳嗽，肠风下血，痔漏，便秘，蛔虫病。

丝瓜皮，为植物丝瓜或粤丝瓜的果皮。夏、秋间食用丝瓜时，收集刨下的果皮，鲜用或晒干。味甘，性凉。清热解毒。主治金疮，痈肿，疔疮，坐板疮。

丝瓜蒂，又称甜丝瓜蒂，为植物丝瓜或粤丝瓜的瓜蒂。夏、秋间食用丝瓜时，收集瓜蒂，鲜用或晒干。味苦，性微寒。清热解毒，化痰定惊。主治痘疮不起，咽喉肿痛，癫狂，痫证。

丝瓜花，为植物丝瓜或粤丝瓜的花。夏季开花时采收，晒干或鲜用。味甘、微苦，性寒。清热解毒，化痰止咳。主治肺热咳嗽，咽痛，鼻窦炎，疔疮肿毒，痔疮。

丝瓜叶，又称虞刺叶，为植物丝瓜或粤丝瓜的叶片。夏、秋两季采收，晒干或鲜用。味苦，性微寒。清热解毒，止血，祛暑。主治痈疽，疔肿，疮癣，蛇咬，汤火伤，咽喉肿痛，创伤出血，暑热烦渴。

丝瓜藤，为植物丝瓜或粤丝瓜的茎。夏、秋两季采收，洗净，鲜用或晒干。味苦，性微寒。归心、脾、肾经。舒筋活血，止咳化痰，解毒杀虫。主治腰膝酸痛，肢体麻木，月经不调，咳嗽痰多，鼻渊，牙宣，龋齿。

天罗水，又称丝瓜水，为植物丝瓜或粤丝瓜茎中的液汁。夏、秋两季，取地上茎切断，将切品插入瓶中放置一昼夜，即得。味甘、微苦，性微寒。清热解毒，止咳化痰。主治肺痈，肺痿，咳喘，肺痨，夏令皮肤疮疹，痤疮，烫伤。

丝瓜根，为植物丝瓜或粤丝瓜的根。夏、秋季采挖，洗净，鲜用或晒干。味甘、微苦，性寒。活血通络，清热解毒。主治偏头痛，腰痛，痹证，乳腺炎，鼻炎，鼻窦炎，喉风肿痛，肠风下血，痔漏。

【经方验方应用例证】

治乳汁不通：丝瓜连子烧存性，研末。酒服一二钱，被覆取汗即通。（《本草纲目》引《简便单方》）

治手足冻疮：老丝瓜烧存性，和腊猪脂涂之。（《本草纲目》引《海上方》）

治玉茎疮溃：丝瓜连子捣汁，和五倍子末，频搽之。（《本草纲目》引朱丹溪方）

治疮毒脓疱：嫩丝瓜捣烂，敷患处。（《湖南药物志》）

治中风后半身不遂：丝瓜络、怀牛膝各10g，桑枝、黄芪各30g，水煎服。（《四川中药志》1979年）

治湿疹：丝瓜络60g，水煎，熏洗患处。（《山东中草药手册》）

治水肿、腹水：丝瓜络60g，水煎服。（《山东中草药手册》）

治绣球风及女阴瘙痒：丝瓜络30g，蒜瓣60g，煎水10000mL，坐浴，每日2～3次，每次20～30分钟。(《疮疡外用本草》)

治羊痫风：甜丝瓜蒂7个为末，白矾一钱。无根水（即缸内、池内水）调送吐痰，过五日再一服愈。(《疑难急症简方》)

治痘疮不起：丝瓜蒂3个，煎汤，调砂糖服。(《泉州本草》)

治坐板疮痒者：丝瓜皮阴干为末，烧酒调搽。(《摄生众妙方》)

治红肿热毒疮、痔疮：丝瓜花、铧头草各15g，生捣涂敷。(《重庆草药》)

治肺热咳嗽、喘急气促：丝瓜花、蜂蜜，煎服。(《滇南本草》)

治流行性腮腺炎：鲜丝瓜叶、鲜鸭跖草（竹叶菜）各30～60g，洗净，捣烂外敷，每日2次。(《食物中药与便方》)

治创伤出血：丝瓜叶干粉外敷伤口，用消毒纱布包扎。(《上海常用中草药》)

治阳旺：用丝瓜小藤捣烂，敷玉茎，阳即倒矣。(《寿世保元》)

治牙宣露痛：丝瓜藤阴干，临时火煅存性，研搽。(《本草纲目》引《海上妙方》)

治肾虚腰痛：丝瓜藤连根，焙燥研细末。黄酒送服，每次3g，每日2次。(《食物中药与便方》)

治面疱，肺风粉刺，皮脂腺分泌过多，毛囊炎等：丝瓜水擦洗。(《食物中药与便方》)

治肺结核：天罗水20～30mL，炖冰糖服。(《福建药物志》)

治慢性支气管炎，咳喘，咯血，肺痈，吐浓痰：丝瓜水每次服50～60mL，每日2～3次。(《食物中药与便方》)

治诸疮久溃：丝瓜老根，熬水扫之，大凉即愈。(《本草纲目》引《包会应验方》)

治乳少：丝瓜根60g，煮猪脚食。(《湖南药物志》)

治鼻窦炎：丝瓜根30g，水煎服。(《湖南药物志》)

治偏头痛：鲜丝瓜根90g，鸭蛋2个，水煮服。(江西《草药手册》)

治风湿性关节炎：丝瓜根四两，豆腐半斤，水炖服。(福州军区后勤部卫生部《中草药手册》)

【中成药应用例证】

滑膜炎胶囊：清热祛湿，活血通络。用于湿热闭阻、瘀血阻络所致的痹病，症见关节肿胀疼痛、痛有定处、屈伸不利；急、慢性滑膜炎及膝关节术后见上述证候者。

通络生乳糖浆：通经活络下乳。用于气血不足，经络不通，奶汁灰白稀薄。

尿石通丸：清热祛湿，行气逐瘀，通淋排石。用于气滞湿阻型尿路结石以及震波碎石后者。

龟龙中风丸：滋补肝肾，息风活血化痰。用于风痰瘀血闭阻脉络证的缺血性中风病（脑梗死）中经络恢复期，症见半身不遂、偏身麻木、口舌歪斜、语言謇涩等。

乳核内消颗粒：疏肝活血，软坚散结。用于经期乳房胀痛有块，月经不调或量少色紫成块及乳腺增生。

【现代临床应用】

丝瓜藤临床治疗慢性气管炎，总有效率60%～63%；丝瓜络治疗急性乳腺炎，病后48小时以内效果显著，总有效率90%。

苦瓜

Momordica charantia L.

葫芦科（Cucurbitaceae）苦瓜属一年生攀援状柔弱草本。

茎、枝被柔毛。卷须不分歧；叶卵状肾形或近圆形，5～7深裂，具粗齿或有不规则小裂片。雌花：单生；子房密生瘤状凸起。果纺锤形或圆柱形，多瘤皱。花果期5～10月。

各地广泛栽培。

苦瓜、苦瓜叶出自《滇南本草》，苦瓜子出自《本草纲目》，苦瓜花出自《闽南民间草药》，苦瓜藤、苦瓜根出自《民间常用草药汇编》。

苦瓜以锦荔枝之名始载于《救荒本草》，云："人家园篱边多种，苗引藤蔓延，附草木生。茎长七八尺，茎有毛涩，叶似野葡萄叶，而花又多，叶间生细丝蔓，开五瓣黄碗子花，结实如鸡子大，尖鹊纹皱，状似荔枝而大，生青熟黄，内有红瓤，味甜。"《本草纲目》："苦瓜原出南番，今闽广皆种之。五月下子，出苗引蔓，茎叶卷须并如葡萄而小，七、八月开小黄花，五瓣如碗形，结瓜长者四五寸，短者二三寸，青色，皮上痱瘟如癞及荔枝壳状，熟则黄色自裂，内在红瓤裹子。瓤味甜甘可食，其子形扁如瓜子，亦有痱瘟。"

苦瓜之色有生青熟赤之分，其性有生寒熟温之别。

【入药部位及性味功效】

苦瓜，又称锦荔枝、癞葡萄、红姑娘、凉瓜、癞瓜、红羊，为植物苦瓜的果实。秋季采收果实，切片晒干或鲜用。味苦，性寒。归心、脾、肺经。祛暑涤热，明目，解毒。主治暑热烦渴，消渴，赤眼疼痛，痢疾，疮痈肿毒。

苦瓜子，为植物苦瓜的种子。秋后采收成熟果实，剖开，收取种子，洗净，晒干。味苦、甘，性温。温补肾阳。主治肾阳不足，小便频数，遗尿，遗精，阳痿。

苦瓜花，为植物苦瓜的花。夏季开花时采收，鲜用或烘干。味苦，性寒。清热解毒，和胃。主治痢疾，胃气痛。

苦瓜叶，为植物苦瓜的叶。夏、秋季采收，洗净，鲜用或晒干。味苦，性凉。清热解毒。主治疮痈肿毒，梅毒，痢疾。

苦瓜藤，又称苦瓜茎，为植物苦瓜的茎。夏、秋季采取，洗净，切段，鲜用或晒干。味苦，性寒。清热解毒。主治痢疾，疮痈肿毒，胎毒，牙痛。

苦瓜根，为植物苦瓜的根。夏、秋季采挖根部，洗净，切段，鲜用或晒干。味苦，性寒。清湿热，解毒。主治湿热泻痢，便血，疔疮肿毒，风火牙痛。

【经方验方应用例证】

治烦热消渴饮：苦瓜绞汁调蜜冷服。（《泉州本草》）

治中暑暑热：鲜苦瓜截断去瓤，纳好茶叶再合起，悬挂阴干。用时取6～9g煎汤，或切片泡开水代茶服。（《泉州本草》）

治鹅掌风：先用苦瓜叶煎汤洗，后以米糠油涂之。（《福州台江验方汇集》）

治杨梅疮：苦瓜叶，晒干为末，每服三钱，无灰酒下。（《滇南本草》）

治小儿胎毒：苦瓜茎适量煎水洗。（《陆川本草》）

治疮毒：苦瓜藤适量捣敷疮毒或煎水洗。（《梧州草药及常见病多发病处方选》）

治红白痢疾：苦瓜藤一握。红痢煎水服，白痢煎酒服。（江西《草药手册》）

治风火牙痛：苦瓜根捣烂敷下关穴。（江西《草药手册》）

治肠炎，阿米巴痢疾，结肠炎，消化不良：苦瓜根30g，白糖适量，水煎服。（《浙江药用植物志》）

苦瓜膏：苦瓜（即癞葡萄）不拘多少，捣烂，以盐卤浸收，不可太稀，愈久愈好。主治蛇头毒。（《疡医大全》卷十九引陈伯迪方）

【中成药应用例证】

外感平安颗粒：清热解表，化湿消滞。用于四时感冒，恶寒发热，周身骨痛，头重乏力，感冒挟湿，胸闷食滞等症。

清热凉茶：清热解暑，祛湿消滞。用于感冒发热、口舌臭苦、大便秘结。

【现代临床应用】

苦瓜临床治疗糖尿病，有效率79.3%，有腹痛、腹泻等消化道反应。

白花蛇舌草

Scleromitrion diffusum (Willd.) R. J. Wang

茜草科（Rubiaceae）蛇舌草属一年生、披散、纤细、无毛草本。

叶无柄，线形，先端短尖；托叶基部合生，先端芒尖。花单生或双生叶腋；花无梗或具短梗；萼筒球形；花冠白色，筒状，冠筒喉部无毛；雄蕊生于冠筒喉部，花药伸出。蒴果扁球形。花期夏秋间。

大别山各县市均有分布，生于田埂和湿润旷地。

白花蛇舌草出自《广西中药志》，又名二叶葎。叶片狭长，以形状之，故名"蛇舌草""羊须草""细叶柳子"。南人有忌"蚀"者，连及同音的"舌"，改称为"利"，故又名"蛇利草""鹩哥利"。叶腋开花，花后结小蒴果如珠，故称目目生珠草、节节结蕊草。

【入药部位及性味功效】

白花蛇舌草，又称蛇舌草、矮脚白花蛇利草、蛇舌癀、目目生珠草、节节结蕊草、鹩哥利、千打捶、羊须草、蛇总管、鹤舌草、细叶柳子、甲猛草、蛇针草、白花十字草、尖刀草、珠仔草、定经草、小叶锅巴草、南地珠、散草、竹叶草、奶沙尔、铁沙尔，为植物白花蛇舌草的带根全草。夏、秋采收，晒干或鲜用。味苦、甘，性寒，无毒。归心、肝、肺、大肠经。清热解毒，利湿。主治肺热喘咳，咽喉肿痛，肠痈，疔肿疮疡，毒蛇咬伤，热淋涩痛，水肿，痢疾，肠炎，湿热黄疸，癌肿。

【经方验方应用例证】

治肺痈、肺炎：①白花蛇舌草、芦根、鱼腥草各30g，水煎服。（《湖北中草药志》）②白花蛇舌草、百蕊草各30g，煎服。（《安徽中草药》）

治咽喉肿痛，结膜炎：白花蛇舌草鲜全草30～60g，水煎服。（《福建中草药》）

治阑尾炎：①白花蛇舌草120g捣烂，榨汁半茶杯，配以同等分量淘米水或同样分量的蜜糖冲服。（《广东中

药》）②白花蛇舌草30g，金银花、败酱草各18g，红藤15g，煎服。（《安徽中草药》）

治疗疮痈肿，疮疖肿毒：白花蛇舌草鲜全草30～60g，水煎服；另取鲜全草和冷饭捣烂，敷患处。（《福建中草药》）

治泌尿系统感染：二叶葎全草30g，野菊花30g，金银花30g，石韦15g，水煎服。（《湖南药物志》）

治急、慢性盆腔炎：二叶葎全草60g，野蚊子草、一枝黄花各30g，白茅根、野菊花全草各15g，水煎服。（《浙江民间常用草药》）

治子宫颈糜烂：二叶葎全草、白英、一枝黄花各30g，贯众15g，水煎服。（《浙江民间常用草药》）

治急、慢性胆囊炎，胆石症：二叶葎全草、马蹄金、活血丹各30g，凤尾草、紫花地丁各15g，水煎服。（《浙江民间常用草药》）

治急慢性腹泻：鲜白花蛇舌草120g，煎水内服。（《四川中药志》1979年）

治胃癌、食管癌、直肠癌：白花蛇舌草75g，薏苡仁30g，黄药子10g，乌药3g，龙葵3g，乌梅6g，水煎服。（《四川中药志》1979年）

治肠癌、宫颈癌及其他腹部癌放射治疗后直肠反应：白花蛇舌草全草、白茅根各30～120g，赤砂糖30～150g，水煎服。（《浙江药用植物志》）

治胃、十二指肠溃疡，慢性胃炎：白花蛇舌草30g，盘柱南五味子3g，猪胆1.5g，桉树叶9g，铁苋菜9g。后二味药煎汤冲前三味药末服。（江西《草药手册》）

白英菊花饮：清热解毒。主治毒热型鼻咽癌。（《肿瘤的诊断与防治》）

肺瘤1号方：补脾益气化痰湿，佐以抗癌。主治脾虚气弱。（高令山方）

肺瘤2号方：滋阴降火，清金保肺，佐以抗癌。主治肺阴不足，虚火上炎。（高令山方）

清化抗癌汤：清化湿热，祛瘀理气。主治气滞瘀阻。（林宗广方）

【中成药应用例证】

肺力咳合剂：清热解毒，镇咳祛痰。用于小儿痰热犯肺所引起的咳嗽痰黄，支气管哮喘，气管炎见上述证候者。

解毒维康片：清热解毒，补益肝肾。用于白血病热毒壅盛、肝肾不足证及放疗和化疗引起的血细胞减少等症。

宫瘤消胶囊：活血化瘀，软坚散结。用于子宫肌瘤属气滞血瘀证，症见月经量多，夹有大小血块，经期延长，或有腹痛，舌暗红，或边有紫点、瘀斑，脉细弦或细涩。

天芝草胶囊：活血祛瘀，解毒消肿，益气养血。用于血瘀证之鼻咽癌、肝癌的辅助治疗。

肝康宁片：清热解毒，活血疏肝，健脾祛湿。用于急慢性肝炎，湿热疫毒蕴结、肝郁脾虚证候所见胁痛腹胀、口苦纳呆、恶心、厌油、黄疸日久不退或反复出现，小便发黄、大便偏干或黏滞不爽、神疲乏力等症。

乙肝舒康胶囊：清热解毒，活血化瘀。用于湿热瘀阻所致的急、慢性乙型肝炎，见有乏力、肝病、纳差、脘胀等症。

祛瘀益胃胶囊：健脾和胃，化瘀止痛。用于脾虚气滞血瘀所致的急、慢性胃炎，慢性萎缩性胃炎。

龙金通淋胶囊：清热利湿，化瘀通淋。用于湿热瘀阻所致的淋证，症见尿急、尿频、尿痛；前列腺炎、前列腺增生症见上述证候者。

祛瘀散结胶囊：祛瘀消肿，散结止痛。用于瘀血阻络所致乳房胀痛、乳癖、乳腺增生症。

花红胶囊：清热解毒，燥湿止带，祛瘀止痛。用于湿热瘀滞所致带下病、月经不调，症见带下量多、色黄质稠、小腹隐痛、腰骶酸痛、经行腹痛；慢性盆腔炎、附件炎、子宫内膜炎见上述证候者。

康妇炎胶囊：清热解毒，化瘀行滞，除湿止带。用于月经不调、痛经、附件炎、子宫内膜炎及盆腔炎等妇科炎症。

复方半边莲注射液：清热解毒，消肿止痛。用于多发性疖肿、扁桃腺炎、乳腺炎等。

益肺清化膏：益气养阴，清热解毒，化痰止咳。用于气阴两虚所致的气短、乏力、咳嗽、咯血、胸痛；晚期肺癌见上述证候者的辅助治疗。

白花蛇舌草注射液：清热解毒，利湿消肿。用于湿热蕴毒所致的呼吸道感染，扁桃体炎，肺炎，胆囊炎，阑尾炎，痈疖脓肿及手术后感染，亦可用于癌症辅助治疗。

复方瓜子金颗粒：清热利咽，散结止痛，祛痰止咳。用于风热袭肺或痰热壅肺所致的咽部红肿、咽痛、发热、咳嗽；急性咽炎、慢性咽炎急性发作及上呼吸道感染见上述证候者。

乙肝宁颗粒：补气健脾，活血化瘀，清热解毒。用于慢性肝炎属脾气虚弱、血瘀阻络、湿热毒蕴证，症见胁痛、腹胀、乏力、尿黄；对急性肝炎属上述证候者亦有一定疗效。

鼻咽灵片：解毒消肿，益气养阴。用于火毒蕴结、耗气伤津所致的口干、咽痛、咽喉干燥灼热、声嘶、头痛、鼻塞、流脓涕或涕中带血；急慢性咽炎、口腔炎、鼻咽炎见上述证候者。亦用于鼻咽癌放疗、化疗辅助治疗。

抗骨髓炎片：清热解毒，散瘀消肿。用于热毒血瘀所致附骨疽，症见发热、口渴，局部红肿、疼痛、流脓；骨髓炎见上述证候者。

炎宁糖浆：清热解毒，消炎止痢。用于上呼吸道感染，扁桃体炎，尿路感染，急性细菌性痢疾，肠炎。

金蒲胶囊：清热解毒，消肿止痛，益气化痰。用于晚期胃癌、食管癌患者痰湿瘀阻及气滞血瘀证。

男康片：益肾活血，清热解毒。用于肾虚血瘀、湿热蕴结所致的淋证，症见尿频、尿急、小腹胀满；慢性前列腺炎见上述证候者。

养正消积胶囊：健脾益肾，化瘀解毒。适用于不宜手术的脾肾两虚、瘀毒内阻型原发性肝癌辅助治疗，与肝内动脉介入灌注加栓塞化疗合用，有助于提高介入化疗疗效，减轻对白细胞、肝功能、血红蛋白的毒性作用，改善患者生存质量，改善脘腹胀满、纳呆食少、神疲乏力、腰膝酸软、溲赤便溏、疼痛。

癃清胶囊：清热解毒，凉血通淋。用于下焦湿热所致的热淋，症见尿频、尿急、尿痛、尿短、腰痛、小腹坠胀。

【现代临床应用】

临床上，白花蛇舌草用于治疗急性黄疸型肝炎；治疗附睾郁积症，有效率89.5%；治疗急性阑尾炎。

车前

Plantago asiatica L.

车前科（Plantaginaceae）车前属二年生或多年生草本。

基生叶直立，卵形或宽卵形，顶端圆钝，边缘近全缘。花葶数个，直立，有短柔毛；穗状花序占上端1/3～1/2处，具绿白色疏生花；苞片宽三角形，较萼裂片短，二者均有绿色宽龙骨状凸起；花萼有短柄，裂片倒卵状椭圆形至椭圆形；花冠裂片披针形，长1mm。蒴果椭圆形。种子黑褐色至黑色。花期4～8月，果期7～9月。

大别山各县市均有分布，生于路边、沟旁、田埂等处。

《本草纲目》云："按《尔雅》云：芣苢，马舄。马舄，车前。陆玑《诗疏》云：此草好生道边及牛马迹中，故有车前、当道、马舄、牛遗之名。舄，足履也。"车轮菜、车轱辘草名义同此。郭璞注云："江东呼为蝦蟆衣。"蝦蟆喜藏伏于下也，或作蛤蟆草、蟾蜍草等。《本草图经》云："春初生，苗叶布地如匙面。"故饭匙草乃言其幼草之貌。猪耳草、牛舌草等，均以叶形相似而命名。

车前草出自《嘉祐本草》。车前初以种子入药，始载于《神农本草经》，《名医别录》并用叶及根。《本草经集注》云："人家路边甚多。"《本草图经》云："今江湖、淮甸、近京、北地处处有之。春初生苗，叶布地如匙面，累年者长及尺余，如鼠尾，花甚细，青色微赤，结实如葶苈，赤黑色。"

【入药部位及性味功效】

车前草，又称芣苢、马舄、车前、当道、陵舄、牛舌草、虾蟆衣、牛遗、胜舄、车轮菜、胜舄菜、蛤蟆草、虾蟆草、钱贯草、牛舄、野甜菜、地胆头、白贯草、猪耳草、饭匙草、七星草、五根草、黄蟆龟草、蟾蜍草、猪肚子、灰盆草、打官司草、车轱辘草、驴耳朵草、钱串草、牛甜菜、黄蟆叶、牛耳朵棵，为植物车前、大车前及平车前的全草。播种第2年秋季采收，挖起全株，洗净泥沙，晒干或鲜用。味甘，性寒。归肝、肾、膀胱经。清热利尿，凉血，解毒。主治热结膀胱，小便不利，淋浊带下，暑湿泻痢，衄血，尿血，肝热目赤，咽喉肿痛，痈肿疮毒。

车前子，又称车前实、虾蟆衣子、猪耳朵穗子、凤眼前仁，为植物车前、大车前及平车前的种子。在6～10月陆续剪下黄色成熟果穗，晒干，搓出种子，去掉杂质。味甘、淡，性微寒。归肺、肝、肾、膀胱经。清热利尿，渗湿止泻，明目，祛痰。主治小便不利，淋浊带下，水肿胀满，暑湿泻痢，目赤障翳，痰热咳喘。

【经方验方应用例证】

治泄泻：车前草12g，铁马鞭6g，共捣烂，冲凉水服。(《湖南药物志》)

五子衍宗丸：补肾益精。主治肾虚精亏所致的阳痿不育、遗精早泄、腰痛、尿后余沥。(《医学入门》)

加味五淋散：清热利湿，润燥通淋。主治子淋，孕妇小便频数窘涩，点滴疼痛。(《医宗金鉴》)

阿胶黄芩汤：主治秋燥。肺燥肠热，上则喉痒干咳，咳甚则痰黏带血，血色鲜红，胸胁窜疼；下则腹热如焚，大便水泄如注，肛门热痛，甚或腹痛泄泻，泻必艰涩难行，似痢非痢，肠中切痛，有似硬梗，按之痛甚，舌苔干燥起刺，兼有裂纹。(《重订通俗伤寒论》)

车前草汤：主治热淋及小便不通，血淋急痛，沙石淋。(《鸡峰》卷十八)

车前草饮：主治虚劳失精，小便余沥，尿血不止。(《圣济总录》卷九十二)

车前汤：车前草三钱，玫瑰花一钱半，大黄一钱。主治痢疾。(《经验良方》)

茵陈车前饮：清热除湿，利胆退黄，清热利尿，渗湿止泻。适用于急性黄疸型肝炎。(《经验方》)

【中成药应用例证】

泌淋清胶囊：清热解毒，利尿通淋。用于湿热蕴结所致的小便不利，淋漓涩痛，尿血，急性非特异性尿路感染，前列腺炎见上述证候者。

温肾前列胶囊：益肾利湿。用于肾虚挟湿的良性前列腺增生症，症见小便淋漓、腰膝酸软、身疲乏力等。

补肾助阳丸：滋阴壮阳，补肾益精。用于肾虚体弱，腰膝无力，梦遗阳痿。

痛风舒胶囊：清热，利湿，解毒。用于湿热瘀阻所致的痛风病。

儿童清热导滞丸：健胃导滞，消积化虫。用于食滞肠胃所致的疳证，症见不思饮食、消化不良、面黄肌瘦、烦躁口渴、胸膈满闷、积聚痞块，亦用于虫积腹痛。

肾炎解热片：疏风解热，宣肺利水。用于风热犯肺所致的水肿，症见发热恶寒、头面浮肿、咽喉干痛、肢体酸痛、小便短赤、舌苔薄黄、脉浮数；急性肾炎见上述证候者。

金花明目丸：补肝，益肾，明目。用于老年性白内障早、中期属肝肾不足、阴血亏虚证，症见视物模糊、头晕、耳鸣、腰膝酸软。

春血安胶囊：益肾固冲，调经止血。用于肝肾不足、冲任失调所致的月经失调、崩漏、痛经，症见经行错后、经水量多或淋漓不净、经行小腹冷痛、腰部疼痛；青春期功能失调性子宫出血、上节育环后出血见上述证候者。

复方苦参肠炎康片：清热燥湿止泻。用于湿热泄泻，症见泄泻急迫或泻而不爽、肛门灼热、腹痛、小便短赤；急性肠炎见上述证候者。

复方益肝丸：清热利湿，疏肝理脾，化瘀散结。用于湿热毒蕴所致的胁肋胀痛、黄疸、口干口苦、苔黄脉弦；急、慢性肝炎见上述证候者。

癃清片：清热解毒，凉血通淋。用于下焦湿热所致的热淋，症见尿频、尿急、尿痛、腰痛、小腹坠胀；亦用于慢性前列腺炎湿热蕴结兼瘀血证，症见小便频急，尿后余沥不尽，尿道灼热，会阴少腹腰骶部疼痛或不适等。

顺气化痰颗粒：止咳平喘，顺气化痰。用于上呼吸道感染、急慢性气管炎咳嗽痰多、胸闷气急。

喉咽清口服液：清热解毒，利咽止痛。用于肺胃实热所致的咽部红肿、咽痛、发热、口渴、便秘；急性扁桃体炎、急性咽炎见上述证候者。

尿毒清颗粒：通腑降浊，健脾利湿，活血化瘀。用于慢性肾功能衰竭，氮质血症期和尿毒症早期，中医辨证属脾虚湿浊证和脾虚血瘀证者可降低肌酐、尿素氮，稳定肾功能，延缓透析时间。对改善肾性贫血、提高血钙、降低血磷也有一定作用。

【现代临床应用】

临床上车前草治疗慢性气管炎；治疗急性扁桃体炎；治疗急性黄疸型肝炎；治疗急、慢性细菌性痢疾；治疗乳糜尿。车前子治疗泄泻，总有效率97%；转正胎位，成功率80%～90%；治疗颞下颌关节紊乱及习惯性颞下颌关节脱位；治疗高血压；治疗胃、十二指肠溃疡，胃炎。

阿拉伯婆婆纳

Veronica persica Poir.

车前科（Plantaginaceae）婆婆纳属一年生铺散草本。

全体被长柔毛。茎分枝，下部匍匐，斜升。叶卵形或圆形。花单生上部苞腋，花梗明显长于苞片，花冠蓝紫色。蒴果肾形。花期3～5月，果期4～6月。

大别山各县市均有分布，生于路边荒野或水边湿地。

肾子草出自《贵州民间药物》。果实圆球形，先端微凹若双球。《百草镜》言："形如外肾。"《本草纲目拾遗》云："结子如狗卵"，因而用"肾"之名。婆婆纳始载于《救荒本草》："婆婆纳生田野中。苗塌地生，叶最小，如小面花黡儿，状类初生菊花芽，叶又团，边微花，如云头样，味甜。救饥采苗煠熟水浸淘净油盐调食。"

【入药部位及性味功效】

肾子草，又称灯笼草、灯笼婆婆纳，为植物阿拉伯婆婆纳的全草。夏季采收，鲜用或晒干。味辛、苦、咸，性平。祛风除湿，壮腰，截疟。主治风湿痹痛，肾虚腰痛，外疝。

【经方验方应用例证】

治肾虚腰痛：灯笼草30g，炖肉吃。（《贵州民间药物》）

治疥疮：灯笼草煎水洗。（《贵州民间药物》）

治风湿疼痛：灯笼草30g，煮酒温服。（《贵州民间药物》）

治久疟：灯笼草30g，臭常山3g。煎水服。（《贵州民间药物》）

治小儿阴囊肿大：灯笼草90g，煎水熏洗患处。（《贵州民间药物》）

藿香蓟

Ageratum conyzoides L.

菊科（Asteraceae）藿香蓟属一年生草本。

茎稍带紫色，被白色多节长柔毛，幼茎幼叶及花梗上的毛较密。叶卵形或菱状卵形，两面被稀疏的白色长柔毛，边缘有钝圆锯齿。头状花序较小，在茎或分枝顶端排成伞房花序；总苞片矩圆形，顶端急尖，外面被稀疏白色多节长柔毛；花淡紫色或浅蓝色；冠毛鳞片状。瘦果黑褐色。花果期全年。

原产墨西哥；大别山各县市均有分布，在低山、丘陵等地普遍生长。

胜红蓟出自《福建民间草药》。藿香蓟又名咸虾花、臭垆草。

【入药部位及性味功效】

胜红蓟，又称白花草、脓疱草、绿升麻、白毛苦、毛射香、白花臭草、消炎草、胜红药、水丁药、鱼腥眼、紫红毛草、广马草，为植物藿香蓟的全草。夏、秋季采收，除去根部，鲜用或切段晒干。味辛、微苦，性凉。清热解毒，止血，止痛。主治感冒发热，咽喉肿痛，口舌生疮，咯血，衄血，崩漏，脘腹疼痛，跌打损伤，外伤出血，痈肿疮毒，湿疹瘙痒。

【经方验方应用例证】

治感冒发热：白花草60g，水煎服。(《广西民间常用中草药手册》)

治喉症（包括白喉）：胜红蓟鲜叶30～60g，洗净，绞汁。调冰糖服，日服3次。或取鲜叶晒干，研为末，作吹喉散。(《泉州本草》)

治鼻衄：白花草鲜叶搓烂塞鼻。(《广西本草选编》)

治崩漏、鹅口疮、疔疮红肿：胜红蓟10～15g，水煎服。(《云南中草药》)

治胃溃疡、急慢性腹痛：胜红蓟煅存性，研末装瓶备用。每服1.5g，每日1次，嚼服。在30分钟内不喝水。镇痛作用良好。(《全国中草药汇编》)

治风湿痛、骨折（复位固定后）：鲜广马草打烂敷患处。(《文山中草药》)

治鱼口便毒：胜红蓟鲜叶120g，茶饼15g。共捣烂，加热温敷。(《福建民间草药》)

治湿疹、皮肤瘙痒：白花草鲜叶外擦，或研粉与凡士林调成20%软膏外涂。(《广西本草选编》)

【中成药应用例证】

胜红清热胶囊：清热解毒，理气止痛，化瘀散结。用于湿热下注、气滞血瘀慢性盆腔炎见有腹部疼痛者。

黄花蒿

Artemisia annua L.

菊科（Asteraceae）蒿属一年生草本。

茎直立，多分枝，无毛，茎有纵棱，幼时绿色，后变褐色或红褐色。茎、枝、叶两面及总苞片背面无毛。叶纸质，绿色；微有白色腺点；叶中轴与羽轴两侧无栉齿；中肋凸起。头状花序直径1.5～2.5mm，花序托凸起，半球形；花深黄色。花果期8～11月。

大别山各县市均有分布，生于路旁、荒地、山坡、林缘等处。

蒿，《本草纲目》引晏子云："蒿，草之高者也。"其味清香，亦名香蒿。青蒿，《本草衍义》云："茎叶与常蒿一同，但常蒿色淡青，此蒿色深青"，故得此名。《尔雅》云："蒿，菣。"郭璞注："今人呼青蒿香中炙啖者为菣。"《说文解字》："菣，香蒿也。"三庚草，《履巉岩本草》："于三伏内，每遇庚日，日未出时采。"乃由采收时间而得名。

青蒿之名始载于《五十二病方》。《神农本草经》名草蒿，又名青蒿，列为下品。青蒿子出自《食疗本草》，青蒿根出自《滇南本草》。《梦溪笔谈》："蒿之类至多。如青蒿一类，自有两种，有黄色者，有青色者，本草谓之青蒿，亦恐有别也。陕西绥、银之间有青蒿，在蒿丛之间时有一两株，迥然青色，土人谓之香蒿，茎叶与常蒿悉同，但常蒿色绿，而此蒿青翠，一如松桧之色，至深

秋，余蒿并黄，此蒿独青，气稍芬芳。恐古人所用，以此为胜。"其青蒿为植物 *A. caruifolia* Buchanan-Hamilton ex Roxburgh 之有瘿者，其黄花蒿为植物 *A. annua* L.。

【入药部位及性味功效】

青蒿，又称蒿、菣、草蒿、方溃、臭蒿、香蒿、三庚草、蒿子、草青蒿、草蒿子、细叶蒿、香青蒿、苦蒿、臭青蒿、香丝草、酒饼草，为植物黄花蒿的全草。花蕾期采收，切碎，晒干。味苦、微辛，性寒。归肝、胆经。清热，解暑，除蒸，截疟。主治暑热，暑湿，湿温，阴虚发热，疟疾，黄疸。

青蒿子，为植物黄花蒿的果实。秋季果实成熟时，采取果枝，打下果实晒干。味甘，性凉。清热明目，杀虫。主治劳热骨蒸，痢疾，恶疮，疥癣，风疹。

青蒿根，为植物黄花蒿的根。秋、冬季采挖，洗净，切段，晒干。主治劳热骨蒸，关节酸疼，大便下血。

【经方验方应用例证】

治风湿性关节炎：青蒿根15～30g，牛尾或猪脚7寸，炖2小时，饭前服。(《闽东本草》)

蒿芩清胆汤：清胆利湿，和胃化痰。主治少阳湿热痰浊证，症见寒热如疟，寒轻热重，口苦膈闷，吐酸苦水或呕黄涎而黏，胸胁胀痛，舌红苔白腻，脉濡数，现用于感受暑湿，疟疾，急性黄疸型肝炎等证属湿热偏重者。(《重订通俗伤寒论》)

清经散：清热，凉血，止血。主治肾中水亏火旺，经行先期量多者。(《傅青主女科》)

青蒿鳖甲汤：养阴清热。主治温病后期，热邪深伏阴分，夜热早凉，热退无汗，能食消瘦，舌红少苔，脉细数。(《温病条辨》)

清骨散：清虚热，退骨蒸。主治虚劳阴虚火旺，骨蒸劳热，身体羸瘦，脉细数。(《证治准绳》)

柴胡清骨散：清虚热，退骨蒸。主治劳瘵热甚人强，骨蒸久不痊。(《医宗金鉴》)

逼瘟丹：主治时邪。(《青囊秘传》)

萆麻汤：主治阴蜃。(《疡医大全》卷二十四)

鹅墩饮：主治鹅墩蛋。因暑湿积郁而成，其患在肾囊之下，形如鹅卵，疼痛异常。(《疡科遗编》卷下)

【中成药应用例证】

青蒿油软胶囊：祛痰，止咳。用于慢性支气管炎咳嗽。

小儿肺咳颗粒：健脾益肺，止咳平喘。用于肺脾不足、痰湿内壅所致咳嗽或痰多稠黄，咳吐不爽，气短，喘促，动辄汗出，食少纳呆，周身乏力，舌红苔厚；小儿支气管炎见以上证候者。

解毒维康片：清热解毒，补益肝肾。用于白血病热毒壅盛、肝肾不足证及放疗和化疗引起的血细胞减少等症。

青梅感冒颗粒：清热解表。用于风热感冒，头痛，咳嗽，鼻塞。

复方青蒿搽剂：清热解毒，化瘀止血，消肿止痛。用于大肠湿热所致炎性外痔、血栓性外痔及内痔脱出者。

儿感退热宁口服液：解表清热，化痰止咳，解毒利咽。用于小儿外感风热，内郁化火，发热头痛，咳嗽，咽喉肿痛。

消食退热糖浆：清热解毒，消食通便。用于小儿外感时邪、内兼食滞所致的感冒，症见高热不退、脘腹胀满、大便不畅；上呼吸道感染、急性胃肠炎见上述证候者。

心速宁胶囊：清热化痰，宁心定悸。用于痰热扰心所致的心悸，胸闷，心烦，易惊，口干口苦，失眠多梦，眩晕，脉结代；冠心病、病毒性心肌炎引起的轻、中度室性过早搏动见上述证候者。

【现代临床应用】

青蒿治疗疟疾；治疗登革热；治疗慢性气管炎；治疗盘形红斑狼疮；治疗口腔黏膜扁平苔藓；治疗鼻出血；治疗尿潴留；治疗神经性皮炎；治疗癣。

青蒿

Artemisia caruifolia Buch.-Ham. ex Roxb.

菊科（Asteraceae）蒿属一年生或两年生草本植物。

茎单生，纤细，无毛；上部多分枝。叶两面青绿色或淡绿色；无毛；栉齿状羽状分裂；叶中轴或羽轴两侧有栉齿；中肋不凸起。头状花序直径3.5～4.5mm，花序托球形；花淡黄色。花果期6～9月。

大别山各县市均有分布，生于低海拔、湿润的河岸边砂地、山谷、林缘、路旁等。

《植物名实图考》并收青蒿与黄花蒿二条，注明青蒿为"《神农本草经》下品"，黄花蒿为"《本草纲目》始收入药"。

【入药部位及性味功效】

参见黄花蒿。

【经方验方应用例证】

参见黄花蒿。

【中成药应用例证】

参见黄花蒿。

【现代临床应用】

参见黄花蒿。

鬼针草
Bidens pilosa L.

菊科（Asteraceae）鬼针草属一年生草本。

茎直立，钝四棱形。茎下部叶3裂或不分裂，中部叶具无翅柄，三出，边缘有锯。头状花序，有花序梗。总苞基部被短柔毛。全部花筒状或边缘有白色舌状花5～7朵。瘦果黑色，条形，略扁，具棱，顶端芒刺3～4枚，具倒刺毛。花果期8～11月。

大别山各县市均有分布，生于海拔900m以下山坡、路旁、田埂或沟边。

《本草拾遗》云："子作钗脚，着人衣如针，北人呼为鬼针，南人谓之鬼钗。"瘦果细长，顶端冠毛如芒，3～4枚，呈钗状，故又称鬼钗。

鬼针草始载于《本草拾遗》，谓："生池畔，方茎，叶有桠，子作钗脚，着人衣如针。"

【入药部位及性味功效】

鬼针草，又称鬼钗草、鬼黄花、山东老鸦草、婆婆针、鬼骨针、盲肠草、跳虱草、引线包、针包草、一把针、刺儿鬼、鬼蒺藜、乌藤菜、清胃草、跟人走、粘花衣、鬼菊、擂钻草、山虱母、粘身草、咸丰草、脱力草，为植物鬼针草的全草。在夏、秋季开花盛期，收割地上部分，拣去杂草，鲜用或晒干。味苦，性微寒。清热解毒，祛风除湿，活血消肿。主治咽喉肿

痛，泄泻，痢疾，黄疸，肠痈，疔疮肿毒，蛇虫咬伤，风湿痹痛，跌打损伤。

【经方验方应用例证】

治痢疾：鬼针草柔芽一把。水煎汤，白痢配红糖，红痢配白糖，连服3次。（《闽东本草》）

治黄疸：鬼针草、柞木叶各15g，青松针30g。煎服。（《浙江民间草药》）

治急性黄疸型传染性肝炎：鬼针草100g，连钱草60g，水煎服。（《全国中草药汇编》）

治偏头痛：鬼针草30g，大枣3枚。水煎温服。（《江西草药》）

治金疮出血：鲜鬼针草叶，捣烂敷创口。（《泉州本草》）

治胃气痛：鲜鬼针草全草45g，和猪肉120g同炖，调黄酒少许，饭前服。（《泉州本草》）

感冒清：抗流感病毒。主治流行性感冒，发热，恶寒，咽痛，鼻塞，舌偏红，苔薄白，脉浮数者。（广州白云山制药总厂）

鬼针散：主治割甲侵肉不愈。（《备急千金要方》卷二十二）

【中成药应用例证】

馥感啉口服液：清热解毒，止咳平喘，益气疏表。用于小儿气虚感冒所引起的发热、咳嗽、气喘、咽喉肿痛。

东山感冒片：清热解毒。用于感冒发热，头痛，咳嗽。

胜红清热胶囊：清热解毒，理气止痛，化瘀散结。用于湿热下注、气滞血瘀慢性盆腔炎见有腹部疼痛者。

腹安颗粒：清热解毒，燥湿止痢。用于痢疾，急性胃肠炎，腹泻、腹痛。

【现代临床应用】

预防感冒、流行性感冒；治疗小儿腹泻；治疗急性黄疸型肝炎；治疗慢性前列腺炎。

红花

Carthamus tinctorius L.

菊科（Asteraceae）红花属一年生草本。

茎枝无毛。中下部茎生叶披针形、卵状披针形或长椭圆形，边缘有锯齿或全缘，齿端有针刺；叶革质，两面无毛无腺点，半抱茎。头状花序排成伞房花序，为苞叶所包，苞片椭圆形或卵状披针形，边缘有针刺或无针刺；总苞卵圆形，总苞片4层；小花红或橘红色。瘦果倒卵圆形，无冠毛。花果期5～8月。

大别山区部分县市均有引种栽培。

《本草图经》："其花红色，叶颇似蓝，故有蓝名。"《农政全书·种植》："红花，一名红蓝，一名黄蓝，以其花似蓝也。"按："蓝"为多种可制染料植物，引申之，凡可染色之植物皆可称蓝。"红蓝"谓可染红之草；"黄蓝"谓能染黄之草。

汉代张骞从西域得红蓝花，种以为染。后用于医药，张仲景《金匮要略》载有"红蓝花酒"。《开宝本草》云红蓝花"生梁、汉及西域。"红花之名则始见于《本草图经》，云："今处处有之。人家场圃所种，冬而布子于熟地，至春生苗，夏乃有花。下作梂汇多刺，花蕊出梂上，圃人承露采之，采已复出，至尽而罢。梂中结实，白颗如小豆大。其花曝干以染真红及作胭脂。主产后血病为胜。"《本草纲目》："红花，二月、八月、十二月皆可以下种，雨后布子，如种麻法。初生嫩叶、苗亦可食。其叶如小蓟叶。至五月开花，如大蓟花而红色。"

【入药部位及性味功效】

红花，又称红蓝花、刺红花、草红花，为植物红花的花。5月下旬开花，5月底至6月中、下旬盛花期，分批采摘。选晴天，每日早晨6～8时，待管状花充分展开呈金黄色时采摘，过迟则管状花发蔫并呈红黑色，收获困难，质量差，产量低。采回后阴干或用40～60℃低温烘干。味辛，性温。归心、肝经。活血通经，祛瘀止痛。主治经闭，痛经，产后瘀阻腹痛，胸痹心痛，癥瘕积聚，跌打损伤，关节疼痛，中风偏瘫，斑疹。

【经方验方应用例证】

治子宫颈癌：红花、白矾各6g，瓦松30g。水煎，先熏后洗外阴部，每日1～2次，每次30～60分钟，下次加热后再用，每剂药可反复应用3～4天。[《上海中医药杂志》1984（9）:9]

治关节炎肿痛：红花炒后研末适量，加入等量的地瓜粉，盐水或烧酒调敷患处。（《福建药物志》）

治痛经：红花6g，鸡血藤24g，水煎调黄酒适量服。（《福建药物志》）

桃仁红花煎：活血化瘀，祛痛散结。主治心血瘀阻。症见心悸，胸闷不适，心痛时作，痛如针刺，唇甲青紫，舌质紫暗或有瘀斑，脉涩或结或代。（《素庵医案》）

当归红花酊：当归150g，红花50g，60%乙醇适量。取当归切成薄片后与红花混匀，按浸渍法浸渍7天，制成酊剂1000mL即得。调经养血。主治月经不调，痛经。（《浙江中草药制剂技术》）

【中成药应用例证】

八味小檗皮胶囊：消炎止痛，固精止血。用于尿道感染，尿痛，白浊，血尿，滑精等。

巴戟振阳胶囊：补肾壮阳。用于肾阳不足所致的功能性阳痿等症。

脂清胶囊：滋补肝肾，活血化瘀。用于肝肾阴虚所致高脂血症。

丹红注射液：活血化瘀，通脉舒络。用于瘀血闭阻所致的胸痹及中风，症见胸痛，胸闷，心悸，口眼歪斜，言语謇涩，肢体麻木，活动不利等症；冠心病、心绞痛、心肌梗死，瘀血型肺源性心脏病，缺血性脑病、脑血栓。

冠心静胶囊：活血化瘀，益气通脉。用于气虚血瘀引起的胸痹、胸痛、气短心悸及冠心病见上述症状者。

冠心丹芍片：活血化瘀，通脉止痛。用于瘀血闭阻所致的胸痹，症见胸闷、胸痛、心悸、憋气等症，以及冠心病、心绞痛见上述症状者。

金红止痛消肿酊：活血化瘀，消肿止痛。用于瘀血阻络所致的跌打损伤，风湿痹痛。

丹芎跌打膏：活血散瘀，消肿止痛。用于各种急性、亚急性软组织损伤。

跌打七厘片：活血，散瘀，消肿，止痛。用于跌打损伤，外伤出血。

三七伤药胶囊：舒筋活血，散瘀止痛。用于跌打损伤，风湿瘀阻，关节痹痛；急慢性扭挫伤、神经痛见上述证候者。

丹葛颈舒胶囊：益气活血，舒经通络。用于瘀血阻络型颈椎病引起的眩晕、头昏、颈肌僵硬、肢体麻木等。

恒古骨伤愈合剂：活血益气，补肝肾，接骨续筋，消肿止痛，促进骨折愈合。用于新鲜骨折及陈旧骨折、股骨头坏死、骨关节病、腰椎间盘突出症。

安儿宁颗粒：清热祛风，化痰止咳。用于小儿风热感冒，咳嗽有痰，发热咽痛，上呼吸道感染见上述证候者。

回生口服液：消癥化瘀。用于原发性肝癌、肺癌。

肝健胶囊：清热解毒，疏肝利胆。用于病毒性肝炎肝胆湿热证。

红花逍遥胶囊：疏肝，理气，活血。用于肝气不疏，胸胁胀痛，头晕目眩，食欲减退，月经不调，乳房胀痛或伴见颜面黄褐斑。

五味清浊丸：开郁消食，暖胃。用于食欲不振，消化不良，胃脘冷痛，满闷嗳气，腹胀泄泻。

益气生津降糖胶囊：润肺清胃，滋肾，益气生津。用于气阴两虚糖尿病的辅助治疗。

牛黄清脑开窍丸：清热解毒，开窍镇痉。用于温病高热，气血两燔，症见高热神昏、惊厥谵语。

红龙镇痛片：醒脑开窍，通络止痛。用于瘀阻脑络所引起的偏头痛、血管神经性头痛。

脑心通胶囊：益气活血，化瘀通络。用于气虚血滞、脉络瘀阻所致中风中经络，半身不遂、肢体麻木、口眼歪斜、舌强语謇及胸痹心痛、胸闷、心悸、气短；脑梗死、冠心病心绞痛属上述证候者。

脑康泰胶囊：活血化瘀。用于中风、中经络属瘀血阻络证，症见半身不遂，语言謇涩。

红花如意丸：祛风镇痛，调经血，祛斑。用于妇女血症、风症、阴道炎、宫颈糜烂、心烦血虚、月经不调、痛经、下肢关节疼痛、筋骨肿胀、晨僵、麻木、小腹冷痛及寒湿性痹证。

固本明目颗粒：平肝健脾，化瘀明目。用于脾虚肝旺、瘀血阻络所引起的目赤干涩，白内障、视物模糊。

肤康搽剂：清热燥湿，疏风止痒。用于湿疹，痤疮，花斑癣属风热湿毒证者。

骨折挫伤胶囊：舒筋活络，消肿散瘀，接骨止痛。用于跌打损伤，扭腰岔气，筋伤骨折属于瘀血阻络者。

【现代临床应用】

红花临床治疗冠心病，症状改善总有效率84.72%，心绞痛改善有效率80.7%，心电图改善有效率66%；治疗脑血栓，总有效率94.2%，副作用有过敏性皮疹、月经过多和全身无力等；治疗脑动脉硬化症；治疗高血压脑出血恢复期之偏瘫，但血压过高者不宜使用红花；预防流行性出血热；治疗砸伤、扭伤所致的皮下充血、肿胀及腱鞘炎；治疗急慢性肌肉劳损，有效率91.7%；防治褥疮；治疗静脉炎；治疗神经性皮炎，有效率85.7%；治疗扁平疣，治愈率91.6%；治疗因注射引起的局部硬结肿块症；治疗青少年近视眼，有效率80.83%；治疗突发性耳聋；治疗胃溃疡。

石胡荽

Centipeda minima (L.) A. Br. et Aschers.

菊科（Asteraceae）石胡荽属一年生匍匐状小草本。

茎多分枝。叶互生，楔状倒披针形，顶端钝，边缘有不规则的疏齿，无毛，或仅背面有微毛。头状花序小，扁球形，单生于叶腋；花杂性，淡黄色或黄绿色，全部筒状；边缘花绿黄色，盘花淡紫红色，下部有明显的狭管。瘦果椭圆形。花果期6～10月。

大别山各县市均有分布，生于路旁、荒野阴湿地。

此草气辛有刺激性，鹅皆不食，故名鹅不食草。《本草纲目》："细茎小叶，形状宛如嫩胡荽。"故有诸"胡荽""芫荽"等名。鸡肠草者，言其茎细圆，断面有白色髓或中空也。

鹅不食草始载于《食性本草》。《四声本草》《植物名实图考》均称为石胡荽。《本草纲目》谓："石胡荽生石缝及阴湿处，小草也。高二三寸，冬月生苗，细茎小叶，形状宛如嫩胡荽，其气辛熏，不堪食，鹅亦不食之。夏开细花，黄色，结细子，极易繁衍，僻地则铺满也。"

【入药部位及性味功效】

鹅不食草，又称食胡荽、野园荽、鸡肠草、鹅不食、地芫荽、满天星、沙飞草、地胡椒、大救驾、三节剑、山胡椒、连地稗、球子草、二郎戟、小救驾、杜网草、猪屎草、砂药草、地白茜、猪屎潺、通天窍、雾水沙、猫沙、小拳头、铁拳头、散星草、地杨梅、三牙钻、蚊子草、白球子草、二郎剑，为植物石胡荽的全草。9～11月花开时采收，鲜用或晒干。味辛，性温。归肺、肝经。祛风通窍，解毒消肿。主治感冒，头痛，鼻渊，鼻息肉，咳嗽，喉痹，

耳聋，目赤翳膜，疟疾，风湿痹痛，跌打损伤，肿毒，疥癣。

【经方验方应用例证】

治伤风头痛、鼻塞，目翳：鹅不食草（鲜或干均可）搓揉，嗅其气，即打喷嚏，每日2次。（《贵阳民间药草》）

治鼻炎，鼻窦炎，鼻息肉，鼻出血：鹅不食草、辛夷花各3g，研末吹入鼻孔，每日2次；或加凡士林20g，做成膏状涂鼻。（《青岛中草药手册》）

治支气管哮喘：石胡荽、瓜蒌、莱菔子各9g，煎服。（《安徽中草药》）

治黄疸型肝炎：鹅不食草9g，茵陈24g，水煎服。（《河北中草药》）

治阿米巴痢疾：石胡荽、乌韭根各15g，水煎服，每日1剂；血多者加仙鹤草15g。（《江西草药》）

治痔疮：鹅不食草60g，无花果叶15～18g，煎水，先熏过再洗。（《贵阳民间药草》）

治慢性湿疹：石胡荽、扛板归等分，共研末，用醋或麻油调和涂敷患处。（《战备草药手册》）

治鸡眼：先将鸡眼厚皮削平，用鲜石胡荽捣烂包敷患处，3～5天取下。（《浙江民间常用草药》）

治膀胱结石：鹅不食草60g，洗净捣汁，加白糖少许，1次服完。（《贵阳民间药草》）

治脑漏：鲜石胡荽捣烂，塞鼻孔内。（《浙江民间草药》）

治痔疮肿痛：石胡荽捣贴之。（《濒湖集简方》）

治牛皮癣：鹅不食草捣涂。（《贵阳民间药草》）

治蛇伤：鲜石胡荽捣烂，外敷伤部。（《泉州本草》）

治跌打肿痛：鹅不食草适量，捣烂，炒热，敷患处。（《广西民间常用草药》）

碧玉散：清热散风，活血止痛。主治目赤肿痛，昏暗羞明，隐涩疼痛，风痒头重，脑鼻酸痛，翳膜胬肉，眵泪稠黏，卷毛倒睫。（《审视瑶函》卷六）

碧云散：通关散风。主治风热上攻，头痛目眩，眼睛红赤风痒。（《北京市中药成方选集》）

清胆化石汤：疏肝理气，清热化滞，利胆排石。主治肝气郁结，木郁化火。（翁恭方）

【中成药应用例证】

口鼻清喷雾剂：疏散风热，清热解毒，清利咽喉。用于外感风热，鼻塞流涕，咽喉肿痛。

结石清胶囊：利胆排石，活血止痛。用于肝胆湿热蕴结所致胆囊炎、胆石症。

药用灸条：温经散寒，祛风除湿，通络止痛。用于风寒湿邪痹阻所致关节疼痛、脘腹冷痛等症。

鼻康片：清热解毒，疏风消肿，利咽通窍。用于风热所致的急慢性鼻炎、鼻窦炎及咽炎。

复方决明片：养肝益气，开窍明目。用于气阴两虚证的青少年假性近视。

中华跌打丸：消肿止痛，舒筋活络，止血生肌，活血祛瘀。用于挫伤筋骨，新旧瘀痛，创伤出血，风湿瘀痛。

芩芷鼻炎糖浆（鼻炎糖浆）：清热解毒，消肿通窍。用于急性鼻炎。

通关散：通关开窍。用于痰浊阻窍所致的气闭昏厥、牙关紧闭、不省人事。

鼻炎康片：清热解毒，宣肺通窍，消肿止痛。用于风邪蕴肺所致的急、慢性鼻炎，过敏性鼻炎。

【现代临床应用】

治疗百日咳；治疗疟疾；治疗关节扭伤、腰肌劳损、风湿疼痛。

野茼蒿

Crassocephalum crepidioides (Benth.) S. Moore

菊科（Asteraceae）野茼蒿属一年生直立草本。

无毛，叶膜质，椭圆形或长圆状椭圆形，先端渐尖，基部楔形，边缘有不规则锯齿或重锯齿，或基部羽裂。头状花序在茎端排成伞房状；总苞钟状，有数枚线状小苞片，总苞片1层，线状披针形，先端有簇状毛；小花全部管状，两性，花冠红褐或橙红色。瘦果窄圆柱形。花期7～12月。

山坡路旁、水边、灌丛中常见，生于海拔300～1800m，是一种在泛热带广泛分布的一种杂草。

野木耳菜出自《植物名实图考》，谓："野木耳生南安，斑茎叶如菊，而无杈歧，花如蒲公英，长蒂短瓣，不甚开放，花老成絮，土人食之，亦野菜也。"

【入药部位及性味功效】

野木耳菜，又称假茼蒿、冬风菜、飞机菜、满天飞、安南草、金黄花草、皇爷膏、假苦荬、观皮芥、解放草、革命菜、飞花菜、土三七，为植物野茼蒿的全草。夏季采收，鲜用或晒干。味微苦、辛，性平。清热解毒，调和脾胃。主治感冒，肠炎，痢疾，口腔炎，乳腺炎，消化不良。

【经方验方应用例证】

治小儿腹泻：安南草、车前草各适量，水煎服。（《福建药物志》）

鳢肠

Eclipta prostrata (L.) L.

菊科（Asteraceae）鳢肠属一年生草本。

茎直立或平卧，被伏毛，着土后节上易生根。叶披针形、椭圆状披针形或条状披针形，全缘或有细锯齿，无叶柄或基部叶有叶柄，被糙伏毛。头状花序，有梗，腋生或顶生；总苞片5～6枚，草质，被毛；托片披针形或刚毛状；花杂性；舌状花雌性，白色，舌片小，全缘或2裂；筒状花两性，有裂片4。瘦果表面具瘤状凸起，无冠毛。花期6～9月。

大别山各县市均有分布，生于路旁、河岸。

《本草纲目》："鳢，乌鱼也，其肠亦乌。此草柔茎，断之有墨汁出，故名，俗呼墨菜是也。细实颇如莲房状，故得莲名。"莲生于水，此生于岸，故曰旱莲。

墨旱莲出自《饮片新参》。入药始载于《千金·月令》，原名金陵草。《新修本草》名鳢肠，云："生下湿地。苗似旋覆，一名莲子草，所在坑渠间有之。"《本草图经》曰："今处处有之，南方尤多。此有二种，一种叶似柳而光泽，茎似马齿苋，高一二尺许，花细而白，其实若小莲房。苏恭云：苗似旋覆者是也。一种苗梗枯瘦，颇似莲花而黄色，实亦作房而圆，南人谓之连翘者。二种摘其苗皆有汁出，须臾而黑，故多作乌鬓发药用之。"

【入药部位及性味功效】

墨旱莲，又称金陵草、莲子草、旱莲草、旱莲子、白旱莲、猪牙草、旱莲蓬、猢狲头、莲草、墨斗草、墨烟草、墨菜、白花草、白花蟛蜞菊、墨记菜、野水凤仙、黑墨草、黑头草、古城墨、水旱莲、冰冻草、墨汁草、节节乌、白田乌草、墨草、摘落乌、水葵花，为植物鳢肠的全草。夏、秋季割取全草，洗净泥土，去除杂质，阴干或晒干。鲜用或随采随用。味甘、酸，性凉。归肝、肾经。补益肝肾，凉血止血。主治肝肾不足，头晕目眩，须发早白，吐血，咯血，衄血，便血，血痢，崩漏，外伤出血。

【经方验方应用例证】

治吐血成盆：旱莲草和童便、徽墨春汁，藕节汤开服。（《生草药性备要》）

治吐血：鲜旱莲草四两，捣烂冲童便服；或加生柏叶共同用尤效。（《岭南采药录》）

治咳嗽咯血：鲜旱莲草二两，捣绞汁，开水冲服。（《江西民间草药验方》）

治鼻衄：鲜旱莲草一握。洗净后捣烂绞汁，每次取五酒杯炖热，饭后温服，日服两次。（《福建民间草药》）

治小便溺血：车前草叶、金陵草叶。上二味，捣取自然汁一盏，空腹饮之。（《医学正传》）

治肠风脏毒，下血不止：旱莲草子，瓦上焙，研末。每服二钱，米饮下。（《家藏经验方》）

治热痢：旱莲草一两，水煎服。（《湖南药物志》）

治刀伤出血：鲜旱莲草捣烂，敷伤处；干者研末，撒伤处。（《湖南药物志》）

补腰膝，壮筋骨，强肾阴，乌髭发：冬青子（即女贞实，冬至日采）不拘多少，阴干，蜜、酒拌蒸，过一夜，粗袋擦去皮，晒干为末，瓦瓶收贮，旱莲草（夏至日采）不拘多少，捣汁熬膏，和前药为丸。临卧酒服。（《医方集解》二至丸）

治正偏头痛：鳢肠汁滴鼻中。（《圣济总录》）

治赤白带下：旱莲草一两，同鸡汤或肉汤煎服。（《江西民间草药验方》）

治白浊：旱莲草15g，车前子9g，银花15g，土伏苓15g。水煎服。（《陆川本草》）

治妇女阴道痒：墨斗草120g。煎水服；或另加钩藤根少许，并煎汁，加白矾少许外洗。（《重庆草药》）

治肾虚齿疼：旱莲草，焙，为末，搽齿龈上。（《滇南本草》）

治血淋：旱莲、芭蕉根（细锉）各二两。上二味，粗捣筛。每服五钱匕。水一盏半，煎至八分，去滓，温服，日二服。（《圣济总录》旱莲子汤）

治白喉：旱莲草二至三两，捣烂，加盐少许，冲开水去渣服。服后吐出涎沫。（《岭南草药志》）

治胃、十二指肠溃疡出血：旱莲草、灯心草各30g，水煎服。（《全国中草药汇编》）

复方墨旱莲软膏：先将墨旱莲8kg捣烂挤汁（或干品3kg煎后浓缩），置锅内浓缩至500mL，加明矾75g溶解后，另加苯甲酸5g，调匀备用。主治稻田皮炎。（《中医皮肤病学简编》）

【中成药应用例证】

九味参蓉胶囊：阴阳双补。用于阴阳两虚引起的头晕耳鸣、失眠多梦、心悸气短、畏寒肢冷、潮热汗出、腰膝酸软。

养血安神颗粒：滋阴养血，宁心安神。用于阴虚血少，头眩心悸，失眠健忘。

七味解毒活血膏：清热，活血，止痛。用于软组织损伤，浅Ⅱ度烧伤，肩周炎，关节炎，疔疮等。

益康补元颗粒：益气活血，健脾补肾。用于气虚血瘀、脾肾亏虚引起的神疲乏力、呼吸气短、失眠、腰膝酸软、食少健忘等症。

首乌片：补肝肾，强筋骨，乌须发。用于肝肾两虚，头晕目花，耳鸣，腰酸肢麻，须发早白，高脂血症。

尿路康颗粒：清热利湿，健脾益肾。用于下焦湿热、脾肾两虚所致的淋证、小便不利、淋沥涩痛；非淋菌性尿道炎见上述证候者。

调经祛斑胶囊：养血调经，祛瘀消斑。用于营血不足，气滞血瘀，月经过多，黄褐斑。

玉叶清火片：清热解毒，消肿止痛。用于喉痹，暴喑，急性咽喉炎属于风热证者。

七味榼藤子丸：祛暑，和中，解痉止痛。用于吐泻腹痛，胸闷，胁痛，头痛发热。

天菊脑安胶囊：平肝息风，活血化瘀。用于肝风夹瘀证的偏头痛。

天麻首乌片：滋阴补肾，养血息风。用于肝肾阴虚所致的头晕目眩、头痛耳鸣、口苦咽干、腰膝酸软、脱发、白发；脑动脉硬化、早期高血压、血管神经性头痛、脂溢性脱发见上述证候者。

生血宝颗粒：滋补肝肾，益气生血。用于肝肾不足、气血两虚所致的神疲乏力、腰膝酸软、头晕耳鸣、心悸、气短、失眠、咽干、纳差食少；放、化疗所致的白细胞减少，缺铁性贫血见上述证候者。

再造生血片：补肝益肾，补气养血。用于肝肾不足、气血两虚所致的血虚虚劳，症见心悸气短、头晕目眩、倦怠乏力、腰膝酸软、面色苍白、唇甲色淡，或伴出血；再生障碍性贫血、缺铁性贫血见上述证候者。

益脑宁片：益气补肾，活血通脉。用于气虚血瘀、肝肾不足所致的中风、胸痹，症见半身不遂、口舌歪斜、言语謇涩、肢体麻木或胸痛、胸闷、憋气；中风后遗症、冠心病心绞痛及高血压病见上述证候者。

【现代临床应用】

临床上，旱莲草治疗冠心病、心绞痛；治疗白喉；治疗肺结核咯血；治疗水田皮炎。

一年蓬

Erigeron annuus (L.) Pers.

菊科（Asteraceae）飞蓬属一年生或二年生草本。

茎下部被长硬毛，上部被上弯短硬毛。基部叶长圆形或宽卵形，稀近圆形，具粗齿；下部茎生叶与基部叶同形，叶柄较短；中部和上部叶长圆状披针形或披针形；最上部叶线形；叶边缘被硬毛，两面被疏硬毛或近无毛。头状花序数个或多数，排成疏圆锥花序，总苞半球形，总苞片3层；外围雌花舌状，白色或淡天蓝色；中央两性花管状，黄色。瘦果披针形。花期6～9月。

原产北美，大别山各县市广泛分布，生于路边旷野或山坡荒地。

【入药部位及性味功效】

一年蓬，又称女菀、野蒿、牙肿消、牙根消、千张草、墙头草、长毛草、地白菜、油麻草、白马兰、千层塔、治疟草、瞌睡草、白旋覆花，为植物一年蓬的全草。夏、秋季采收，洗净，鲜用或晒干。味甘、苦，性凉。归胃、大肠经。消食止泻，清热解毒，截疟。主治消化不良，胃肠炎，齿龈炎，疟疾，毒蛇咬伤。

【经方验方应用例证】

治消化不良：一年蓬全草15～18g，水煎服。（《浙江民间常用草药》）

治胃肠炎：一年蓬60g，黄连、木香各6g，煎服。(《安徽中草药》)

治齿龈炎：鲜一年蓬捣烂绞汁涂患处。每日2～3次。(《安徽中草药》)

治淋巴结炎：一年蓬基生叶90～120g，加黄酒30～60g，水煎服。(《浙江民间常用草药》)

治疟疾：一年蓬30g，水蜈蚣、益母草各15g，鸡蛋1个，水煎服，每日1剂。(《湖南药物志》)

治蛇伤：一年蓬根捣烂，与雄黄调匀外敷。(《湖南药物志》)

【现代临床应用】

临床上治疗疟疾，对红细胞内型疟原虫有效，新鲜一年蓬较干草效果好；治疗急性传染性肝炎，平均退黄时间19.5日，转氨酶恢复正常需20.2日。

小蓬草

Erigeron canadensis L.

菊科（Asteraceae）飞蓬属一年生草本。

茎直立，被糙毛，具棱。叶密集，基部叶花期常枯萎，下部叶倒披针形，叶全缘或具疏锯齿。头状花序多数，小，排列成顶生多分枝的圆锥花序；雌花白色微紫，两性花淡黄色；瘦果线状披针形；冠毛污白色，刚毛状。花果期5～9月。

大别山各县市广泛分布，常生长于旷野、荒地、田边和路旁，为一种常见的杂草。

小飞蓬出自《云南药用植物名录》。小蓬草又名小白酒草、加拿大蓬、飞蓬。

【入药部位及性味功效】

小飞蓬，又称祁州一枝蒿、蛇舌草、竹叶艾、鱼胆草、苦蒿、破布艾、臭艾、小山艾，为植物小蓬草的全草。春、夏季采收，鲜用或切段晒干。味微苦、辛，性凉。清热利湿，散

瘀消肿。主治痢疾，肠炎，肝炎，胆囊炎，跌打损伤，风湿骨痛，疮疖肿痛，外伤出血，牛皮癣。

【经方验方应用例证】

治细菌性痢疾、肠炎：小飞蓬全草30g，水煎服。（《广西本草选编》）

治慢性胆囊炎：小白酒草18g，鬼针草15g，南五味子根、两面针各6g，水煎服。（《福建药物志》）

治结膜炎：鱼胆草鲜叶，捣汁滴眼。（《云南中草药》）

治中耳炎：鱼胆草鲜叶捣汁，加鳝鱼血滴耳。每日2次。（《云南中草药》）

治牛皮癣：小飞蓬鲜叶揉擦患处，每日1～2次；如是脓疱型，先用全草水煎外洗，待好转后，改用鲜叶外搽；厚痂型，当痂皮软化剥去后，用鲜叶涂搽。（《广西本草选编》）

治肾囊风：小飞蓬100g，煎水洗患处。（《湖南药物志》）

【现代临床应用】

临床上治疗脓肿、毛囊炎、蜂窝织炎、甲沟炎等化脓性感染，治愈率98.3%。

牛膝菊

Galinsoga parviflora Cav.

菊科（Asteraceae）牛膝菊属一年生草本。

全部茎枝、茎叶被短柔毛和少量腺毛。叶对生，卵形。头状花序半球形，有长花梗；总苞半球形；舌状花舌片白色，筒部细管状；管状花黄色。花果期7～10月。

大别山各县市均有分布，生于林下、河谷地、荒野、河边、田间、溪边或市郊路旁。

【入药部位及性味功效】

辣子草，又称兔儿草、铜锤草、珍珠草，为植物牛膝菊（辣子草）的全草。夏、秋季采收，洗净，鲜用或晒干。味淡，性平。清热解毒，止咳平喘，止血。主治扁桃体炎，咽喉炎，黄疸型肝炎，咳喘，肺结核，疔疮，外伤出血。

向阳花，为植物牛膝菊（辣子草）的花。秋季采摘，晒干。味微苦、涩，性平。清肝明目。主治夜盲症，视物模糊。

稻槎菜

Lapsanastrum apogonoides (Maximowicz) Pak & K. Bremer

菊科（Asteraceae）稻槎菜属一年生小草本。

茎基部簇生分枝及莲座状叶丛；茎枝被柔毛或无毛。基生叶椭圆形，大头羽状全裂或几全裂，顶裂片卵形，侧裂片2～3对，椭圆形；茎生叶与基生叶同形并等样分裂，向上茎叶不裂；叶几无毛。头状花序排成疏散伞房状圆锥花序；总苞片2层；舌状小花黄色，两性。瘦果淡黄色。花果期1～6月。

大别山各县市均有分布，生于田野、荒地及路边。

稻槎菜之名始载于《植物名实图考》，云："生稻田中，以获稻而生，故名。似蒲公英叶，又似花芥菜叶，铺地繁密，春时抽小葶，开花如蒲公英而小，无蕊，乡人茹之。"

【入药部位及性味功效】

稻槎菜，又称鹅里腌、回荠，为植物稻槎菜的全草。春、夏季采收，洗净，鲜用或晒干。味苦，性平。清热解毒，透疹。主治咽喉肿痛，痢疾，疮疡肿毒，蛇咬伤，麻疹透发不畅。

【经方验方应用例证】

治小儿麻疹：稻槎菜全草6～9g，水煎代茶，能促使早透，防止并发症。（《食物中药与便方》）

治痢疾：稻槎菜鲜全草捣烂，酌加米泔水，布包绞汁1杯，煮沸，冲蜂蜜服。（《浙江药用植物志》）

治喉炎：稻槎菜全草60g，捣烂绞汁冲蜂蜜服，每日3～4次。（《浙江药用植物志》）

鼠曲草

Pseudognaphalium affine (D. Don) Anderberg

菊科（Asteraceae）鼠曲草属二年生草本。

茎直立，簇生，不分枝或少有分枝，密生白色绵毛。叶互生，基部叶花期枯萎，下部和中部叶倒披针形或匙形，顶端具小尖，基部渐狭，下延，无叶柄，全缘，两面有灰白色绵毛。头状花序多数，通常在顶端密集成伞房状；总苞球状钟形；总苞片3层，金黄色；花黄色。瘦果矩圆形。花果期1～11月。

大别山各县市均有分布，生于低海拔干地或湿润草地上，尤以稻田最常见。

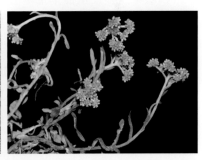

《本草纲目》："曲，言其花黄如曲色，又可和米粉食也。鼠耳，言其叶形如鼠耳，又有白毛蒙茸似之，故北人呼为茸母。佛耳，则鼠耳之讹也。今淮人呼为毛耳朵，则香茅之茅，似当作毛。"《杂俎》云："蚍蜉酒草，鼠耳也……岂蚍蜉食此，故有是名耶？"《植物名实图考》云："今江西、湖南皆呼为水蚁草，或即蚍蜉酒之意。"

以"鼠耳"之名始载于《名医别录》，云："生田中下地，厚华（叶）肥茎。"《本草拾遗》始载"鼠曲草"一名，谓："鼠曲草，生平岗熟地，高尺余，叶有白毛，黄花。"《荆楚岁时记》云："三月三日，取鼠曲汁，蜜和为粉，谓之龙舌料，以压时气。山南人呼为香茅。取花杂榉皮染褐，至破犹鲜，江西人呼为鼠耳草也。"《品汇精要》云："佛耳草，春生苗，高尺余，茎叶颇类旋覆而遍有白毛，折之有绵如艾，且柔韧，茎端分歧着小黄花，十数作朵，瓣极茸细。"《本草汇编》："佛耳草，徽人谓之黄蒿。二三月苗长尺许，叶似马齿苋而细，有微白毛，花黄。土人采茎叶和米粉，捣作粑果食。"《本草纲目》："《日华本草》鼠曲，即《名医别录》鼠耳也。唐宋诸家不知，乃退鼠耳入有名未用中。李杲《药类法象》用佛耳草，亦不知其即鼠耳也。原野间甚多。二月生苗，茎叶柔软。叶长寸许，白茸如鼠耳之毛。开小黄花成穗，结细子。楚人呼为米曲，北人呼为茸母。故邵桂子瓮天语云：北方寒食，采茸母草和粉食。"

【入药部位及性味功效】

鼠曲草，又称鼠耳、无心、鼠耳草、香茅、蚍蜉酒草、黄花白艾、佛耳草、茸母、黄蒿、米曲、毛耳朵、水菊、绵絮头草、金沸草、地莲、黄花子草、水蚁草、清明香、追骨风、清明菜、棉花菜、菠菠草、棉茧头、宽紧草、清明蒿、一面青、鼠密艾、水蒿、粑菜、白头草、水曲、绒毛草、丝棉草、羊耳朵草、猫耳朵草、孩儿草、猫脚药草、花佛草、毛毛头草、黄花果、糯米饭青、棉菜、黄花曲草、白芒果、田艾、毛毡草，为植物鼠曲草（拟鼠麴草）的全草。春季开花时采收，去尽杂质，晒干，贮藏干燥处。鲜品随采随用。味甘、微酸，性平。归肺经。化痰止咳，祛风除湿，解毒。主治咳喘痰多，风湿痹痛，泄泻，水肿，蚕豆病，赤白带下，痈肿疔疮，阴囊湿痒，荨麻疹，高血压。

【经方验方应用例证】

治一切劳嗽，壅滞胸膈痞满：雄黄、佛耳草、鹅管石、款冬花各等分。上为末，每服用药一钱，安在炉子上焚着，以开口吸烟在喉中。（《宣明论方》焚香透膈散）

治咳嗽痰多：鼠曲草全草五、六钱，冰糖五、六钱。同煎服。（《江西民间草药》）

治蚕豆病：田艾二两，车前草、凤尾草各一两，茵陈半两。加水1200mL，煎成800 mL，加白糖，当茶饮。（《广东医药卫生科技资料选编》）

治筋骨痛，脚膝肿痛，跌打损伤：鼠曲草一至二两。水煎服。（《湖南药物志》）

治白带：鼠曲草、凤尾草、灯心草各五钱，土牛膝三钱。水煎服。（《浙江民间常用草药》）

治无名肿痛、对口疮：鲜鼠曲草一两。水煎服；另取鲜叶调米饭捣烂敷患处。（《福建中草药》）

治支气管炎，哮喘：鼠曲草、款冬花各60g，胡桃肉、松子仁各120g，水煎混合浓缩，用白蜂蜜50g作膏。每次服1匙，每日3次。（《安徽中草药》）

治高血压：①鼠曲草12g，钩藤9g，桑寄生9g，水煎，日服2次。（《沙漠地区药用植物》）②鼠曲草、决明子、炒桑枝各15g，煎水，代茶饮。（《安徽中草药》）③鼠曲草6g，草决明9g，夏枯草9g，水煎服。（《青岛中草药手册》）

治雀眼夜盲，迎风流泪，羞明：鲜清明菜60g，和糯米煮稀饭。或同羊肝炒食，有养肝明目之功。（《食物中药与便方》）

预防肝炎：鲜鼠曲草30g，水煎，加红糖15g。于每年春初服。（《全国中草药汇编》）

复方千日红片：清热化痰，止咳平喘。主治慢性支气管炎。（《中药知识手册》）

【中成药应用例证】

镇咳糖浆：清热，止咳，化痰。用于感冒咳嗽。

【现代临床应用】

临床上，鼠曲草治疗慢性气管炎。

向日葵

Helianthus annuus L.

菊科（Asteraceae）向日葵属一年生高大草本。

茎直立，被短糙毛或白色硬毛。叶互生，心状卵圆形或卵圆形，顶端急尖或渐尖，边缘有粗锯齿。头状花序极大，径约10～30cm，单生于茎端或枝端，常下倾。管状花棕色或紫色。花期7～9月，果期8～9月。

原产北美，大别山各县市均有栽培。

向日葵茎干粗长，可达丈余，其花如菊，故名丈菊；其叶如葵，故有葵名；其花向日，故有向日、望日、迎阳、朝阳、向阳等名称。

向日葵子出自汪连仕《采药书》。《植物名实图考》云："丈菊一名迎阳花，茎长丈余，干坚粗如竹，叶类麻多直生，虽有傍枝，只生一花，大如盘盂，单瓣色黄，心皆作窠如蜂房状，至秋渐紫黑而坚。取其子种之，甚易生花。按此花向阳，俗间遂通呼向日葵，其子可炒食，微香，多食头晕。滇、黔与南瓜子、西瓜子同售于市。"

【入药部位及性味功效】

向日葵子，又称天葵子、葵子，为植物向日葵的种子。秋季果实成熟后，割取花盘，晒干，打下果实，再晒干。味甘，性平。透疹，止痢，透痈脓。主治疹发不透，血痢，慢性骨髓炎。

向日葵叶，为植物向日葵的叶。夏、秋两季采收，鲜用或晒干。味苦，性凉。降压，截疟，解毒。主治高血压，疟疾，疔疮。

向日葵根，又称葵花根、向阳花根、朝阳花根，为植物向日葵的根。夏、秋季采挖，洗净，鲜用或晒干。味甘、淡，性微寒。归胃、膀胱经。清热利湿，行气止痛。主治淋浊，水肿，带下，疝气，脘腹胀痛，跌打损伤。

向日葵茎髓，又称向日葵茎心、向日葵瓤、葵花茎髓、葵花秆心、葵秆心，为植物向日葵的茎内髓心。秋季采收，鲜用或晒干。味甘，性平。归膀胱经。清热，利尿，止咳。主治淋浊，白带，乳糜尿，百日咳，风疹。

向日葵花盘，又称向日葵花托、向日葵饼、葵房、葵花盘，为植物向日葵的花盘。秋季采收，去净果实，鲜用或晒干。味甘，性寒。归肝经。清热，平肝，止痛，止血。主治高血压，头痛，头晕，耳鸣，脘腹痛，痛经，子宫出血，疮疹。

向日葵花，又称葵花，为植物向日葵的花。夏季开花时采摘，鲜用或晒干。味微甘，性平。祛风，平肝，利湿。主治头晕，耳鸣，小便淋沥。

【经方验方应用例证】

治头痛、头晕：鲜葵房（花盘）30～60g，煎水冲鸡蛋2个服。（江西《草药手册》）

治慢性骨髓炎：向日葵子生熟各半，研粉调蜂蜜外敷。（《浙江药用植物志》）

治肝肾虚头晕：鲜向日葵花30g，炖鸡服。（《宁夏中草药手册》）

治肾虚耳鸣：向日葵花盘15g，首乌、熟地黄各9g，水煎服。（《宁夏中草药手册》）

治小便淋沥：葵花一握，水煎五七沸饮之。（《急救良方》）

治胃痛：①葵花盘1个，猪肚1个，煮食。（江西《草药手册》）②向日葵根15g，小茴香9g，水煎服。（《味甘肃中草药手册》）

治急性乳腺炎：葵花盘晒干，炒炭存性，研细粉，每次9～15g，每日3次，加糖、白酒冲服。（《浙江药用植物志》）

治关节炎：葵花盘适量，水煎浓缩至膏状，外敷。（《浙江药用植物志》）

治高血压：向日葵叶31g，土牛膝31g，水煎服。（南药《中草药学》）

治乳糜尿：向日葵茎髓9g，水煎，分2次早晚空腹服。（《甘肃中草药手册》）

治尿道炎、尿路结石：①葵花盘1个，水煎服。②向日葵茎心15g，江南星蕨9g，水煎服。（《浙江药用植物志》）

治乳汁不足：葵花秆心30g，炖肉吃。（《贵州草药》）

治胃癌：向日葵茎髓，煎汤代水饮，每日3～6g。（《青岛中草药手册》）

治淋病阴茎涩痛：向日葵根30g，水煎数沸服（不宜久煎）。（《战备草药手册》）

治疝气：鲜葵花根30g，加红糖煎水服。（江西《草药手册》）

【中成药应用例证】

复方钩藤片：滋补肝肾，平肝潜阳。用于肝肾不足，肝阳上亢，眩晕头痛，失眠耳鸣，腰膝酸软。

【现代临床应用】

临床上，葵花盘治疗慢性气管炎。

苦荬菜

Ixeris polycephala Cass.

菊科（Asteraceae）苦荬菜属一年生草本。

茎无毛。基生叶线形或线状披针形，基部渐窄成柄；中下部茎生叶披针形或线形，基部箭头状半抱茎。头状花序排成伞房状花序；总苞圆柱形，总苞片3层，背面近顶端有或无鸡冠状凸起。舌状小花黄色，稀白色。瘦果长椭圆形。花果期3～6月。

大别山各县市均有分布，生于海拔300～1700m山坡林缘、灌丛中、草地、田野或路旁。

多头苦荬出自《全国中草药汇编》。苦荬菜又名多头苦荬。

【入药部位及性味功效】

多头苦荬，又称黄花地丁、黄花山鸭舌草、剪刀草、剪子股、还魂草，为植物苦荬菜的全草。夏季采收，洗净，鲜用或晒干。味苦、甘，性凉。清热，解毒，利湿。主治咽痛，目赤肿痛，阑尾炎，疔疮肿毒。

豨莶

Sigesbeckia orientalis Linnaeus

菊科（Asteraceae）豨莶属一年生草本。

茎分枝斜生，上部的分枝常成复二歧状；全部分枝被灰白色短柔毛。叶对生，叶三角状卵形，边缘有不规则的浅裂或粗齿。头状花序小，排成圆锥花序；总苞钟状或半球形；花梗和枝上部密生短柔毛。花期4～9月，果期6～11月。

大别山各县市均有分布，生于山野、荒草地、灌丛、林缘及林下，也常见于耕地中。

豨莶，以草之气味为名，《方言》："猪……南楚谓之豨。"《集韵》（沾韵）："莶，辛毒之味。"此草气如猪臭而味辛恶，故名豨莶。成讷《进豨莶丸表》："彼土人呼猪为豨，呼臭为莶气，缘此药如猪莶气，故以为名。"《本草纲目》："猪膏、虎膏、狗膏，皆因其气，以治虎狗伤也。火杴当作虎莶，俗音讹尔，近人复讹豨莶为希仙矣。《救荒本草》言其嫩苗炸熟，浸去苦味，油盐调食，故俗谓之粘糊菜。"

豨莶始载于《新修本草》，谓："叶似酸浆而狭长，花黄白色。一名火莶，田野皆识之。"又另出"猪膏莓"条云："叶似苍耳，茎圆有毛，生下湿地，所在皆有。"《蜀本草》曰："《图经》云：叶似苍耳，两枝相对，茎叶俱有毛，黄白色，五月、六月采苗，日干之。"《本草纲目》："猪膏草素茎有直棱，兼有斑点，叶似苍耳而微长，似地菘而稍薄，对节而生，茎叶皆有细毛，肥壤一株分枝数十。八、九月开小花，深黄色，中有长子如同蒿子，外萼有细刺粘人。"

【入药部位及性味功效】

豨莶，又称火莶、猪膏莓、虎膏、狗膏、火杕草、猪膏草、皱面地葱花、豨莶草、粘糊菜、希仙、虎莶、黄猪母、肥猪苗、母猪油、亚婆针、棉苍狼、粘强子、粘不扎、虾钳草、铜锤草、土伏虱、金耳钩、有骨消、黄花草、猪母菜、猪冠麻叶、四棱麻、大接骨、老奶补补丁、野芝麻、毛擦拉子、大叶草、棉黍棵、老陈婆、油草子、风湿草、老前婆、野向日葵、牛人参、大叶草，为植物豨莶、腺梗豨莶或毛梗豨莶的地上部分。夏季开花前或花期均可采收。割取地上部分，晒至半干时，放置干燥通风处，晾干。味苦、辛，性寒，有小毒。归肝、肾经。祛风湿，通经络，清热解毒。主治风湿痹痛，筋骨不利，腰膝无力，半身不遂，高血压病，疟疾，黄疸，痈肿疮毒，风疹湿疮，虫兽咬伤。

豨莶根，为植物豨莶、腺梗豨莶或毛梗豨莶的根。秋、冬季采挖，洗净，切断，鲜用。祛风，除湿，生肌。主治风湿顽痹，头风，带下，烧烫伤。

豨莶果，为植物豨莶、腺梗豨莶或毛梗豨莶的果实。夏、秋季采，晒干。驱蛔虫。主治蛔虫病。

【经方验方应用例证】

治高血压：豨莶草、臭梧桐、夏枯草各9g，水煎服，每日1次。(《青岛中草药手册》)

治慢性肾炎：豨莶草30g，地耳草15g，水煎冲红糖服。(《浙江药用植物志》)

治神经衰弱：豨莶草、丹参各15g，煎服。(《安徽中草药》)

治火烧伤、烫伤：鲜豨莶根酌量，洗净，捣细，调花生油或麻油，敷患处。(《泉州本草》)

平肝化痰汤：息风祛痰。主治风痰上壅证。(《中西医结合治疗眼病》)

黑鱼汤：主治癣疮。(《疮疡经验全书》卷六)

敛口稀锦散：敛口。主治溃疡日足肉满。(《外科百效》卷一)

豨桐丸：祛风胜湿，舒筋活络。治感受风湿，两足酸软，步履艰难，状似风瘫。现用于风湿性关节炎及慢性腰腿痛。(《济世养生集》卷三)

【中成药应用例证】

滑膜炎胶囊：清热利湿，活血通络。用于急、慢性滑膜炎及膝关节术后的患者。

首乌片：补肝肾，强筋骨，乌须发。用于肝肾两虚，头晕目花，耳鸣，腰酸肢麻，须发早白，高脂血症。

豨红通络口服液：祛风活血，通络止痛。用于瘀血阻络所致的中风病，症见偏瘫、肢体麻木、语言不利等。

脑栓康复胶囊：活血化瘀，通经活络。用于瘀血阻络所致的中风、中经络，舌謇语涩，口眼歪斜，半身不遂。

心舒宁片：活血化瘀。用于心脉瘀阻所致的胸痹、心痛、冠心病心绞痛、冠状动脉供血不足见上述证候者。

壮骨伸筋胶囊：补益肝肾，强筋壮骨，活络止痛。用于肝肾两虚、寒湿阻络所致的神经根型颈椎病，症见肩臂疼痛、麻木、活动障碍。

复方夏天无片：祛风逐湿，舒筋活络，行血止痛。用于风湿瘀血阻滞、经络不通引起的关节肿痛、肢体麻木、屈伸不利、步履艰难；风湿性关节炎、坐骨神经痛、脑血栓形成后遗症及小儿麻痹后遗症见上述证候者。

痔康片：清热凉血，泻热通便。用于热毒风盛或湿热下注所致的便血、肛门肿痛、有下坠感；二期内痔见上述证候者。

豨莶丸：清热祛湿，散风止痛。用于风湿热阻络所致的痹病，症见肢体麻木、腰膝酸软、筋骨无力、关节疼痛。亦用于半身不遂，风疹湿疮。

豨莶通栓胶囊：活血化瘀，祛风化痰，舒筋活络，醒脑开窍。用于缺血性中风风痰痹阻脉络证引起的半身不遂、偏身麻木、口舌歪斜、语言謇涩。

【现代临床应用】

临床上治疗疟疾。

蒲儿根

Sinosenecio oldhamianus (Maxim.) B. Nord.

菊科（Asteraceae）蒲儿根属二年生或多年生茎叶草本。

基部叶具长叶柄；叶片卵状圆形或近圆形。头状花序多数排列成顶生复伞房状花序；总苞片长圆状披针形，顶端渐尖，紫色；舌状花无毛，舌片黄色，长圆形；管状花多数，花冠黄色。花期1～12月。

大别山各县市广泛分布，生于林缘、草坡、荒地及路旁。

【入药部位及性味功效】

肥猪苗，又称黄菊莲、猫耳朵、野麻叶、犁头草，为植物蒲儿根的全草。夏季采收，洗净，鲜用或晒干。味辛、苦，性凉，有小毒。清热解毒，利湿，活血。主治痈疮肿毒，泌尿系统感染，湿疹，跌打损伤。

【经方验方应用例证】

治疮疖：猫耳朵鲜叶适量，加等量紫花地丁，捣烂敷患处。（《陕西中草药》）

治疮毒化脓：蒲儿根、枇杷树皮各适量，捣烂，敷患处。（《湖南药物志》）

苦苣菜

Sonchus oleraceus L.

菊科（Asteraceae）苦苣菜属一年生或二年生草本。

根纺锤状。茎不分枝或上部分枝，无毛或上部有腺毛。叶柔软无毛，羽状深裂，边缘有刺状尖齿，下部的叶柄有翅，基部扩大抱茎，中上部的叶无柄，基部宽大戟耳形。头状花序在茎端排成伞房状；总苞钟状；总苞片2～3列；舌状花黄色，两性，结实。瘦果长椭圆状倒卵形。花果期5～12月。

大别山各县市均有分布，生于山坡或山谷林缘、林下或平地田间、空旷处或近水处。

本品味苦，可作菜蔬，故名苦菜。游冬者，因本品在南方经冬不凋而得名。《本草纲目》云："经历冬青，故曰游冬。"在大别山地区亦称作"将军菜"食用。

苦菜之名见于《神农本草经》。《名医别录》云："一名游冬，生益州川谷，山陵道旁，凌冬不死，三月三日采，阴干。"《桐君采药录》云："苦菜三月生，扶疏，六月花从叶出，茎直花黄，八月实黑，实落根复生，冬不枯。"《易通卦验玄图》云："苦菜生于寒秋，经冬历春，得夏乃成，一名游冬，叶似苦苣而细，断之有白汁，花黄似菊……今所在有之。"《本草纲目》云："苦菜即苦荬也。家栽者呼为苦苣，实一物也。春初生苗，有赤茎、白茎二种，其茎中空而脆，折之有白汁出。胼叶似花萝卜菜叶，而色绿带碧，上叶抱茎，梢叶似鹤嘴，每叶分叉，撺挺如穿叶状。开黄花，如初绽野菊。一花结子一丛，如茼蒿子及鹤虱子，花罢则收敛，子上有白毛茸茸，随风飘扬，落处即生。"

【入药部位及性味功效】

苦菜，又称荼草、选、游冬、苦马菜、老鸦苦荬、滇苦菜，为植物苦苣菜的全草。冬、春、夏三季均可采收，鲜用或晒干。味苦，性寒。归心、脾、胃、大肠经。清热解毒，凉血止血。主治肠炎，痢疾，黄疸，淋证，咽喉肿痛，痈疮肿毒，乳腺炎，痔瘘，吐血，衄血，咯血，尿血，便血，崩漏。

【经方验方应用例证】

治暴热身黄，大便闭塞：苦菜煮汁服。（《普济方》）

治黄疸：苦苣菜花子（研细）10g，水煎服。（《东北药用植物志》）

治肝硬化：苦苣菜、酢浆草各30g，用猪肉炖服。（《长白山植物药志》）

治扁桃体炎：鲜苦马菜30g，贯众30g，共捣烂，冷开水浸泡，兑红糖服，频饮。（云南《曲靖中草药手册》）

治空腔炎：苦马菜、马鞭草等量，水煎服。（云南《曲靖中草药手册》）

治乳腺炎：苦苣菜鲜全草适量，捣烂敷患处。（《浙江药用植物志》）

治虫蛇咬：用苦荬捣后敷之。（《卫生易简方》）

苍耳

Xanthium strumarium L.

菊科（Asteraceae）苍耳属一年生草本。

叶三角状卵形或心形，长4～9cm，宽5～10cm，基出三脉，两面被贴生的糙伏毛；叶柄长3～11cm。雄头状花序球形，密生柔毛；雌头状花序椭圆形，内层总苞片结成囊状；成熟的具瘦果的总苞变坚硬，绿色、淡黄色或红褐色，外面疏生具钩的总苞刺。瘦果2，倒卵形。花期7～8月，果期9～10月。

大别山各县市广泛分布，生于平原、丘陵、低山、荒野路边、田边。

本品原名枲耳，或作菜耳。《本草纲目》："其叶形如枲麻，又如茄，故有枲耳及野茄诸名。"《本草经考注》："枲耳、常枲、常思，并枲之缓言。"《广雅疏证》："常枲，一作常思。思、枲古声相近。胡枲，一作胡蒠，蒠与枲同音。"《本草经集注》："昔中国无此，言从外国逐羊毛中来。"故有羊负来、胡枲等名。地葵，《本草纲目》："其味滑如葵，故名地葵。"而《本草经集注》则云："葵犹云地菜，非味如葵之义。地肤亦名地葵，与此义同。"

苍耳、苍耳子出自《千金·食治》，苍耳根出自《食疗本草》，苍耳花出自《本草纲目》。《神农本草经》载有菜耳实，菜耳及苍耳。《本草图经》云："菜耳，今处处有之……郭璞云：或曰此物本生蜀中，其实多刺，因羊过之，毛中粘缀遂至中国。"《救荒本草》云："苍耳叶青白，类粘糊菜叶。秋间结实，比桑椹短小而多刺。"

【入药部位及性味功效】

苍耳，又称菻、胡菜、地葵、枲耳、白胡荽、爵耳、耳珰草、常思、常思菜、羊负来、进贤菜、道人头、喝起草、佛耳、缣丝草、野缣丝、野茄、猪耳、痴头婆、虱麻头、粘粘葵、白痴头婆、刺儿颗、假矮瓜、白猪母络、疔疮草、野紫菜、野落苏、狗耳朵草、苍子棵、青棘子、菜耳，为植物苍耳或蒙古苍耳的全草。夏季割取全草，去泥，切段晒干或鲜用。味苦、辛，性微寒，有小毒。归肺、脾、肝经。祛风，散热，除湿，解毒。主治感冒，头风，头晕，鼻渊、目赤、目翳、风湿痹痛、拘挛麻木、风癞、疔疮、疥癣、皮肤瘙痒、痔疮、痢疾。

苍耳子，又称菻耳实、牛虱子、胡寝子、苍郎种、棉螳螂、苍子、胡苍子、饿虱子、苍棵子、苍耳蒺藜、苍浪子、老苍子，为植物苍耳或蒙古苍耳带总苞的果实。9～10月果实成熟，由青转黄，叶已大部分枯萎脱落时，选晴天，割下全株，脱粒，扬净，晒干。味苦、甘、辛，性温，有小毒。归肺、肝经。散风寒，通鼻窍，祛风湿，止痒。主治鼻渊，风寒头痛，风湿痹痛，风疹，湿疹，疥癣。

苍耳根，为植物苍耳或蒙古苍耳的根。秋后采挖，鲜用或切片晒干。叶微苦，性平，有小毒。清热解毒，利湿。主治疔疮，痈疽，丹毒，缠喉风，阑尾炎，宫颈炎，痢疾，肾炎水肿，乳糜尿，风湿痹痛。

苍耳花，为植物苍耳或蒙古苍耳的花。夏季采收，鲜用或阴干。祛风，除湿，止痒。主治白癞顽痒，白痢。

【经方验方应用例证】

治乳腺炎：苍耳草及苍耳子捣烂外敷。（《沙漠地区药用植物》）

治中耳炎：鲜苍耳全草15g（干则9g），冲开水半碗服。（《福建民间草药》）

治尿路感染：苍耳根、车前草各30g，白茅根15～30g，水煎2次服，每日1剂。（《广西本草选编》）

治乳糜尿：苍耳根30g，地龙干9g，水煎服。（《福建药物志》）

治消渴（糖尿病）：苍耳鲜根15～30g，煲猪瘦肉服。（《壮族民间用药选编》）

治高血压：苍耳根五钱至一两，水煎服。（《陕西中草药》）

治肾炎水肿：苍耳根一两，水煎服或配伍应用。（《云南中草药》）

苍耳子散：疏风邪，通鼻窍。主治风邪上攻，致成鼻渊，鼻流浊涕不止，前额疼痛。现

用于慢性鼻炎、副鼻窦炎见有上述症状者。(《严氏济生方》)

拔毒疗苍耳散：主治诸疮。(《便览》卷四)

苍耳草膏：杀虫祛风。主治麻风及一切风湿之病。(《中国麻风病学》)

【中成药应用例证】

制酸止痛胶囊：健脾行气，和胃止痛。用于脾虚气滞所致胃脘疼痛，腹胀胁痛，嗳气吞酸，慢性胃炎及胃、十二指肠溃疡见上述证候者。

骨泰酊：温经散寒，祛瘀止痛。用于风寒湿痹痛。

双辛鼻窦炎颗粒：清热解毒，宣肺通窍。用于肺经郁热引起的鼻窦炎。

芩芷鼻炎糖浆（鼻炎糖浆）：清热解毒，消肿通窍。用于急性鼻炎。

健脑安神片：滋补强壮，镇静安神。用于神经衰弱，头痛，头晕，健忘失眠，耳鸣。

鼻炎片：祛风宣肺，清热解毒。用于急、慢性鼻炎风热蕴肺证，症见鼻塞、流涕、发热、头痛。

鼻渊舒胶囊：疏风清热，祛湿通窍。用于鼻炎、鼻窦炎属肺经风热及胆腑郁热证者。

鼻窦炎口服液：疏散风热，清热利湿，宣通鼻窍。用于风热犯肺、湿热内蕴所致的鼻塞不通、流黄稠涕；急慢性鼻炎、鼻窦炎见上述证候者。

肤痒胶囊：祛风活血，除湿止痒。用于皮肤瘙痒症、湿疹、荨麻疹等瘙痒性皮肤病。

【现代临床应用】

苍耳治疗慢性鼻炎；治疗皮肤、阴部瘙痒症；治疗早期血吸虫病；治疗肠伤寒。苍耳根治疗阑尾炎。苍耳子治疗慢性鼻炎；治疗腰腿痛；治疗慢性气管炎；治疗急性细菌性痢疾；治疗顽固性牙痛。

看麦娘

Alopecurus aequalis Sobol.

禾本科（Poaceae）看麦娘属一年生草本。

秆少数丛生，光滑。叶鞘无毛，短于节间，叶舌长2～6mm，膜质；叶片上面脉疏被微刺毛，下面粗糙。圆锥花序，细条状圆柱形；小穗椭圆形或卵状长圆形；颖近基部连合，脊被纤毛；外稃膜质，等于或稍长于颖，先端钝，芒自稃体下部1/4处伸出，长1.5～3.5mm，内藏或稍外露。颖果。花果期4～9月。

大别山各县市均有分布，生于海拔较低之田边及潮湿之地。

> 看麦娘出自《救荒本草》，又名棒棒草。《野菜谱》："看麦娘，来何早！麦未登，人未饱。何当与尔还厥家，共咽糟糠暂相保。救饥：随麦生陇上，因名。春采，熟食。"

【入药部位及性味功效】

看麦娘，又称牛头猛、山高粱、路边谷、道旁谷、油草、棒槌草，为植物看麦娘的全草。春、夏季采收，晒干或鲜用。味淡，性凉。清热利湿，止泻，解毒。主治水肿，水痘，泄泻，黄疸型肝炎，赤眼，毒蛇咬伤。

【经方验方应用例证】

治小儿腹泻、消化不良：棒槌草适量，煎水洗脚。（《秦岭巴山天然药物志》）

治水肿：看麦娘全草60g，水煎服。（《浙江药用植物志》）

治黄疸肝炎：棒槌草30g，虎杖20g，水煎服。（《秦岭巴山天然药物志》）

薏苡

Coix lacryma-jobi L.

禾本科（Poaceae）薏苡属一年生粗壮草本。

秆直立丛生，节多分枝。叶鞘短于其节间，无毛；叶舌干膜质；叶片扁平宽大，开展，通常无毛。总状花序腋生成束，直立或下垂，具长梗。雌小穗位于花序之下部，外面包以骨质念珠状之总苞，总苞卵圆形，珐琅质，坚硬，有光泽；雄小穗2～3对，着生于总状花序上部。颖果小，成熟时黑色。花果期6～12月。

大别山各县市均有分布，多生于湿润的屋旁、池塘、河沟、山谷、溪涧或易受涝的农田等地方，野生或栽培。

《本草纲目》："其叶似蠡实叶而解散。"故名解蠡。起实，《本草纲目》作芑实，谓其"似芑黍之苗"，故曰芑。其实坚硬，其仁近圆，小儿取为串珠，故得诸珠之名。

薏苡仁始载于《神农本草经》，列为上品。薏苡叶出自《本草图经》。《名医别录》："生真定平泽及田野，八月采实，采根无时。"《本草图经》云："春生苗，茎高三四尺，叶如黍，开红白花作穗子，五月、六月结实，青白色，形如珠子而稍长，故呼薏珠子。"《本草纲目》："薏苡，人多种之，二三月宿根自生，叶如初生芭茅，五六月抽茎开花结实。有两种：一种粘牙者，尖而壳薄，即薏苡也，其米白色如糯米，可作粥饭及磨面食，亦可同米酿酒。一种圆而壳厚，坚硬者，即菩提子也，其米少……但可穿做念经数珠，故人亦呼为念珠云。"

【入药部位及性味功效】

薏苡仁，又称解蠡、起实、感米、薏珠子、回回米、草珠儿、赣珠、薏米、米仁、薏仁、苡仁、玉秫、六谷米、珠珠米、药玉米、水玉米、沟子米、裕米、益米，为植物薏苡的种仁。9～10月茎叶枯黄，果实呈褐色，大部成熟（约85%成熟）时，割下植株，集中立放3～4天后脱粒，筛去茎叶杂物，晒干或烤干，用脱壳机械脱去总苞和种皮，即得薏苡。味甘、淡，性微寒。归脾、肺、胃经。利湿健脾，舒筋除痹，清热排脓。主治水肿，脚气，小便淋沥，湿温病，泄泻，带下，风湿痹痛，筋脉拘挛，肺痈，肠痈，扁平疣。

薏苡叶，为植物薏苡的叶。夏、秋季采收，鲜用或晒干。《本草图经》："叶为饮，香，益中，空膈。"《食物本草》："暑月煎饮，暖胃益气血，初生小儿浴之，无病。"

薏苡根，又称五谷根，为植物薏苡的根。秋季采挖，洗净，晒干。味苦、甘，性微寒。清热通淋，利湿杀虫。主治热淋，血淋，石淋，黄疸，水肿，白带过多，脚气，风湿痹痛，蛔虫病。

【经方验方应用例证】

治尿血：鲜薏苡根 120g，水煎服。（《全国中草药汇编》）

治白带过多：薏苡根 30g，红枣 12g，水煎服。（《全国中草药汇编》）

麻黄杏仁薏苡甘草汤：发汗解表，祛风除湿。主治风湿在表，湿郁化热证。一身尽疼，发热，日晡所剧者。（《金匮要略》）

薏苡附子败酱散：排脓消肿。主治肠痈内已成脓，身无热，肌肤甲错，腹皮急，如肿状，按之软，脉数。（《金匮要略》）

萆薢化毒汤：清热利湿，和营解毒。主治湿热痈疡，气血实者。（《疡科心得集》）

五痿汤：补益心脾。主治五脏痿证。（《医学心悟》）

化毒除湿汤：燥湿解毒。主治湿热下注。（《疡科心得集》）

薏苡仁汤：祛风散寒，除湿通络。主治着痹。（《类证治裁》）

【中成药应用例证】

金甲排石胶囊：活血化瘀，利尿通淋。用于砂淋、石淋等属于湿热瘀阻证候者。

滑膜炎胶囊：清热利湿，活血通络。用于急、慢性滑膜炎及膝关节术后的患者。

健脾消疳丸：健脾消疳。用于脾胃气虚所致小儿疳积、脾胃虚弱。

白百抗痨颗粒：敛肺止咳，养阴清热。用于肺痨引起的咳嗽、痰中带血。

黄精养阴糖浆：润肺益胃，养阴生津。用于肺胃阴虚引起的咽干咳嗽、纳差便秘、神疲乏力。

康妇炎胶囊：清热解毒，化瘀行滞，除湿止带。用于月经不调、痛经、附件炎、子宫内膜炎及盆腔炎等妇科炎症。

双辛鼻窦炎颗粒：清热解毒，宣肺通窍。用于肺经郁热引起的鼻窦炎。

儿康宁糖浆：益气健脾，消食开胃。用于脾胃气虚所致的厌食，症见食欲不振、消化不良、面黄身瘦、大便稀溏。

前列舒丸：扶正固本，益肾利尿。用于肾虚所致的淋证，症见尿频、尿急、排尿滴沥不尽；慢性前列腺炎及前列腺增生症见上述证候者。

通痹片：祛风胜湿，活血通络，散寒止痛，调补气血。用于寒湿闭阻、瘀血阻络、气血两虚所致的痹病，症见关节冷痛、屈伸不利；风湿性关节炎、类风湿关节炎见上述证候者。

【现代临床应用】

临床上，薏苡仁治疗扁平疣；治疗传染性软疣；治疗坐骨结节滑囊炎。薏苡根终止妊娠。

稗

Echinochloa crus-galli (L.) P. Beauv.

禾本科（Poaceae）稗属一年生草本。

秆高40～90cm。叶鞘平滑无毛；叶舌缺；叶片扁平，线形。圆锥花序狭窄，分枝上不具小枝，有时中部轮生；小穗卵状椭圆形；第一颖三角形，长为小穗的1/2～2/3，基部包卷小穗；第二颖与小穗等长，具小尖头；第一小花通常中性，外稃草质，内稃薄膜质，第二外稃草质，坚硬，边缘包卷同质的内稃。花果期7～10月。

大别山各县市均有分布，生于稻田中或田野水湿处。

稗根苗、稗米出自《本草纲目》。《救荒本草》："稗子有二种，水稗生水田边，旱稗生田野中，今皆处处有之。苗叶似穄子叶，色深绿，脚叶颇带紫色，稍头出匾穗，结子如黍粒大，茶褐色。"《本草纲目》："稗处处野生，最能乱苗。其茎叶穗粒并如黍稷。"《植物名实图考》引用《救荒本草》："采子捣米，煮粥食，蒸食尤佳或磨作面食，亦佳。"

【入药部位及性味功效】

稗根苗，又称水高粱、扁扁草，为植物稗的根和苗叶。夏季采收，鲜用或晒干。味甘、苦，性微寒。止血生肌。主治金疮，外伤出血。

稗米，又称稗子，为植物稗的种子。夏、秋季果实成熟时采收，舂去壳，晒干。味辛、甘、苦，性微寒，无毒。作饭食，益气宜脾。

牛筋草

Eleusine indica (L.) Gaertn.

禾本科（Poaceae）穆属一年生草本。

秆通常斜升，高15～90cm。叶舌长约1mm；叶片条形。穗状花序2～7枚生于秆顶，有时其中1或2枚生于其花序的下方，穗轴顶端生有小穗；小穗密集于穗轴的一侧成两行排列，含3～6小花；第一颖具1脉；第二颖与外稃都有3脉。囊果。花果期6～10月。

广布大别山各县市，多生于荒芜之地及道路旁。

牛筋草始载于《百草镜》。《本草纲目拾遗》云："牛筋草，一名千金草，夏初发苗，多生阶砌道左。叶似韭而柔，六七月起茎，高尺许，开花三叉，其茎弱韧，拔之不易断，最难芟除，故有牛筋之名。"名野鸡爪者，以形相似。又可用于斗蟋蟀，故有蟋蟀草之名。

【入药部位及性味功效】

牛筋草，又称千金草、千千踏、忝仔草、千人拔、稗子草、牛顿草、鸭脚草、粟仔越、野鸡爪、粟牛茄草、蟋蟀草、扁草、水牯草、油葫芦草、千斤草、尺盆草、路边草、稷子草、鹅掌草、野鸭脚粟、老驴草、百夜草，为植物牛筋草的根或全草。8～9月采挖，去或不去茎叶，洗净，鲜用或晒干。味甘、淡，性凉。清热利湿，凉血解毒。主治伤暑发热，小儿惊风，流行性乙型脑炎，流行性脑脊髓膜炎，黄疸，淋证，小便不利，痢疾，便血，疮疡肿痛，跌打损伤。

【经方验方应用例证】

治疗：牛筋草连根洗去泥，乌骨雌鸡腹内蒸熟，去草食鸡。（《本草纲目拾遗》）

治高热，抽筋神昏：鲜牛筋草120g，水3碗，炖1碗，食盐少许，12小时内服尽。（《闽东本草》）

治乙型脑炎：牛筋草30g，大青叶9g，鲜芦根15g，煎水取汁，日服1次，连服3～5天为1个疗程。（《湖北中草药志》）

治湿热黄疸：鲜牛筋草60g，山芝麻30g，水煎服。（江西《草药手册》）

治乳痈：牛筋草30g，青皮9g，水煎服。（《湖北中草药志》）

治荨麻疹：牛筋草60g，透骨草、冰糖各30g，水煎服。（《青岛中草药手册》）

治痢疾：鲜牛筋草60～90g，三叶鬼针草45g，水煎服。（《福建药物志》）

【中成药应用例证】

清凉防暑颗粒：清热祛暑，利尿生津。用于暑热，身热，口干，溲赤和预防中暑。

【现代临床应用】

临床用于防治流行性乙型脑炎。

大麦

Hordeum vulgare L.

禾本科（Poaceae）大麦属越年生草本。

秆粗壮，光滑无毛，直立。叶鞘松弛抱茎，多无毛或基部具柔毛；两侧有两披针形叶耳；叶舌膜质；叶片扁平。穗状花序长 3～8cm（芒除外），径约 1.5cm，小穗稠密，每节着生三枚发育的小穗；小穗均无柄；颖线状披针形，外被短柔毛，先端常延伸为 8～14mm 的芒；外稃先端延伸成芒，芒长 0.8～1.5cm，边棱具细刺；内稃与外稃几等长。颖果。

大别山各地均有栽培。

麦芽、大麦苗、大麦秸出自《本草纲目》。《本草纲目》："麦之苗粒皆大于来（小麦），故得大名，牟亦大也，通作麰。"《诗·周颂·思文》："贻我来牟。"牟，大麦也。后作"麰"。《广雅》："麰，大麦也。"《方言》："麰，曲也。"或云作酒麹，常用大麦，故大麦亦谓之麰麦。其外稃与颖果相连，看似果仁外露，故称稞麦、赤膊麦。可为饮食，故又名饭麦。发芽之大麦曰麦芽。其芽纤细，故又名大麦毛。

大麦始载于《名医别录》，列为中品。《植物名实图考》中图文较清楚："大麦北地为粥极滑，初熟时用碾半破，和糖食之，曰碾粘子；为面、为饧、为酢、为酒，用之广。大、小麦用殊而苗相类，大麦叶肥，小麦叶瘦；大麦芒上束，小麦芒旁散。"

【入药部位及性味功效】

大麦，又称麰、稞麦、䅌麦、牟麦、饭麦、赤膊麦，为植物大麦的颖果。4～5月果实成熟时采收，晒干。味甘，性凉。归脾、肾经。健脾和胃，宽肠，利水。主治腹胀，食滞泄泻，小便不利。

麦芽，又称大麦蘖、麦蘖、大麦毛、大麦芽，为植物大麦的发芽颖果。味甘，性平。归脾、胃经。消食化积，回乳。主治食积不消，腹满泄泻，恶心呕吐，食欲不振，乳汁郁积，乳房胀痛。

大麦苗，为植物大麦的幼苗。冬季采集，鲜用或晒干。味苦、辛，性寒。利湿退黄，护肤敛疮。主治黄疸，小便不利，皮肤皲裂，冻疮。

大麦秸，为植物大麦成熟后枯黄的茎秆。果实成熟后采割，除去果实，取茎秆晒干。味甘、苦，性温。归脾、肺经。利湿消肿，理气。主治小便不通，心胃气痛。

【经方验方应用例证】

治食饱烦胀，但欲卧者：大麦面熬微香，每白汤服方寸匕。(《肘后方》)

治汤火灼伤：大麦炒黑，研末，油调涂之。(《本草纲目》)

治产后五七日不大便：大麦芽不以多少。上炒黄为末，每服三钱，沸汤调下，与粥间服。(《妇人良方》麦芽散)

治产后发热，乳汁不通及膨，无子当消者：麦蘖二两(炒)，研细末，清汤调下，作四服。(《丹溪心法》)

治冬月面目手足皲裂：大麦苗煮汁洗。(《本草纲目》)

治小便不通：陈大麦秸，煎浓汁频服。(《本草纲目》引《简便单方》)

大麦敷方：大麦1合，上药细嚼，涂疮上。主治蝼蛄尿疮。(《圣济总录》卷一四九)

大麦粥：将大麦米50g浸泡轧碎，煮粥加红糖适量。益气调中，消积进食。适用于小儿疳证、脾胃虚弱、面黄肌瘦、少气乏力。（《民间方》）

瓜蒌大麦饼：瓜蒌1斤（绞汁），大麦面六两，合作饼。主治中风㖞斜。炙熟熨之，病愈即止，勿令太过。（《慈禧光绪医方选议》）

回乳方：焦麦芽一两，枳壳二钱，水煎服。主治小儿断乳，须停止母乳者。（《谢利恒家用良方》）

山楂麦芽饮：把山楂、麦芽各10～15g，红糖适量，一同放入搪瓷杯内，加水煎汤，煎沸5～7分钟后，去渣取汁，温热服。去积滞，助消化。适用于小儿伤食。（《民间方》）

【中成药应用例证】

复方玄驹益气片：健脾温肾，益气养阴。用于脾肾两虚、气阴不足所致腰膝酸软、眩晕耳鸣、神疲乏力、食欲不振等症。

健脾消疳丸：健脾消疳。用于脾胃气虚所致小儿疳积、脾胃虚弱。

小儿麦枣片：健脾和胃。用于小儿脾胃虚弱，食积不化，食欲不振。

降浊健美颗粒：消积导滞，利湿降浊，活血祛瘀。用于湿浊瘀阻，消化不良，身体肥胖，疲劳神倦。

糖乐胶囊：滋阴补肾，益气润肺，生津消渴。用于糖尿病引起的多食、多饮、多尿、神疲乏力、四肢酸软等症。

温经活血片：补气养血，温经活血。用于气虚血瘀证的月经后期，量少，行经腹痛，腰腿酸痛，四肢无力。

和中理脾丸：健脾和胃，理气化湿。用于脾胃不和所致的痞满、泄泻，症见胸膈痞满、脘腹胀闷、恶心呕吐、不思饮食、大便不调。

香苏调胃片：解表和中，健胃化滞。用于胃肠积滞、外感时邪所致的身热体倦、饮食少进、呕吐乳食、腹胀便泻、小便不利。

益脑宁片：益气补肾，活血通脉。用于气虚血瘀、肝肾不足所致的中风、胸痹，症见半身不遂、口舌歪斜、言语謇涩、肢体麻木或胸痛、胸闷、憋气；中风后遗症、冠心病心绞痛及高血压病见上述证候者。

古汉养生精颗粒：补气，滋肾，益精。用于气阴亏虚、肾精不足所致的头晕、心悸、目眩、耳鸣、健忘、失眠、阳痿遗精、疲乏无力；脑动脉硬化、冠心病、前列腺增生、更年期综合征、病后体虚见上述证候者。

【现代临床应用】

麦芽临床治疗乳溢症；治疗急慢性肝炎，有效率97.1%；治疗浅部真菌感染，总有效率86.2%，其中手足癣患者有效率71.4%，股癣患者有效率100%，花斑癣患者有效率93%。

稻

Oryza sativa L.

禾本科（Poaceae）稻属一年生栽培植物。

秆直立。叶舌膜质，披针形，幼时有明显的叶耳；叶片披针形至条状披针形。圆锥花序疏松，小穗矩圆形，两侧压扁，含3小花，下方2小花退化仅存极小的外稃而位于一两性小花之下；颖强烈退化，在小穗柄的顶端呈半月状的痕迹；退化外稃长3～4mm；两性小花外稃常具细毛，有芒或无芒；内稃3脉；雄蕊6枚。

大别山各地广泛栽培，品种极多，为主要粮食作物之一。

粳米出自《名医别录》，陈仓米出自《食性本草》，籼米出自《本草蒙筌》，米油、米露出自《本草纲目拾遗》，谷芽、米皮糠出自《本草纲目》，稻谷芒出自《本草拾遗》，稻草出自《滇南本草》。稻又名稌、嘉蔬、秔。

李时珍曰："粳乃谷稻之总名也，有早、中、晚三收。诸本草独以晚稻为粳者，非矣。粘者为糯，不粘者为粳。糯者懦也，粳者硬也。但入解热药，以晚粳为良尔。"粳亦作秔。《说文解字》："秔，稻属。"是稻之一种。本草所载之稻主要有粳、糯、籼三种，不粘者为粳，粘者为糯。粳言其硬，糯言其奀也，籼则似粳而粒小。稌为稻之声转，故为稻属之总称，但亦有为不粘之粳米之专名，或为粘米之名。

籼米不粘而粒小。"籼"，亦作"秈"。《广雅疏证》云："今案籼之为字，宣也，散也，不相粘著之词也。籼，从禾山声，山、宣、散三字，古声义相近。《说文解字》云'山，宣也。宣散气，生万物。'是其例矣。"

稻谷、麦、豆之芽曰蘖。《说文解字》云："蘖，牙米也。"米，泛指稻谷而言。李时珍云："稻蘖，一名谷芽。"

糠本作康，谷皮也。《尔雅》云："康，苛也。"《义疏》云："苛者，《说文解字》云：小草也。按苛为小草，故又为细也……康亦细碎，与苛义近，声又相转。"《甲骨文字研究》认为"康字……只空虚之义于谷皮稍可牵及……糠乃后起字。"又秕同粃。《玉篇》"粃，不成谷也。"俗谓瘪谷。瘪与虚义相同。

我国栽培水稻至少已有7000年的历史。本草则由《名医别录》始载。《新修本草》云："稻者，秔谷通名。《尔雅》云：稌，稻也；秔者，不糯之称，一曰秈。氾胜之云：秔稻、秫稻，三月种秔稻，四月种秫稻，即秔稻也。"《嘉祐本草》谓："《说文解字》云：沛国为稻为糯，秔秫属也。《字林》云：糯，粘稻也，秔稻，不粘者。然秔糯甚相类，粘不粘为异耳。"《本草纲目》指出："稻秫者，粳、糯之通称。《物理论》所谓稻者，溉种之总称是矣。本草则专指糯以为稻也。"

《名医别录》始载蘖米，列为中品。《本草经集注》云："此是以米为蘖尔，非别米名也。"《新修本草》云："蘖者，生不以理之名也，皆当以可生之物为之。陶称以米为蘖，其米岂更能生乎？止当取蘖中之米尔。按《食经》称用稻蘖。稻即秔谷之名，明非米作。"《本草纲目》载："有粟、黍、谷、麦、豆诸蘖，皆水浸胀，候生芽曝干去须，取其中米，炒研面用。其功皆主消导。"《本草衍义》云："蘖米，此则粟蘖也，今谷神散中用之。"

【入药部位及性味功效】

粳米，又称白米、粳粟米、稻米、大米、硬米，为植物稻（粳稻）去壳的种仁。秋季颖果成熟时采收，脱下果实，晒干，除去稻壳即可。味甘，性平。归脾、胃、肺经。补气健脾，除烦渴，止泻痢。主治脾胃气虚，食少纳呆，倦怠乏力，心烦口渴，泻下痢疾。

陈仓米，又称陈廪米、陈米、火米、老米、红粟，为植物稻经加工储存年久的粳米。味甘、淡，性平。归胃、大肠、脾经。调中和胃，渗湿止泻，除烦。主治脾胃虚弱，食少，泄泻，反胃，噤口痢，烦渴。

籼米，又称秥米，为植物稻（籼稻）的种仁。味甘，性温。归脾、肺、心经。温中益气，健脾止泻。主治脾胃虚寒泄泻。

米油，又称粥油，为煮米粥时，浮于锅面上的浓稠液体。味甘，性平。补肾健脾，利水通淋。主治脾虚羸瘦，肾亏不育，小便淋浊。

米露，为新米或稻花的蒸馏液（用稻花蒸者更佳）。味甘、淡，性平。健脾补肺，开胃进食。主治脾虚食少，大便溏薄，肺虚久咳。

谷芽，又称蘖米、谷蘖、稻蘖、稻芽，为植物稻的颖果经发芽而成。味甘，性平。归脾、胃经。消食化积，健脾开胃。主治食积停滞，胀满泄泻，脾虚少食，脚气浮肿。

米皮糠，又称春杵头细糠、谷白皮、细糠、杵头糠、米粃、米糠，为植物稻的颖果经加工而脱下的种皮。加工粳米、籼米时，收集米糠，晒干。味甘、辛，性温。归大肠、胃经。开胃，下气。主治噎膈，反胃，脚气。

稻谷芒，又称稻穏、谷颖，为植物稻果实上的细芒刺。脱粒、晒谷或扬谷时收集，晒干。利湿退黄。主治黄疸。

稻草，又称稻穰、稻藁、稻秆、禾秆，为植物稻及糯稻的茎叶。收获稻谷时，收集脱粒的稻秆，晒干。味辛，性温。归脾、肺经。宽中，下气，消食，解毒。主治噎膈，反胃，食滞，腹痛，泄泻，消渴，黄疸，喉痹，痔疮，烫火伤。

【经方验方应用例证】

下乳汁：粳米、糯米各半合，莴苣子一合（淘净），生甘草半两。上研细，用水二升，煎取一升，去渣，分三服。（《济阴纲目》）

治精清不孕：用煮米粥滚锅中面上米沫浮面者，取起加炼过食盐少许，空腹服下。其精自浓，即孕也。（《本草纲目拾遗》）

治小儿消化不良，面黄肌瘦：谷芽9g，甘草3g，砂仁3g，白术6g，水煎服。（《青岛中草药手册》）

治饮食停滞，胸闷胀痛：谷芽12g，山楂6g，陈皮9g，红曲6g，水煎服。（《青岛中草药手册》）

治各种恶性肿瘤及白细胞减少症：取新鲜鹅血滴入米糠中和匀，做成黄豆大小的颗粒，每日服20～30粒。无鹅血时可用鸭血代之。（温源凯《常用抗癌中草药》）

治脚气常作：谷白皮五升（切勿取斑者，有毒）。以水一斗，煮取七升，去渣，煮米粥常食之，即不发。（《千金翼方》谷白皮粥）

治传染性肝炎：糯稻草、蒲公英各90g，水煎服。（苏医《中草药手册》）

治烫火伤：用稻草灰不拘多少，冷水淘7遍，带湿摊上，干即易。若疮湿，焙灰干，油调敷。（《卫生易简方》）

治稻田皮炎：稻草、明矾各等量。先将稻草切碎加水煮沸30分钟，用前10分钟再加入明矾，外洗。（苏医《中草药手册》）

【中成药应用例证】

七制香附丸：疏肝理气，养血调经。用于气滞血虚所致的痛经、月经量少、闭经，症见胸胁胀痛、经行量少、行经小腹胀痛、经前双乳胀痛、经水数月不行。

速止水泻颗粒：温中，健胃，消食，止泻。用于胃肠受寒消化不良，水泻不止。

健脾化滞锭：健胃补脾，消滞化食。用于身体衰弱，消化不良，面色萎黄，腹胀便溏，属脾胃不和证者。

消食健儿颗粒：健脾消食。用于小儿慢性腹泻、食欲不振及营养不良等症。

醒脾开胃颗粒：醒脾调中，升发胃气。用于面黄乏力，食欲低下，腹胀腹痛，食少便多。

【现代临床应用】

稻草临床治疗急性黄疸型肝炎，痊愈率63.27%。

金色狗尾草
Setaria pumila (Poiret) Roemer & Schultes

禾本科（Poaceae）狗尾草属一年生单生或丛生草本。

秆直立或基部倾斜膝曲。叶鞘下部扁压具脊，上部圆形；叶舌具纤毛，叶片线状披针形或狭披针形，先端长渐尖，基部钝圆。圆锥花序紧密呈圆柱状或狭圆锥状，直立，通常在一簇中仅具一个发育的小穗；鳞被楔形，花柱基部联合。花果期6～10月。

大别山各县市均有分布，常生长于海拔1100m以下的山坡、路边、耕地较干旱地方。

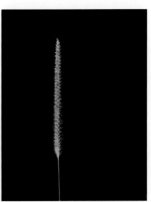

【入药部位及性味功效】

金色狗尾草，又称金狗尾、狗尾巴，为植物金色狗尾草的全草。夏、秋季采收，晒干。味甘、淡，性平。清热，明目，止痢。主治目赤肿痛，眼睑炎，赤白痢疾。

狗尾草

Setaria viridis (L.) Beauv.

禾本科（Poaceae）狗尾草属一年生草本。

秆高30～100cm。叶片条状披针形。圆锥花序紧密呈柱状；小穗长2～2.5mm，2至数枚成簇生于缩短的分枝上，基部有刚毛状小枝1～6条，成熟后与刚毛分离而脱落；第一颖长为小穗的1/3；第二颖与小穗等长或稍短；第二外稃有细点状皱纹，成熟时背部稍隆起，边缘卷抱内稃。

广布世界各地，大别山各县市均有分布。生荒野。可作饲料，也是田间杂草。

狗尾草出自《本草纲目》，狗尾草子出自《福建药物志》。《本草纲目》："莠草秀而不实，故字从秀。穗形象狗尾，故俗名狗尾。其茎治目痛，故方士称为光明草、阿罗汉草。"《救荒本草》云："莠草子，生田野中。苗叶似谷，而叶微瘦，稍间开茸细毛穗，其子比谷细小。"《本草纲目》云："原野垣墙多生之，苗叶似粟而小，其穗亦似粟；黄白色而无实。采茎筒盛，以治目病。恶莠之乱苗，即此也。"

【入药部位及性味功效】

狗尾草，又称莠、莠草子、莠草、光明草、阿罗汉草、狗尾半支、谷莠子、洗草、大尾草、大尾曲、毛娃娃、毛嘟嘟、毛毛草，为植物狗尾草的全草。夏、秋季采收，晒干或鲜用。味甘、淡，性凉。清热利湿，祛风明目，解毒，杀虫。主治风热感冒，黄疸，小儿疳积，痢疾，小便涩痛，目赤肿痛，痈肿，寻常疣，疮癣。

狗尾草子，为植物狗尾草的种子。秋季采收成熟果穗，搓下种子，去净杂质，晒干。解

毒，止泻，截疟。主治缠腰火丹，泄泻，疟疾。

【经方验方应用例证】

治牙痛：狗尾草根30g，水煎去渣，加入鸡蛋2个煮熟，食蛋服汤。(《浙江药用植物志》)

治远年眼目不明：狗尾草研末，蒸羊肝服。(《分类草药性》)

治目赤肿痛，畏光：狗尾草31g，天胡荽31g，水煎服。(南药《中草药学》)

治热淋：狗尾草全草30g，米泔水煎服。(《浙江药用植物志》)

治小儿疳积：①狗尾草全草9～21g，猪肝100g，水炖，服汤食肝。(南药《中草药选》)
②狗尾草花穗60～125g，水煎，代茶饮。(《浙江药用植物志》)

【现代临床应用】

狗尾草临床治疗寻常疣，总有效率91%。狗尾草子治疗缠腰火丹，总有效率99%，痊愈率达86%，对肝火型尤佳。

高粱
Sorghum bicolor (L.) Moench

禾本科（Poaceae）高粱属一年生栽培作物。

秆较粗壮，直立，高3～5m。叶鞘无毛或稍有白粉；叶舌硬膜质，先端圆，边缘有纤毛；叶片线形至线状披针形，两面无毛。圆锥花序疏松，总梗直立或微弯曲；主轴具纵棱，疏生细柔毛，分枝3～7枚，轮生；每一总状花序具3～6节；无柄小穗倒卵形或倒卵状椭圆形；两颖均革质；外稃透明膜质；雄蕊3枚；子房倒卵形；花柱分离，柱头帚状。颖果。花果期6～9月。

大别山各县市常见栽培。

高粱，似粱而植株高大，故得其名。《本草纲目》："按《广雅》，荻粱，木稷也。盖此亦黍稷之类，而高大如芦荻者，故俗有诸名。种始自蜀，故谓之蜀黍。"荻粱亦记为藋粱。《广雅疏证》云："种来自蜀之说，考之传记，未有确证，知其为臆说，不足凭矣。余按《方言》云：'蜀，一也，南楚谓之独。'蜀有独义。故《尔雅·释山》云：独者，蜀。独者或且大，故因之有大义……高粱茎长丈许，实大如椒，故谓之蜀黍，又谓之木稷，言其高大如木矣。"

汪颖《食物本草》名为蜀黍，云："北地种之，以备缺粮，余及牛马。谷之最长者，南人呼为芦穄。"《本草纲目》云："蜀黍宜下地，春月播种，秋月收之。茎高丈许，状似芦荻而内实。叶亦似芦。穗大如帚。粒大如椒，红黑色。米性坚实，黄赤色。有二种：粘者可和糯秫酿酒作饵；不粘者可以作糕煮粥。可以济荒，可以养畜，梢可作帚，茎可织箔蓆，编篱、供爨，最有利于民者。"《植物名实图考》："蜀黍……北地通呼曰高粱，释经者或误为黍类，《农政全书》备载其功用，然大要以酿酒为贵。不畏潦，过顶则枯，水所浸处，即生白根，摘而酱之，肥美无伦。"

【入药部位及性味功效】

高粱，又称木稷、蘿粱、蜀黍、蜀秫、芦粟、芦穄、秜黍，为植物高粱的种仁。秋季种子成熟后采收，晒干。味甘、涩，性温。归脾、胃、肺经。健脾止泻，化痰安神。主治脾虚泄泻，霍乱，消化不良，痰湿咳嗽，失眠多梦。

高粱米糠，为植物高粱的种皮。收集加工高粱时舂下的种皮，晒干。和胃消食。主治小儿消化不良。

高粱根，又称蜀黍根、爪龙，为植物高粱的根。秋季采挖，洗净，晒干。味甘，性平。平喘，利水，止血，通络。主治咳嗽喘满，小便不利，产后出血，血崩，足膝疼痛。

【经方验方应用例证】

治小儿消化不良：红高粱30g，大枣10个。大枣去核烧焦，高粱炒黄，共研细末。2岁小孩每服6g；3～5岁小孩每服9g，每日2次。（内蒙古《中草药新医疗法资料选编》）

治功能失调性子宫出血，产后出血：陈高粱根7个，红糖15g，水煎服。（内蒙古《中草药新医疗法资料选编》）

治横生难产：高粱根，阴干，烧存性，研末，酒服二钱。（《本草纲目》）

白鲜皮酊：白鲜皮15g，鲜生地31g，高粱酒150mL。浸泡5日后，外涂。主治脂溢性皮炎。（《中医皮肤病学简编》）

【现代临床应用】

高粱米糠临床治疗小儿消化不良。

小麦

Triticum aestivum L.

禾本科（Poaceae）小麦属一年生或越年生草本。

秆丛生。叶鞘无毛，下部者长于节间，叶舌长约1mm，膜质；叶片长披针形。穗状花序；小穗具3～9小花，顶生小花不孕；颖卵圆形，背面主脉上部呈脊，先端延伸为短尖头或短芒；外稃长圆状披针形，5～9脉，顶端无芒或具芒，其上密生细短刺；内稃与外稃近等长。颖果。花果期5～7月。

大别山各地均有栽培。

小麦又名普通小麦、冬小麦。小麦出自《名医别录》，列为中品。入药始见于《金匮要略》所载"甘麦大枣汤"。《本草别说》："小麦，即今人所磨为面，日常食者。八九月种，夏至前熟。一种春种，作面不及经年者良。"《本草纲目》指出："北人种麦漫撒，南人种麦撮撒。北麦皮薄面多，南麦反此。"

浮小麦出自《本草蒙筌》，入药始见于《卫生宝鉴》。《本草蒙筌》云："浮小麦，先枯未实。"《本草纲目》曰："浮麦，即水淘浮起者。"

【入药部位及性味功效】

小麦，又称来、麳，为植物普通小麦的种子或其面粉。成熟时采收，脱粒晒干，或制成面粉。味甘，性凉。归心、脾、肾经。养心，益肾，除热，止渴。主治脏躁，烦热，消渴，泻痢，痈肿，外伤出血，烫伤。

浮小麦，又称浮麦，为植物普通小麦干瘪轻浮的颖果。夏至前后，成熟果实采收后，取瘪瘦轻浮与未脱净皮的麦粒，筛去灰屑，用水漂洗，晒干。味甘，性凉。归心经。除虚热，止汗。主治阴虚发热，盗汗，自汗。

【经方验方应用例证】

治妇人乳痈不消：白面半斤，炒令黄色，醋煮为糊，涂于乳上。（《圣惠方》）

治消渴口干：小麦用炊做饭及煮粥食之。（《食医心镜》）

治男子血淋不止：浮小麦加童便炒为末，砂糖煎水调服。（《奇方类编》）

治盗汗：用浮小麦一抄。煎汤，调防风末二钱服。（《卫生易简方》）

治脏躁症：浮小麦30g，甘草15g，大枣10枚，水煎服。（《青岛中草药手册》）

甘麦大枣汤：养心安神，和中缓急。主治妇人脏阴不足，致患脏躁，精神恍惚，悲伤欲哭，不能自主，呵欠频作，甚则言行失常。[《金匮要略》（汉·张仲景）]

小麦鸡血粥：小麦150g，鲜鸡血1碗，米酒100g。用小麦加水适量煮粥，鸡血用酒拌匀，放入小麦粥内煮熟。养心，益肾。适用于气虚型功能失调性子宫出血。（《民间方》）

【中成药应用例证】

更年安胶囊：滋阴清热，除烦安神。用于肾阴虚所致的绝经前后诸证，症见烦热出汗、眩晕耳鸣、手足心热、烦躁不安；更年期综合征见上述证候者。

宁心安神颗粒：镇惊安神，宽胸宁心。用于妇女脏躁引起的心悸、胸闷、烦躁不安、失眠多梦、头昏目眩、潮热自汗等症。

脑乐静颗粒：养心，健脑，安神。用于精神忧郁，易惊失眠，烦躁及小儿夜不安寐。

夜宁糖浆：养血安神。用于心血不足所致的失眠、多梦、头晕、乏力；神经衰弱见上述证候者。

解郁安神颗粒：疏肝解郁，安神定志。用于情志不畅、肝郁气滞所致的失眠、心烦、焦虑、健忘；神经症、更年期综合征见上述证候者。

稚儿灵颗粒：益气健脾，补脑强身。用于小儿厌食，面黄体弱，夜寝不宁，睡后盗汗等症。

玉蜀黍
Zea mays L.

禾本科（Poaceae）玉蜀黍属高大的一年生栽培植物。

秆直立，通常不分枝，基部各节具气生支柱根。叶鞘具横脉；叶舌膜质；叶片扁平宽大，线状披针形，基部圆形呈耳状，无毛或具疣柔毛。顶生雄性圆锥花序大型；雄性小穗孪生；花药橙黄色；雌花序被多数宽大的鞘状苞片所包藏；雌小穗孪生，成16～30纵行排列于粗壮之序轴上，雌蕊具极长而细弱的线形花柱。颖果球形或扁球形。花果期秋季。

大别山各县市均有栽培。

玉蜀黍明代始传入中国，入药始载于《滇南本草图说》。《本草纲目》："玉蜀黍种出西土，种者亦罕。其苗叶俱似蜀黍而肥矮，亦似薏苡。苗高三四尺。六、七月开花，成穗，如秕麦状。苗心别出一苞，如棕鱼形，苞上出白须垂垂。久则苞拆子出，颗颗攒簇。子亦大如棕子，黄白色。可炸炒食之。炒拆白花，如炒拆糯谷之状。"《植物名实图考》："玉蜀黍，《本草纲目》始入谷部，川、陕、两湖，凡山田皆种之，俗呼苞谷。山农之粮，视其丰歉，酿酒磨粉，用均米麦；瓤煮以饲豕，秆秆干以供炊，无弃物。"

【入药部位及性味功效】

玉蜀黍，又称玉高粱、番麦、御麦、西番麦、玉米、玉麦、王蜀秫、戎菽、红须麦、薏米苞、珍珠芦粟、苞芦、鹿角黍、御米、苞谷、陆谷、玉黍、西天麦、玉露秫秫、纤粟、珍珠米、粟米、苞粟、苞麦米、苞米，为植物玉蜀黍的种子。于成熟时采收玉米棒，脱下种子，晒干。味甘，性平。归胃、大肠经。调中开胃，利尿消肿。主治食欲不振，小便不利，水肿，尿路结石。

玉米油，为植物玉蜀黍的种子经榨取而得的脂肪油。种子成熟时采集，晒干，榨取油。降压，降血脂。主治高血压病，高血脂，动脉硬化，冠心病。

玉米须，又称玉麦须、玉蜀黍蕊、棒子毛，为植物玉蜀黍的花柱和柱头。于玉米成熟时采收，摘取花柱，晒干。味甘、淡，性平。归经肾、胃、肝、胆经。利尿消肿，清肝利胆。主治水肿，小便淋沥，黄疸，胆囊炎，胆结石，高血压，糖尿病，乳汁不通。

玉米花，又称玉蜀黍花，为植物玉蜀黍的雄花穗。夏、秋季采收，晒干。味甘，性凉。疏肝利胆。主治肝炎，胆囊炎。

玉米轴，又称罐黍子、苞谷芯、玉米芯，为植物玉蜀黍的穗轴。秋季果实成熟时采收，脱去种子后收集，晒干。味甘，性平。健脾利湿。主治消化不良，泻痢，小便不利，水肿，脚气，小儿夏季热，口舌糜烂。

玉蜀黍苞片，为植物玉蜀黍的鞘状苞片。秋季采收种子时收集，晒干。味甘，性平。清热利尿，和胃。主治尿路结石，水肿，胃痛吐酸。

玉蜀黍叶，为植物玉蜀黍的叶。夏、秋季采收，晒干。味微甘，性凉。利尿通淋。主治砂淋，小便涩痛。

玉蜀黍根，又称玉米根、抓地虎，为植物玉蜀黍的根。秋季采挖，洗净，鲜用或晒干。味甘，性平。利尿通淋，祛瘀止血。主治小便不利，水肿，砂淋，胃痛，吐血。

【经方验方应用例证】

治糖尿病：玉蜀黍500g，分4次煎服。（江西《锦方实验录》）

治小便不利、水肿：玉米粉90g，山药60g，加水煮粥。（《食疗粥谱》）

预防习惯性流产：怀孕后，每日取1个玉米的玉米须煎汤代饮，至上次流产的怀孕月份，加倍用量，服至足月时为止。（《全国中草药汇编》）

治糖尿病：①玉米须60g，薏苡、绿豆各30g，水煎服。（《福建药物志》）②玉米须30g，黄芪30g，山药30g，木根皮12g，天花粉15g，麦冬15g，水煎服。（《四川中药志》1982年）

治急慢性肝炎：玉米须、太子参各30g。水煎服，每日1剂，早晚分服。有黄疸者加茵陈同煮服；慢性者加锦鸡儿根（或虎杖根）30g同煎服。（《全国中草药汇编》）

治高血压，伴鼻衄、吐血：玉米须、香蕉皮各30g，黄栀子9g，水煎冷却后服。（《食物中药与便方》）

治肾炎、初期肾结石：玉蜀黍须，分量不拘，煎浓汤，频服。（《贵阳市秘方验方》）

治血吸虫病，肝硬化，腹水：玉米须30～60g，冬瓜子15g，赤豆30g，水煎服，每日1剂，15剂为1个疗程。（《食物中药与便方》）

治尿急，尿频，尿道灼痛：玉米芯、玉米根各60g，水煎去渣加适量白糖，每日2次分服。（《食物中药与便方》）

治水肿、脚气：苞谷芯60g，枫香果30g，煎水服。（《贵州草药》）

治肠炎、痢疾：玉米芯煅存性90g，黄柏粉60g，共研细末，温开水冲服，每服3g，每日3次。（《食物中药与便方》）

治小儿消化不良：玉米芯，烧炭，研细末，每次服1.5g。（《甘肃中草药手册》）

治尿路结石，小便淋沥砂石，痛不可忍：玉米根90～150g，水煎服。（《食物中药与便方》）

治腹水：玉米根60g，砂仁6g，开水炖服。（《福建药物志》）

龙舌草

Ottelia alismoides (L.) Pers.

水鳖科（Hydrocharitaceae）水车前属一年生沉水草本。

具须根；根状茎短。叶基生，膜质；幼叶线形或披针形，成熟叶多宽卵形、卵状椭圆形、近圆形或心形，全缘或有细齿；叶柄长短随水体深浅而异，无鞘。花两性，偶单性；佛焰苞椭圆形或卵形，具1花；总花梗长；花无梗，单生；花瓣白、淡紫或浅蓝色。果圆锥形。

罗田、英山等县市均有分布，生于湖泊、沟渠、水塘、水田或积水洼地。

龙舌草又名水车前、水带菜、牛耳朵草、水芥菜。龙舌始载于《本草纲目》，云："龙舌，生南方池泽湖泊中。叶如大叶菥蓂及茺蔚状。根生水底，抽茎出水，开白花。根似胡萝卜根而香，杵汁能软鹅鸭卵，方家用煮丹毒，煅白矾，制三黄。"

【入药部位及性味功效】

龙舌草，又称龙舌、水白菜、水莴苣、龙爪草、瓢羹菜、山窝鸡，为植物龙舌草的全草。夏、秋季采收，鲜用或晒干。味甘、淡，性微寒。清热化痰，解毒利尿。主治肺热咳喘，咯痰黄稠，水肿，小便不利，痈肿，汤火伤。

【经方验方应用例证】

治乳痈肿毒：龙舌草、忍冬藤，研烂，蜜和敷之。（《多能鄙事》）

治肝炎：水车前36g，鸡蛋1个，水煎服。（江西《草药手册》）

治子宫脱出：瓢羹菜捣绒，调菜油敷患处。（《贵州草药》）

治咳血：瓢羹菜30g，煨水服。（《贵州草药》）

治烫火伤：龙舌草9g，冰片3g。研末，加麻油调和，外搽伤处。（《贵阳民间药草》）

治肺结核：龙舌草30g，子母莲15g，炖肉吃。（《贵阳民间药草》）

鸭跖草

Commelina communis L.

鸭跖草科（Commelinaceae）鸭跖草属一年生披散草本。

茎匍匐生根。叶披针形至卵状披针形，无柄。总苞片与叶对生，折叠状，展开后为心形，具长柄；内面2枚花瓣卵形；退化雄蕊先端蝴蝶状，能育雄蕊3枚。蒴果椭圆形。

大别山各县市广泛分布，生于海拔1700m以下的地边路旁、沟谷潮湿处。

鸭跖草始载于《本草拾遗》，云："生江东、淮南平地，叶如竹，高一二尺，花深碧，有角如鸟嘴……花好为色。"《本草纲目》："竹叶菜处处平地有之，三四月出苗，紫茎竹叶，嫩时可食。四五月开花，如蛾形，两叶如翅，碧色可爱。结角尖曲如鸟嘴，实在角中，大如小豆，豆中有细子，灰黑而皱，状如蚕屎。巧匠采其花，取汁作画色及彩羊皮灯，青碧如黛也。"

【入药部位及性味功效】

鸭跖草，又称鸡舌草、鼻斫草、碧竹子、碧蟾蜍、竹叶草、鸭脚草、耳环草、碧蝉儿花、地地藕、蓝姑草、竹鸡草、竹叶菜、淡竹叶、碧蝉花、水竹子、露草、帽子花、竹叶兰、竹根菜、鹅儿菜、竹管草、兰花草、野靛青、萤火虫草、竹叶活血丹、鸡冠菜、蓝花姑

娘、鸭仔草，为植物鸭跖草的全草。6～7月开花期采收全草，鲜用或阴干。味甘、淡，性寒。归肺、胃、膀胱经。清热解毒，利水消肿。主治风热感冒，热病发热，咽喉肿痛，痈肿疔毒，水肿，小便热淋涩痛。

【经方验方应用例证】

治流行性感冒：鸭跖草30g，紫苏、马兰根、竹叶、麦冬各9g，豆豉15g，水煎服。(《全国中草药汇编》)

治喉痹肿痛：①鸭跖草汁点之。(《袖珍方》)②鸭跖草60g，洗净捣汁，频频含服。(《江西草药》)

治流行性腮腺炎：鲜鸭跖草60g，板蓝根15g，紫金牛6g，水煎服；另用鲜草适量，捣烂外敷肿处。(《浙南本草新编》)

治黄疸型肝炎：鸭跖草120g，猪瘦肉60g。水炖，服汤食肉，每日1剂。(《江西草药》)

治高血压：鸭跖草30g，蚕豆花9g。水煎，当茶饮。(《江西草药》)

治小便不通：竹鸡草一两，车前草一两。捣汁，入蜜少许，空腹服之。(《濒湖集简方》)

治五淋，小便刺痛：鲜鸭跖草枝端嫩叶四两。捣烂，加开水一杯，绞汁调蜜内服，每日三次。体质虚弱者，药量酌减。(《泉州本草》)

治赤白下痢：蓝姑草，煎汤日服之。(《活幼全书》)

治水肿、腹水：鲜鸭跖草二至三两。水煎服，连服数日。(《浙江民间常用草药》)

治吐血：竹叶菜捣汁内服。(《贵阳民间药草》)

治沙鼻不时流血、鼻衄：地地藕，煎汤三次服。(《滇南本草》)

治关节肿痛，痈疽肿毒，疮疖脓疡：鲜鸭跖草捣烂，加烧酒少许敷患处，一日一换。(《浙江民间常用草药》)

肺炎Ⅰ号合剂：鱼腥草30g，鸭跖草30g，半枝莲30g。主治肺炎。(《实用内科学》上册)

肺炎Ⅱ号合剂：鱼腥草30g，鸭跖草30g，半枝莲30g，野荞麦根30g，虎杖根15g。主治肺炎。(《实用内科学》上册)

蓟菜汤：清热解毒，活血化瘀，祛痰止咳。主治风温犯肺，瘀热内蕴，肺失宣降。(刘祥泉方)

【中成药应用例证】

日晒防治膏：清热解毒，凉血化斑。用于防治热毒灼肤所致的日晒疮。

炎宁糖浆：清热解毒，消炎止痢。用于上呼吸道感染，扁桃体炎，尿路感染，急性细菌性痢疾，肠炎。

【现代临床应用】

鸭跖草治疗感冒、流行性感冒；治疗急性病毒性肝炎；治疗丹毒；治疗睑腺炎。

凤眼莲

Eichhornia crassipes (Mart.) Solme

雨久花科（Pontederiaceae）凤眼莲属一年生漂浮草本或根生于泥中。

茎短，有长匍匐枝，长出新枝后和母株分离。叶基部丛生，莲座状排列；叶柄中部膨大成囊状，内有气室，基部有鞘状苞片。花葶多棱角，穗状花序，花被片6枚，基部合生，上方1枚裂片具三色。雄蕊6枚，3长3短。花期7～10月，果期8～11月。

大别山各县市均有分布，生于海拔200～1500m的水塘、沟渠及稻田中。

凤眼莲又名凤眼蓝。水葫芦出自《广西本草选编》。由于其气囊为葫芦形，生于水中，得名水葫芦。其花明显的鲜黄色斑点，形如凤眼，也像孔雀羽翎尾端的花点，故得凤眼蓝之名，被喻为"美化世界的淡紫色花冠"。

【入药部位及性味功效】

水葫芦，又称大水萍、水浮莲、洋水仙、凤眼蓝、浮水莲、水莲花、水鸭婆，为植物凤眼莲的根或全草。春、夏季采集，洗净，晒干或鲜用。味辛、淡，性寒。疏散风热，利水通淋，清热解毒。主治风热感冒，水肿，热淋，尿路结石，风疹，湿疮，疖肿。

【经方验方应用例证】

治肝硬化腹水：水葫芦30g，虫笋30g，水煎服。（《万县中草药》）

治癞疝：水葫芦60g，猪小肚1个，加水炖服。（《万县中草药》）

治疮疖红肿：水葫芦鲜全草加食盐少许，捣烂外敷。（《广西本草选编》）

欧菱

Trapa natans L.

千屈菜科（Lythraceae）菱属一年生浮水水生草本。

根二型；茎柔弱，分枝。叶二型；浮水叶互生，聚生于主茎和分枝茎顶端，形成莲座状菱盘，叶片三角形状菱形，表面深亮绿色，背面绿色带紫，叶柄中上部膨大成海绵质气囊或不膨大；沉水叶小，早落。花小，单生于叶腋，花瓣4，白色。果2肩角平伸，弯曲成牛角形。花果期5～6月。

黄梅、浠水、黄州、团风等县市湖泊或旧河床中种植。

《本草纲目》："其叶支散，故字从支。其角棱峭，故谓之菱，而俗呼之为菱角也。"因生水中，果肉沙面如栗，得名水栗。《酉阳杂俎》："芰，今人但言菱芰，诸解草木书亦不分别。唯王安贫《武陵记》言：四角、三角曰芰，两角曰菱。"

菱始载于《名医别录》。《本草经集注》云："芰实庐江间最多，皆取火燔，以为米充粮。"《本草图经》云："芰，菱实也……今处处有之，叶浮水上，花黄白色，花落而实生，渐向水中乃熟。实有二种，一种四角，一种两角。两角中又有嫩皮而紫色者，谓之浮菱，食之尤美。"《本草纲目》："芰菱有湖泺处则有之。菱落泥中，最易生发。有野菱、家菱，皆三月生蔓延引。叶浮水上，扁而有尖，光面如镜……五六月开小白花……其实有数种：或三角、四角，或两角、无角。野菱自生湖中，叶、实俱小。其角硬直刺人……家菱种于陂塘，叶、实俱大，角软而脆，亦有两角弯卷如弓形者。"

【入药部位及性味功效】

菱，又称芰、水栗、芰实、菱角、水菱、沙角、菱实，为植物菱（即欧菱，下同）、乌菱、无冠菱及格菱等的果肉。8～9月采收，鲜用或晒干。味甘，性凉。归脾、胃经。健脾益胃，除烦止渴，解毒。主治脾虚泄泻，暑热烦渴，饮酒过度，痢疾。

菱粉，为植物菱或其同属植物的果肉捣汁澄出的淀粉。果实成熟后采收，去壳，取其果肉，捣汁澄出淀粉，晒干。味甘，性凉。健脾养胃，清暑解毒。主治脾虚乏力，暑热烦渴，消渴。

菱壳，又称菱皮、乌菱壳、风菱角，为植物菱或其同属植物的果皮。8～9月收集果皮，鲜用或晒干。味涩，性平。涩肠止泻，止血，敛疮，解毒。主治泄泻，痢疾，胃溃疡，便血，脱肛，痔疮，疔疮。

菱蒂，为植物菱或其同属植物的果柄。采果时取其果柄，鲜用或晒干。味微苦，性平。解毒散结。主治胃溃疡，疣赘。

菱叶，为植物菱或其同属植物的叶。夏季采收，鲜用或晒干。味甘，性凉。清热解毒。主治小儿走马牙疳，疮肿。

菱茎，又称菱草茎，为植物菱或其同属植物的茎。夏季开花时采收，鲜用或晒干。味甘，性凉。清热解毒。主治胃溃疡，疣赘，疮毒。

【经方验方应用例证】

治食管癌：菱实、紫藤、诃子、薏苡仁各9g，煎汤服。(《食物中药与便方》)

治消化性溃疡，胃癌初起：菱角60g，薏苡仁30g，水煎代茶饮。(《常见抗癌中草药》)

治胃癌、食管癌、贲门癌：鲜菱角250g，洗净，不去壳，置石臼中捣烂，加水绞汁，调蜜或白糖，早饭前或临睡前分服。(《福建药物志》)

治脱肛：先将麻油润湿肠上，自去浮衣，再将风菱壳水净之。(《张氏必验方》)

治头面黄水疮：隔年老菱壳，烧存性，麻油调敷。(《医宗汇编》)

治无名肿毒及天疱疮：老菱壳烧灰，香油调敷。(黄贩翁《医抄》)

治指生天蛇：风菱角，灯火上烧灰存性，研末，香油调敷。未溃者即散，已溃者止痛。(《医宗汇编》)

治胃溃疡，胃癌，子宫颈癌：菱之果柄或菱茎30～45g，薏苡仁30g，煎汤代茶持续服。(《本草推陈》)

治疣子：有鲜水菱蒂搽一二次，即自落。(《本草纲目拾遗》)

治小儿头部疮毒，酒毒（宿醉）：鲜菱草茎（去叶及须根）60～120g，水煎服。(食物中药与便方)

【现代临床应用】

临床上，菱蒂治疗皮肤疣，有效病例一般在15天左右皮损完全脱落。

拉丁名索引

Pseudognaphalium affine (D. Don) Anderberg / 259